경량항공기조종사 학과시험 시리즈 1

최신 개정

항공법규 Air Law for Pilots

정병열 지음

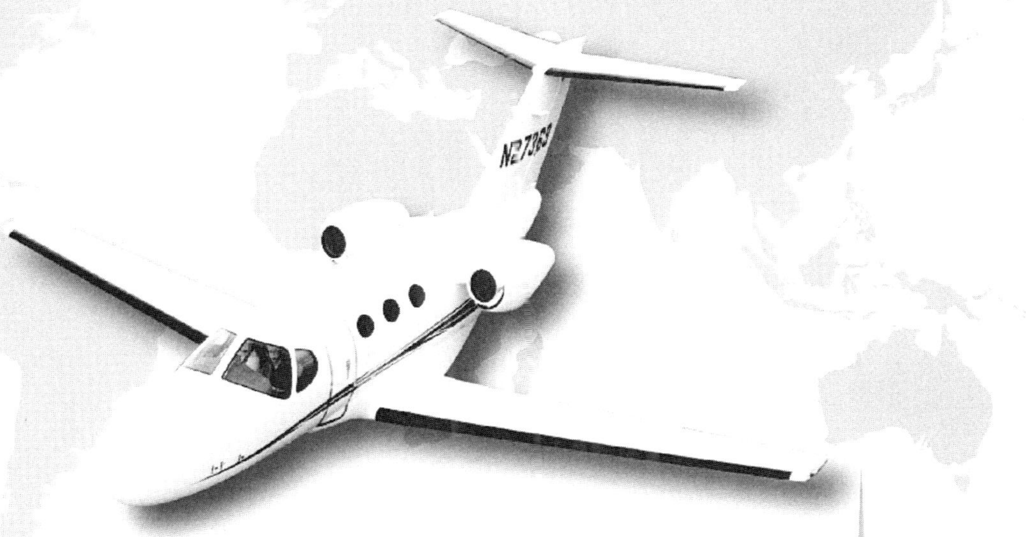

교우미디어

머리말

하늘을 날고 싶어 하는 인간의 꿈은 누구나 항공기를 조종할 수 있는 시대로 접어들었습니다.

비행장 주변의 수려한 경관과 끝없이 펼쳐지는 광활한 평야, 푸른 바다와 잔잔한 물결이 반짝이는 호수 위를 활공하는 표현할 수 없는 아름다움과 함께 티 없이 맑은 하늘에서 바람을 안고 창공을 가르는 환상적인 첫 비행의 감동을 잊지 못할 것입니다.

조종사에게 전달되는 생생한 비행체험은 새로운 차원의 쾌감과 신선한 성취감을 주며, 전국 20여개의 비행장(이착륙장)에서 이착륙이 가능하고 17세 이상의 남녀노소 누구나 배울 수 있습니다.

경량항공기와 만남은 새로운 세계에 대한 도전으로 생활의 활력소가 되어서 여러분을 크게 변화시켜 줄 것입니다. 전국 각지에 있는 가까운 비행클럽에서 직접 조종간을 잡고 체험비행을 해보시기 바랍니다.

초보자들도 교육을 통하여 어렵지 않게 배울 수 있으므로 조종사가 되어서 직접 경량항공기를 조종해보십시오. 현대의 신뢰성 높은 첨단 항공기술로 비행 중에 고장발생 확률은 거의 없지만 유사시에도 경량항공기만의 활공기능으로 안전하게 착륙 할 수 있습니다.

이 교재가 조종사 자격증명(pilot license)을 취득하는데 도움이 되어서 여러분의 새로운 도전이 이루어지시기 바랍니다.

하늘을 날고 싶은 꿈이 있다면 바로 도전하십시오.

※ 기존의 항공법이 2017년 3월에 항공사업법과 항공안전법, 공항시설법으로 세분화됨에 따라 개정법에 의하여 자주 출제되는 문제 유형을 항목별로 정리하여 예상문제와 함께 이해를 돕기 위하여 필요한 부분은 반복 설명하였으며, 그림과 이론적인 내용의 상당부분은 공적으로 보편화된 항공기상청과 국토교통부 표준교재, 교통안전공단, FAA(미국연방항공청)의 자료에서 인용하였습니다. 세부 법령은 시행령 및 시행규칙과 함께 법제처 국가법령정보센터(www.law.go.kr)에서 참고하시기 바랍니다.

저자 정병열

차례

CHAPTER 01 목적

기존의 항공법이 2017년 3월에 항공사업법과 항공안전법, 공항시설법으로 세분화되어 각 법조항에 따른 시행령과 시행규칙도 분야별로 구체화 되었다.

■ 항공사업법의 목적과 용어의 정의

➲ 항공사업법 제1조(목적)

이 법은 항공정책의 수립 및 항공사업에 관하여 필요한 사항을 정하여 대한민국 항공사업의 체계적인 성장과 경쟁력 강화 기반을 마련하는 한편, 항공사업의 질서유지 및 건전한 발전을 도모하고 이용자의 편의를 향상시켜 국민경제의 발전과 공공복리의 증진에 이바지함을 목적으로 한다.

➲ 항공사업법 제2조(정의) 이 법에서 사용하는 용어의 뜻은 다음과 같다.

1. "항공사업"이란 이 법에 따라 국토교통부장관의 면허, 허가 또는 인가를 받거나 국토교통부장관에게 등록 또는 신고하여 경영하는 사업을 말한다.
2. "항공기"란 「항공안전법」 제2조제1호에 따른 항공기를 말한다.
3. "경량항공기"란 「항공안전법」 제2조제2호에 따른 경량항공기를 말한다.
4. "초경량비행장치"란 「항공안전법」 제2조제3호에 따른 초경량비행장치를 말한다.
5. "공항"이란 「공항시설법」 제2조제3호에 따른 공항을 말한다.
6. "비행장"이란 「공항시설법」 제2조제2호에 따른 비행장을 말한다.
7. "항공운송사업"이란 국내항공운송사업, 국제항공운송사업 및 소형항공운송사업을 말한다.
8. "항공운송사업자"란 국내항공운송사업자, 국제항공운송사업자 및 소형항공운송사업자를 말한다.
9. "국내항공운송사업"이란 타인의 수요에 맞추어 항공기를 사용하여 유상으로 여객이나 화물을 운송하는 사업으로서 국토교통부령으로 정하는 일정 규모 이상의 항공기

를 이용하여 다음 각 목의 어느 하나에 해당하는 운항을 하는 사업을 말한다.

가. 국내 정기편 운항: 국내공항과 국내공항 사이에 일정한 노선을 정하고 정기적인 운항계획에 따라 운항하는 항공기 운항

나. 국내 부정기편 운항: 국내에서 이루어지는 가목 외의 항공기 운항

10. "국내항공운송사업자"란 국토교통부장관으로부터 국내항공운송사업의 면허를 받은 자를 말한다.

11. "국제항공운송사업"이란 타인의 수요에 맞추어 항공기를 사용하여 유상으로 여객이나 화물을 운송하는 사업으로서 국토교통부령으로 정하는 일정 규모 이상의 항공기를 이용하여 다음 각 목의 어느 하나에 해당하는 운항을 하는 사업을 말한다.

가. 국제 정기편 운항: 국내공항과 외국공항 사이 또는 외국공항과 외국공항 사이에 일정한 노선을 정하고 정기적인 운항계획에 따라 운항하는 항공기 운항

나. 국제 부정기편 운항: 국내공항과 외국공항 사이 또는 외국공항과 외국공항 사이에 이루어지는 가목 외의 항공기 운항

12. "국제항공운송사업자"란 국토교통부장관으로부터 국제항공운송사업의 면허를 받은 자를 말한다.

13. "소형항공운송사업"이란 타인의 수요에 맞추어 항공기를 사용하여 유상으로 여객이나 화물을 운송하는 사업으로서 국내항공운송사업 및 국제항공운송사업 외의 항공운송사업을 말한다.

14. "소형항공운송사업자"란 국토교통부장관에게 소형항공운송사업을 등록한 자를 말한다.

15. "항공기사용사업"이란 항공운송사업 외의 사업으로서 타인의 수요에 맞추어 항공기를 사용하여 유상으로 농약살포, 건설자재 등의 운반, 사진촬영 또는 항공기를 이용한 비행훈련 등 국토교통부령으로 정하는 업무를 하는 사업을 말한다.

16. "항공기사용사업자"란 국토교통부장관에게 항공기사용사업을 등록한 자를 말한다.

17. "항공기정비업"이란 타인의 수요에 맞추어 다음 각 목의 어느 하나에 해당하는 업무를 하는 사업을 말한다.

가. 항공기, 발동기, 프로펠러, 장비품 또는 부품을 정비·수리 또는 개조하는 업무

나. 가목의 업무에 대한 기술관리 및 품질관리 등을 지원하는 업무

18. "항공기정비업자"란 국토교통부장관에게 항공기정비업을 등록한 자를 말한다.

19. "항공기취급업"이란 타인의 수요에 맞추어 항공기에 대한 급유, 항공화물 또는 수하물의 하역과 그 밖에 국토교통부령으로 정하는 지상조업(地上操業)을 하는 사업을 말한다.

20. "항공기취급업자"란 국토교통부장관에게 항공기취급업을 등록한 자를 말한다.

21. "항공기대여업"이란 타인의 수요에 맞추어 유상으로 항공기, 경량항공기 또는 초경량비행장치를 대여(貸與)하는 사업(제26호나목의 사업은 제외한다)을 말한다.

22. "항공기대여업자"란 국토교통부장관에게 항공기 대여업을 등록한 자를 말한다.
23. "초경량비행장치사용사업"이란 타인의 수요에 맞추어 국토교통부령으로 정하는 초경량비행장치를 사용하여 유상으로 농약살포, 사진촬영 등 국토교통부령으로 정하는 업무를 하는 사업을 말한다.
24. "초경량비행장치사용사업자"란 국토교통부장관에게 초경량비행장치사용사업을 등록한 자를 말한다.
25. "항공레저스포츠"란 취미·오락·체험·교육·경기 등을 목적으로 하는 비행[공중에서 낙하하여 낙하산(落下傘)류를 이용하는 비행을 포함한다]활동을 말한다.
26. "항공레저스포츠사업"이란 타인의 수요에 맞추어 유상으로 다음 각 목의 어느 하나에 해당하는 서비스를 제공하는 사업을 말한다.
    가. 항공기(비행선과 활공기에 한정한다), 경량항공기 또는 국토교통부령으로 정하는 초경량비행장치를 사용하여 조종교육, 체험 및 경관조망을 목적으로 사람을 태워 비행하는 서비스
    나. 다음 중 어느 하나를 항공레저스포츠를 위하여 대여하여 주는 서비스
        1) 활공기 등 국토교통부령으로 정하는 항공기
        2) 경량항공기
        3) 초경량비행장치
    다. 경량항공기 또는 초경량비행장치에 대한 정비, 수리 또는 개조서비스
27. "항공레저스포츠사업자"란 국토교통부장관에게 항공레저스포츠사업을 등록한 자를 말한다.
28. "상업서류송달업"이란 타인의 수요에 맞추어 유상으로 「우편법」에 해당하는 수출입 등에 관한 서류와 그에 딸린 견본품을 항공기를 이용하여 송달하는 사업을 말한다.
29. "상업서류송달업자"란 국토교통부장관에게 상업서류송달업을 신고한 자를 말한다.
30. "항공운송총대리점업"이란 항공운송사업자를 위하여 유상으로 항공기를 이용한 여객 또는 화물의 국제운송계약 체결을 대리(代理)[사증(査證)을 받는 절차의 대행은 제외한다]하는 사업을 말한다.
31. "항공운송총대리점업자"란 국토교통부장관에게 항공운송총대리점업을 신고한 자를 말한다.
32. "도심공항터미널업"이란 「공항시설법」 제2조제4호에 따른 공항구역이 아닌 곳에서 항공여객 및 항공화물의 수송 및 처리에 관한 편의를 제공하기 위하여 이에 필요한 시설을 설치·운영하는 사업을 말한다.
33. "도심공항터미널업자"란 국토교통부장관에게 도심공항터미널업을 신고한 자를 말한다.
34. "공항운영자"란 「인천국제공항공사법」, 「한국공항공사법」 등 관계 법률에 따라 공항운영의 권한을 부여받은 자 또는 그 권한을 부여받은 자로부터 공항운영의 권한을

위탁·이전받은 자를 말한다.

35. "항공교통사업자"란 공항 또는 항공기를 사용하여 여객 또는 화물의 운송과 관련된 유상서비스(항공교통서비스)를 제공하는 공항운영자 또는 항공운송사업자를 말한다.
36. "항공교통이용자"란 항공교통사업자가 제공하는 항공교통서비스를 이용하는 자를 말한다.
37. "항공보험"이란 여객보험, 기체보험(機體保險), 화물보험, 전쟁보험, 제3자보험 및 승무원보험과 그 밖에 국토교통부령으로 정하는 보험을 말한다.
38. "외국인 국제항공운송사업"이란 타인의 수요에 맞추어 항공기를 사용하여 유상으로 여객이나 화물을 운송하는 사업을 말한다.
39. "외국인 국제항공운송사업자"란 국토교통부장관으로부터 외국인 국제항공운송사업의 허가를 받은 자를 말한다.

■ 항공안전법의 목적과 용어의 정의

➲ 항공안전법 제1조(목적)

이 법은 「국제민간항공협약」 및 같은 협약의 부속서에서 채택된 표준과 권고되는 방식에 따라 항공기, 경량항공기 또는 초경량비행장치가 안전하게 항행하기 위한 방법을 정함으로써 생명과 재산을 보호하고, 항공기술 발전에 이바지함을 목적으로 한다.

➲ 항공안전법 제2조(정의)

이 법에서 사용하는 용어의 뜻은 다음과 같다.

1. "항공기"란 공기의 반작용(지표면 또는 수면에 대한 공기의 반작용은 제외한다. 이하 같다)으로 뜰 수 있는 기기로서 최대이륙중량, 좌석 수 등 국토교통부령으로 정하는 기준에 해당하는 다음 각 목의 기기와 그 밖에 대통령령으로 정하는 기기를 말한다.
   가. 비행기
   나. 헬리콥터
   다. 비행선
   라. 활공기(滑空機)
2. "경량항공기"란 항공기 외에 공기의 반작용으로 뜰 수 있는 기기로서 최대이륙중량, 좌석 수 등 국토교통부령으로 정하는 기준에 해당하는 비행기, 헬리콥터, 자이로플레인(gyroplane) 및 동력패러슈트(powered parachute) 등을 말한다.
3. "초경량비행장치"란 항공기와 경량항공기 외에 공기의 반작용으로 뜰 수 있는 장치로서 자체중량, 좌석 수 등 국토교통부령으로 정하는 기준에 해당하는 동력비행장치,

행글라이더, 패러글라이더, 기구류 및 무인비행장치 등을 말한다.

4. "국가기관등항공기"란 국가, 지방자치단체, 그 밖에 「공공기관의 운영에 관한 법률」에 따른 공공기관으로서 대통령령으로 정하는 공공기관(국가기관등)이 소유하거나 임차(賃借)한 항공기로서 다음 각 목의 어느 하나에 해당하는 업무를 수행하기 위하여 사용되는 항공기를 말한다. 다만, 군용·경찰용·세관용 항공기는 제외한다.
   가. 재난·재해 등으로 인한 수색(搜索)·구조
   나. 산불의 진화 및 예방
   다. 응급환자의 후송 등 구조·구급활동
   라. 그 밖에 공공의 안녕과 질서유지를 위하여 필요한 업무
5. "항공업무"란 다음 각 목의 어느 하나에 해당하는 업무를 말한다.
   가. 항공기의 운항(무선설비의 조작을 포함한다) 업무(항공기 조종연습은 제외한다)
   나. 항공교통관제(무선설비의 조작을 포함한다) 업무(항공교통관제연습은 제외한다)
   다. 항공기의 운항관리 업무
   라. 정비·수리·개조(정비등)된 항공기·발동기·프로펠러(항공기등), 장비품 또는 부품에 대하여 안전하게 운용할 수 있는 성능(감항성)이 있는지를 확인하는 업무
6. "항공기사고"란 사람이 비행을 목적으로 항공기에 탑승하였을 때부터 탑승한 모든 사람이 항공기에서 내릴 때까지[사람이 탑승하지 아니하고 원격조종 등의 방법으로 비행하는 항공기(무인항공기)의 경우에는 비행을 목적으로 움직이는 순간부터 비행이 종료되어 발동기가 정지되는 순간까지를 말한다] 항공기의 운항과 관련하여 발생한 다음 각 목의 어느 하나에 해당하는 것으로서 국토교통부령으로 정하는 것을 말한다.
   가. 사람의 사망, 중상 또는 행방불명
   나. 항공기의 파손 또는 구조적 손상
   다. 항공기의 위치를 확인할 수 없거나 항공기에 접근이 불가능한 경우
7. "경량항공기사고"란 비행을 목적으로 경량항공기의 발동기가 시동되는 순간부터 비행이 종료되어 발동기가 정지되는 순간까지 발생한 다음 각 목의 어느 하나에 해당하는 것으로서 국토교통부령으로 정하는 것을 말한다.
   가. 경량항공기에 의한 사람의 사망, 중상 또는 행방불명
   나. 경량항공기의 추락, 충돌 또는 화재 발생
   다. 경량항공기의 위치를 확인할 수 없거나 경량항공기에 접근이 불가능한 경우
8. "초경량비행장치사고"란 초경량비행장치를 사용하여 비행을 목적으로 이륙[이수(離水)를 포함한다. 이하 같다]하는 순간부터 착륙[착수(着水)를 포함한다]하는 순간까지 발생한 다음 각 목의 어느 하나에 해당하는 것으로서 국토교통부령으로 정하는 것을 말한다.
   가. 초경량비행장치에 의한 사람의 사망, 중상 또는 행방불명

나. 초경량비행장치의 추락, 충돌 또는 화재 발생
다. 초경량비행장치의 위치를 확인할 수 없거나 초경량비행장치에 접근이 불가능한 경우
9. "항공기준사고"(航空機準事故)란 항공안전에 중대한 위해를 끼쳐 항공기사고로 이어질 수 있었던 것으로서 국토교통부령으로 정하는 것을 말한다.
10. "항공안전장애"란 항공기사고 및 항공기준사고 외에 항공기의 운항 등과 관련하여 항공안전에 영향을 미치거나 미칠 우려가 있었던 것으로서 국토교통부령으로 정하는 것을 말한다.
11. "비행정보구역"이란 항공기, 경량항공기 또는 초경량비행장치의 안전하고 효율적인 비행과 수색 또는 구조에 필요한 정보를 제공하기 위한 공역(空域)으로서 「국제민간항공협약」 및 같은 협약 부속서에 따라 국토교통부장관이 그 명칭, 수직 및 수평 범위를 지정·공고한 공역을 말한다.
12. "영공"(領空)이란 대한민국의 영토와 「영해 및 접속수역법」에 따른 내수 및 영해의 상공을 말한다.
13. "항공로"(航空路)란 국토교통부장관이 항공기, 경량항공기 또는 초경량비행장치의 항행에 적합하다고 지정한 지구의 표면상에 표시한 공간의 길을 말한다.
14. "항공종사자"란 항공종사자 자격증명을 받은 사람을 말한다.
15. "모의비행장치"란 항공기의 조종실을 모방한 장치로서 기계·전기·전자장치 등에 대한 통제기능과 비행의 성능 및 특성 등이 실제의 항공기와 동일하게 재현될 수 있게 고안된 장치를 말한다.
16. "운항승무원"이란 자격증명을 받은 사람으로서 항공기에 탑승하여 항공업무에 종사하는 사람을 말한다.
17. "객실승무원"이란 항공기에 탑승하여 비상시 승객을 탈출시키는 등 승객의 안전을 위한 업무를 수행하는 사람을 말한다.
18. "계기비행"(計器飛行)이란 항공기의 자세·고도·위치 및 비행방향의 측정을 항공기에 장착된 계기에만 의존하여 비행하는 것을 말한다.
19. "계기비행방식"이란 계기비행을 하는 사람이 국토교통부장관 또는 항공교통업무증명을 받은 자가 지시하는 이동·이륙·착륙의 순서 및 시기와 비행의 방법에 따라 비행하는 방식을 말한다.
20. "피로위험관리시스템"이란 운항승무원과 객실승무원이 충분한 주의력이 있는 상태에서 해당 업무를 할 수 있도록 피로와 관련한 위험요소를 경험과 과학적 원리 및 지식에 기초하여 지속적으로 감독하고 관리하는 시스템을 말한다.
21. "비행장"이란 「공항시설법」에 따른 비행장을 말한다.
22. "공항"이란 「공항시설법」에 따른 공항을 말한다.

23. "공항시설"이란 「공항시설법」에 따른 공항시설을 말한다.
24. "항행안전시설"이란 「공항시설법」에 따른 항행안전시설을 말한다.
25. "관제권"(管制圈)이란 비행장 또는 공항과 그 주변의 공역으로서 항공교통의 안전을 위하여 국토교통부장관이 지정·공고한 공역을 말한다.
26. "관제구"(管制區)란 지표면 또는 수면으로부터 200미터 이상 높이의 공역으로서 항공교통의 안전을 위하여 국토교통부장관이 지정·공고한 공역을 말한다.
27. "항공운송사업"이란 「항공사업법」에 따른 항공운송사업을 말한다.
28. "항공운송사업자"란 「항공사업법」에 따른 항공운송사업자를 말한다.
29. "항공기사용사업"이란 「항공사업법」에 따른 항공기사용사업을 말한다.
30. "항공기사용사업자"란 「항공사업법」에 따른 항공기사용사업자를 말한다.
31. "항공기정비업자"란 「항공사업법」에 따른 항공기정비업자를 말한다.
32. "초경량비행장치사용사업"이란 「항공사업법」에 따른 초경량비행장치사용사업을 말한다.
33. "초경량비행장치사용사업자"란 「항공사업법」에 따른 초경량비행장치사용사업자를 말한다.
34. "이착륙장"이란 「공항시설법」에 따른 이착륙장을 말한다.

■ 공항시설법의 목적과 용어의 정의

➲ 공항시설법 제1조(목적)

이 법은 공항·비행장 및 항행안전시설의 설치 및 운영 등에 관한 사항을 정함으로써 항공산업의 발전과 공공복리의 증진에 이바지함을 목적으로 한다.

➲ 공항시설법 제2조(정의)

이 법에서 사용하는 용어의 뜻은 다음과 같다.

1. "항공기"란 「항공안전법」 제2조제1호에 따른 항공기를 말한다.
2. "비행장"이란 항공기·경량항공기·초경량비행장치의 이륙[이수(離水)를 포함한다. 이하 같다]과 착륙[착수(着水)를 포함한다. 이하 같다]을 위하여 사용되는 육지 또는 수면(水面)의 일정한 구역으로서 대통령령으로 정하는 것을 말한다.
3. "공항"이란 공항시설을 갖춘 공공용 비행장으로서 국토교통부장관이 그 명칭·위치 및 구역을 지정·고시한 것을 말한다.
4. "공항구역"이란 공항으로 사용되고 있는 지역과 공항·비행장개발예정지역 중 「국토의 계획 및 이용에 관한 법률」에 따라 도시·군계획시설로 결정되어 국토교통부장관이 고시한 지역을 말한다.

5. "비행장구역"이란 비행장으로 사용되고 있는 지역과 공항·비행장개발예정지역 중 「국토의 계획 및 이용에 관한 법률」에 따라 도시·군계획시설로 결정되어 국토교통부장관이 고시한 지역을 말한다.
6. "공항·비행장개발예정지역"이란 공항 또는 비행장 개발사업을 목적으로 국토교통부장관이 공항 또는 비행장의 개발에 관한 기본계획으로 고시한 지역을 말한다.
7. "공항시설"이란 공항구역에 있는 시설과 공항구역 밖에 있는 시설 중 대통령령으로 정하는 시설로서 국토교통부장관이 지정한 다음 각 목의 시설을 말한다.
   가. 항공기의 이륙·착륙 및 항행을 위한 시설과 그 부대시설 및 지원시설
   나. 항공 여객 및 화물의 운송을 위한 시설과 그 부대시설 및 지원시설
8. "비행장시설"이란 비행장에 설치된 항공기의 이륙·착륙을 위한 시설과 그 부대시설로서 국토교통부장관이 지정한 시설을 말한다.
9. "공항개발사업"이란 이 법에 따라 시행하는 다음 각 목의 사업을 말한다.
   가. 공항시설의 신설·증설·정비 또는 개량에 관한 사업
   나. 공항개발에 따라 필요한 접근교통수단 및 항만시설 등 기반시설의 건설에 관한 사업
   다. 공항이용객 및 항공과 관련된 업무종사자를 위한 사업 등 대통령령으로 정하는 사업
10. "비행장개발사업"이란 이 법에 따라 시행하는 다음 각 목의 사업을 말한다.
   가. 비행장시설의 신설·증설·정비 또는 개량에 관한 사업
   나. 비행장개발에 따라 필요한 접근교통수단 등 기반시설의 건설에 관한 사업
11. "공항운영자"란 「항공사업법」 제2조제34호에 따른 공항운영자를 말한다.
12. "활주로"란 항공기 착륙과 이륙을 위하여 국토교통부령으로 정하는 크기로 이루어지는 공항 또는 비행장에 설정된 구역을 말한다.
13. "착륙대"(着陸帶)란 활주로와 항공기가 활주로를 이탈하는 경우 항공기와 탑승자의 피해를 줄이기 위하여 활주로 주변에 설치하는 안전지대로서 국토교통부령으로 정하는 크기로 이루어지는 활주로 중심선에 중심을 두는 직사각형의 지표면 또는 수면을 말한다.
14. "장애물 제한표면"이란 항공기의 안전운항을 위하여 공항 또는 비행장 주변에 장애물(항공기의 안전운항을 방해하는 지형·지물 등을 말한다)의 설치 등이 제한되는 표면으로서 대통령령으로 정하는 구역을 말한다.
15. "항행안전시설"이란 유선통신, 무선통신, 인공위성, 불빛, 색채 또는 전파(電波)를 이용하여 항공기의 항행을 돕기 위한 시설로서 국토교통부령으로 정하는 시설을 말한다.
16. "항공등화"란 불빛, 색채 또는 형상(形象)을 이용하여 항공기의 항행을 돕기 위한 항행

안전시설로서 국토교통부령으로 정하는 시설을 말한다.

17. "항행안전무선시설"이란 전파를 이용하여 항공기의 항행을 돕기 위한 시설로서 국토교통부령으로 정하는 시설을 말한다.
18. "항공정보통신시설"이란 전기통신을 이용하여 항공교통업무에 필요한 정보를 제공·교환하기 위한 시설로서 국토교통부령으로 정하는 시설을 말한다.
19. "이착륙장"이란 비행장 외에 경량항공기 또는 초경량비행장치의 이륙 또는 착륙을 위하여 사용되는 육지 또는 수면의 일정한 구역으로서 대통령령으로 정하는 것을 말한다.
20. "항공학적 검토"란 항공안전과 관련하여 시계비행 및 계기비행절차 등에 대한 위험을 확인하고 수용할 수 있는 안전수준을 유지하면서도 그 위험을 제거하거나 줄이는 방법을 찾기 위하여 계획된 검토 및 평가를 말한다.

➲ 공항시설법 시행령 제2조(비행장의 구분)

「공항시설법」에서 "대통령령으로 정하는 것"이란 다음 각 호의 것을 말한다.

1. 육상비행장
2. 육상헬기장
3. 수상비행장
4. 수상헬기장
5. 옥상헬기장
6. 선상(船上)헬기장
7. 해상구조물헬기장

➲ 항공·철도 사고조사에 관한 법률 제1조(목적)

이 법은 항공·철도사고조사위원회를 설치하여 항공사고 및 철도사고 등에 대한 독립적이고 공정한 조사를 통하여 사고 원인을 정확하게 규명함으로써 항공사고 및 철도사고 등의 예방과 안전 확보에 이바지함을 목적으로 한다.

※ 법은 국회에서 제정하고 시행령은 대통령령으로 법에서 위임된 사항과 그 시행에 필요한 사항을 규정함을 목적으로 하며, 시행규칙은 국토교통부령으로 법과 시행령에서 위임된 사항과 시행에 필요한 사항을 규정함을 목적으로 한다.

예상문제

01 항공사업법의 목적과 관계가 없는 것은?

① 항공사업의 체계적인 성장과 경쟁력 강화 기반을 마련한다.
② 항공사업의 질서유지 및 건전한 발전을 도모한다.
③ 이용자의 편의를 향상시켜 국민경제의 발전과 공공복리의 증진에 이바지한다.
④ 항공 기술발전과 항공사업자의 권익을 보호하기 위한 것이다.

02 항공안전법의 목적은?

① 국제민간항공협약 및 같은 협약의 부속서에서 채택된 표준과 권고되는 방식에 따라 항공기, 경량항공기 또는 초경량비행장치가 안전하게 항행하기 위한 방법을 정함으로써 생명과 재산을 보호하고, 항공기술 발전에 이바지함을 목적으로 한다.
② 항공사업의 질서유지 및 건전한 발전을 도모한다.
③ 이용자의 편의를 향상시켜 국민경제의 발전과 공공복리의 증진에 이바지한다.
④ 항공 기술발전과 항공사업자의 권익을 보호하기 위한 것이다.

03 공항시설법의 목적은?

① 항공사업의 체계적인 성장과 경쟁력 강화 기반을 마련한다.
② 공항·비행장 및 항행안전시설의 설치 및 운영 등에 관한 사항을 정함으로써 항공산업의 발전과 공공복리의 증진에 이바지한다.
③ 이용자의 편의를 향상시켜 국민경제의 발전과 공공복리의 증진에 이바지한다.
④ 항공사업의 질서유지 및 건전한 발전을 도모한다.

04 대통령령으로 법에서 위임된 사항과 그 시행에 관하여 필요한 사항을 규정하고 있는 것은?

① 법 ② 보안법
③ 시행규칙 ④ 시행령

05 국토교통부령으로 법과 시행령에서 위임된 사항과 시행에 필요한 사항을 규정하고 있는 것은?

① 법 ② 보안법
③ 시행규칙 ④ 시행령

06 법 시행령의 목적은?

① 공법의 세부 사항을 규정한다.

② 법의 누락된 사항을 표시한다.

③ 국토교토부령으로 기장의 권한을 명시한다.

④ 대통령령으로 법에서 위임된 사항과 그 시행에 관하여 필요한 사항을 규정한다.

Answer

01. ④ 02. ① 03. ② 04. ④ 05. ③ 06. ④

CHAPTER 02 항행안전시설, 공항시설

> ➲ 공항시설법 시행규칙 제5조(항행안전시설)
> "국토교통부령으로 정하는 시설"이란 항공등화, 항행안전무선시설 및 항공정보통신시설을 말한다.

■ **항행안전시설** : 유선통신, 무선통신, 인공위성, 불빛, 색채 또는 전파(電波)를 이용하여 항공기의 항행(航行)을 돕기 위하여 국토교통부령으로 정하는 시설로서 악천후 및 야간에도 항공기가 안전하고 신속, 정확하게 운항할 수 있도록 지원하는 시설이다. 즉, 항공기의 비행을 보조하며 조종사에게 필요한 정보를 제공하기 위하여 항공기에 탑재되거나 지상에 설치되는 시설로서 기상 상태와 관계없이 안전하게 비행과 이착륙이 가능하도록 지원해주는 역할을 한다.

항행안전시설은 필요한 수치나 데이터를 정확하게 측정하여 조종사에게 필요한 정보를 제공하며, 항법에서 조종사 역할의 대부분은 항행안전시설이 지시하는 정보를 수정하거나 지시된 결과를 해석하는 것이므로 조종사는 다양한 항행안전시설을 적절하게 활용할 수 있어야한다.

- 경량항공기 항행안전시설 : 경량항공기는 주간에 시계비행으로 비행장, 공항, 이착륙장에서 이륙과 착륙을 할 수 있으며, 경량항공기에는 초단파(VHF) 또는 극초단파(UHF) 무선전화 송수신기 1대와 트랜스폰더 1대를 의무적으로 장착하여야 하고, 시계비행방식에 의한 비행을 해야 하므로 나침반, 시계, 속도계, 기압고도계를 갖춰야한다.

■ **항행안전무선시설** : 전파를 이용하여 항공기의 항행을 돕기 위하여 국토교통부령으로 정한 시설로서 거리측정시설, 레이더시설, 무지향표지시설과 전방향표지시설 등이 있다. 조종사는 최신 항공고시보(NOTAM)와 특정 장비가 오작동 되거나 사용이 불가능한지 확인하고, 이에 따라 해당 장비가 지시하는 정보의 신뢰성 여부를 판단해야 한다.

무선전화는 조종사와 지상의 운영자가 서로 통신할 수 있는 수단으로 사용되며, 전송된 정보와 지시는 항공기의 안전과 신속 운항에 매우 중요하다.

항행안전무선시설은 대부분 계기비행 항공기들을 위한 시설이지만, 레이더(radar) 시설은 모든 비행방식에 적용된다. 시계비행을 하는 경량항공기에는 트랜스폰더를 의무적으로 장착하게 되어 있으며, 이는 지상의 레이더 시설과 연계된다.

- 거리측정시설(DME) : 시설 설치지점에서 항공기까지의 거리정보를 비행중인 항공기에 숫자로 제공하여 항로비행 및 이착륙 시에 이용하는 시설이다.
- 계기착륙시설 : 정밀하게 항공기의 착륙을 유도하는 시설로서 활주로 방향과 착륙각도 및 활주로에서 항공기까지의 거리정보를 제공하며, 활주로 중심선 방향정보를 제공하는 방위각장비와 착륙각도정보를 제공하는 활공각장비, 항공기가 착륙하는 진입로상의 특정지점에 대한 위치정보를 제공하는 마커(marker)장비로 구성된다.
- 접근관제 레이더시설 : 공항 주변에서 비행중인 항공기를 탐지하여 관제사가 화면을 보고 항공기를 안전하게 관제할 수 있도록 하는 시설이다.

➲ 공항시설법 시행규칙 제7조(항행안전무선시설)

법 제2조제17호에서 "국토교통부령으로 정하는 시설"이란 다음 각 호의 시설을 말한다.

1. 거리측정시설(DME)
2. 계기착륙시설(ILS/MLS/TLS)
3. 다변측정감시시설(MLAT)
4. 레이더시설(ASR/ARSR/SSR/ARTS/ASDE/PAR)
5. 무지향표지시설(NDB)
6. 범용접속데이터통신시설(UAT)

7. 위성항법감시시설(GNSS Monitoring System)
8. 위성항법시설(GNSS/SBAS/GRAS/GBAS)
9. 자동종속감시시설(ADS, ADS-B, ADS-C)
10. 전방향표지시설(VOR)
11. 전술항행표지시설(TACAN)

■ **항공정보통신시설** : 전기통신을 이용하여 항공교통업무에 필요한 정보를 제공하고 교환하기 위하여 국토교통부령으로 정하는 시설을 말한다.

➲ 공항시설법 시행규칙 제8조(항공정보통신시설)

법 제2조제18호에서 "국토교통부령으로 정하는 시설"이란 다음 각 호의 시설을 말한다.

1. 항공고정통신시설
   가. 항공고정통신시스템(AFTN/MHS)
   나. 항공관제정보교환시스템(AIDC)
   다. 항공정보처리시스템(AMHS)
   라. 항공종합통신시스템(ATN)
2. 항공이동통신시설
   가. 관제사·조종사간데이터링크 통신시설(CPDLC)
   나. 단거리이동통신시설(VHF/UHF Radio)
   다. 단파데이터이동통신시설(HFDL)
   라. 단파이동통신시설(HF Radio)
   마. 모드 S 데이터통신시설
   바. 음성통신제어시설(VCCS, 항공직통전화시설 및 녹음시설을 포함한다)
   사. 초단파디지털이동통신시설(VDL, 항공기출발허가시설 및 디지털공항정보방송시설을 포함한다)
   아. 항공이동위성통신시설[AMS(R)S]
3. 항공정보방송시설: 공항정보방송시설(ATIS)

■ **항행안전시설의 설치기준**

| 표 2-1 | 항공등화의 설치기준

· 조종사 및 관제사의 눈이 부시지 않도록 하고, 노출된 등화설비(활주로등, 정지로등, 유도로등 등을 말한다)는 항공기와 접촉할 때 항공기에 손상을 주지 않고 등화설비가 부서지도록 경구조물(輕構造物)로 하며, 매립된 등화설비는 항공기 바퀴와 접촉으로 인하여 항공기 및 등화설비에 손상을 주지 않도록 제작·설치할 것

· 항공등화의 활주로등에 대한 광도비(光度比)는 기준에 적합할 것
· 그 밖의 항공등화의 광도 및 색상 등은 국토교통부령으로 정하는 기준에 적합할 것

| 표 2-2 | 항행안전무선시설의 설치기준

· 새로 설치하는 경우에는 가급적 이미 설치된 다른 항행안전시설에 영향을 주지 아니할 것
· 전파가 양호하게 발사될 수 있는 위치에 설치할 것
· 감시장치 및 예비전원장치 등을 갖출 것
· 주 장비와 예비 장비를 갖춘 경우, 주 장비에 이상이 있으면 예비 장비로 자동교체되고 그 상태를 표시할 수 있을 것
· 유지보수 등에 필요한 인원과 시험 및 계측장치, 예비부품 등을 갖출 것
· 그 밖의 항행안전무선시설의 설치 및 기술기준 등은 국토교통부령으로 정하는 기준에 적합할 것

| 표 2-3 | 항공정보통신시설의 설치기준

· 통신이 원활하게 이루어질 수 있는 위치에 설치할 것
· 제어장치 및 예비전원장치 등을 갖출 것
· 유지·보수 등에 필요한 인원과 시험 및 계측장치, 예비 부품 등을 갖출 것
· 그 밖의 항공정보통신시설의 설치 및 기술기준 등은 국토교통부령으로 정하는 기준에 적합할 것

| 표 2-4 | 항행안전시설의 관리기준

· 항공등화 관리기준
  - 항공등화는 [표 2-1]의 설치기준에 적합하도록 유지할 것
  - 항공등화의 기능유지를 위하여 개수·청소 등을 할 것
  - 건축물·식물 그 밖의 물건에 의하여 항공등화의 기능이 저해될 우려가 있는 경우에는 지체 없이 해당 물건을 제거하는 등 필요한 조치를 할 것
  - 천재지변이나 그 밖의 사고로 인하여 항공등화의 운용에 지장이 생긴 경우에는 지체 없이 그 복구를 위하여 노력하고, 그 운용을 될 수 있는 대로 계속하는 등 항공기의 안전운항을 위하여 필요한 조치를 할 것
  - 항공등화의 관리자는 다음 각 목의 사항이 기록된 항공등화에 관한 업무일지를 갖춰 두고 1년 이상 보존할 것
    점검 일시 및 그 결과
    해당 등화의 운용이 정지되거나 그 밖의 사고가 발생한 경우에는 그 일시 및 원인과 그에 대한 조치
    국토교통부장관에게 통지 또는 보고한 사항과 그 일시
  - 항공등대와 비행장등대는 정해진 운용시간에는 점등을 유지할 것
  - 공항·비행장의 등화(비행장등대는 제외한다)는 야간(태양이 수평선 아래 6도보다 낮은 경우를 말한다)과 계기비행 기상상태에서 항공기가 이륙하거나 착륙하는 경우 또는 상공을 통과하는 항공기의 항행을 돕기 위하여 필요하다고 인정되는 경우에는 다음 각 목의 방법으로 점등할 것
    항공기가 착륙하는 경우에는 해당 착륙 예정시각 1시간 전에 점등준비를 하고 그 착륙 예정시각보다 최소한 10분 전에 점등할 것
    항공기가 이륙하는 경우에는 이륙한 후 최소한 5분간 점등을 계속할 것
  - 항공등화를 유지·보수하는 인력에 대하여 국토교통부장관이 정하는 바에 따라 교육훈련 등을

실시할 것
- 그 밖에 국토교통부장관이 정하여 고시하는 관리기준에 적합하게 관리할 것

· 항행안전무선시설 및 항공정보통신시설의 관리기준
- [표 2-2] 및 [표 2-3]에 따른 항행안전무선시설 및 항공정보통신시설의 설치기준에 적합하도록 유지할 것
- 정해진 운용시간에는 해당 시설의 성능을 정확하게 유지할 것
- 항행안전무선시설 또는 항공정보통신시설의 기능 유지를 위하여 개수·청소 등을 할 것
- 건축물·식물 또는 그 밖의 물건에 의하여 항행안전무선시설 또는 항공정보통신시설의 기능이 저해될 우려가 있는 경우에는 지체 없이 해당 물건을 제거하는 등 필요한 조치를 할 것
- 부득이한 사유로 항행안전무선시설 또는 항공정보통신시설의 운용의 정지, 정격 통달거리와 코스의 변경, 식별부호 송신의 불량 또는 그 밖에 항행안전무선시설 또는 항공정보통신시설의 기능이 저해된 경우와 해당 항행안전무선시설 또는 항공정보통신시설의 운용을 재개하거나 기능이 복구된 경우에는 지체 없이 국토교통부장관에게 통지할 것
- 천재지변이나 그 밖의 사고로 인하여 항행안전무선시설 또는 항공정보통신시설의 운용에 지장이 생긴 경우에는 지체 없이 그 복구를 위하여 노력하고 그 운용을 될 수 있는 대로 계속하는 등 항공기의 안전운항을 위하여 필요한 조치를 할 것
- 항행안전무선시설 또는 항공정보통신시설에 대하여 개수나 그 밖의 공사를 하는 경우에는 항공기의 항행을 저해하지 아니하도록 필요한 조치를 할 것
- 항행안전무선시설 또는 항공정보통신시설의 관리자는 다음 각 목의 사항이 기록된 항행안전무선시설 또는 항공정보통신시설에 관한 업무일지를 갖춰 두고 1년 이상 보존할 것
  감시장치 등으로 감시한 일시 및 결과(기록 횟수는 1일 1회 이상일 것)
  해당 시설에 관하여 운용이 정지되거나 그 밖의 사고가 발생한 경우에는 그 일시 및 원인과 그에 대한 조치
  국토교통부장관에게 통지 또는 보고한 사항과 그 일시

· 항행안전시설의 운용 및 사용기준
- 항행안전시설을 관리하는 자는 유지·보수에 필요한 인원, 예비품 및 계측장비 등을 활용할 수 있는 방안을 마련하여 국토교통부장관이 정하여 고시하는 세부 기준에 따라 장애 발생이 최소화되도록 시설을 유지·관리할 것
- 항행안전시설을 관리하는 자는 항행안전시설을 관리·운용하는 자에 대하여 국토교통부장관이 정하는 바에 따라 교육훈련을 실시하여야 하며, 국토교통부장관이 정하여 고시하는 경력과 교육실적 등을 갖춘 자가 유지보수 업무를 수행하도록 할 것
- 2차 감시레이더 등의 운용을 위하여 항공기에 모드 S 트랜스폰더를 설치하는 경우에는 24비트 주소를 사용하여야 한다. 이 경우 모드 S 24비트 주소의 할당 등에 대한 사항은 국토교통부장관이 정하여 고시하는 세부기준에 적합하게 할 것
- 항행안전무선시설 및 항공정보통신시설에 사용되는 주파수는 국토교통부장관이 정하여 고시하는 항공주파수운용계획에 적합하게 운용할 것
- 항행안전시설의 운용 등에 적용하는 지명은 국토교통부장관이 정하여 고시하는 바에 따라 4문자 부호를 사용할 것
- 항공이동통신업무에 선택호출을 적용할 경우에는 선택호출부호를 사용하여야 한다. 이 경우 선택호출부호의 관리 등에 관한 사항은 국토교통부장관이 정하여 고시하는 세부 기준에 적합하게 할 것
- 항공교통업무 및 항공통신업무 수행을 위한 항공기 소유자의 호출명칭 및 3문자 부호의 배정에 관한 사항은 국토교통부장관이 정하여 고시하는 세부 기준에 적합하게 할 것

■ **공항시설** : 공항구역에 있는 시설과 공항구역 밖에 있는 시설 중 대통령령으로 정하

는 시설로서 국토교통부장관이 지정한 다음의 시설을 말한다.

- 항공기의 이륙·착륙 및 항행을 위한 시설과 그 부대시설 및 지원시설
- 항공 여객 및 화물의 운송을 위한 시설과 그 부대시설 및 지원시설

➲ 공항시설법 시행령 제3조(공항시설의 구분)

법 제2조제7호 각 목 외의 부분에서 "대통령령으로 정하는 시설"이란 다음 각 호의 시설을 말한다.

1. 다음 각 목에서 정하는 기본시설
   가. 활주로, 유도로, 계류장, 착륙대 등 항공기의 이착륙시설
   나. 여객터미널, 화물터미널 등 여객시설 및 화물처리시설
   다. 항행안전시설
   라. 관제소, 송수신소, 통신소 등의 통신시설
   마. 기상관측시설
   바. 공항 이용객을 위한 주차시설 및 경비·보안시설
   사. 공항 이용객에 대한 홍보시설 및 안내시설
2. 다음 각 목에서 정하는 지원시설
   가. 항공기 및 지상조업장비의 점검·정비 등을 위한 시설
   나. 운항관리시설, 의료시설, 교육훈련시설, 소방시설 및 기내식 제조·공급 등을 위한 시설
   다. 공항의 운영 및 유지·보수를 위한 공항 운영·관리시설
   라. 공항 이용객 편의시설 및 공항근무자 후생복지시설
   마. 공항 이용객을 위한 업무·숙박·판매·위락·운동·전시 및 관람집회 시설
   바. 공항교통시설 및 조경시설, 방음벽, 공해배출 방지시설 등 환경보호시설
   사. 공항과 관련된 상하수도 시설 및 전력·통신·냉난방 시설
   아. 항공기 급유시설 및 유류의 저장·관리 시설
   자. 항공화물을 보관하기 위한 창고시설
   차. 공항의 운영·관리와 항공운송사업 및 이와 관련된 사업에 필요한 건축물에 부속되는 시설
   카. 공항과 관련된 「신에너지 및 재생에너지 개발·이용·보급 촉진법」에 따른 신에너지 및 재생에너지 설비
3. 도심공항터미널
4. 헬기장에 있는 여객시설, 화물처리시설 및 운항지원시설
5. 공항구역 내에 있는 「자유무역지역의 지정 및 운영에 관한 법률」에 따라 지정된 자유무역지역에 설치하려는 시설로서 해당 공항의 원활한 운영을 위하여 필요하다고 인정

하여 국토교통부장관이 지정·고시하는 시설
6. 그 밖에 국토교통부장관이 공항의 운영 및 관리에 필요하다고 인정하는 시설

■ 금지행위

- 활주로, 유도로 및 비행장의 주요시설(착륙대, 에이프런, 격납고, 비행장 표지시설 및 급유시설) 또는 항행안전시설을 손괴하면 안된다.
- 항공기를 향하여 물건을 던지거나 항공에 위해한 행위(착륙대, 유도로 또는 에이프런에 금속편, 직물, 기타 물건의 방치행위와 착륙대, 유도로, 에이프런, 격납고와 지정된 화기사용 금지 장소에서 화기사용행위, 운항중인 항공기에 장애행위, 레이저광선의 방사행위)를 해서는 안된다.
- 특별한 사유 없이 착륙대, 유도로, 계류장, 격납고 또는 항행안전시설 설치 지역에 출입해서는 안된다.

예상문제

01 시설 설치지점에서 항공기까지의 거리정보를 비행중인 항공기에 숫자로 제공하여 항로비행 및 이착륙시에 이용하는 시설은?

① 거리측정시설(DME)　② 전방향표지시설(VOR)
③ 전술비행표지시설(TACAN)　④ 무지향표지시설(NDB)

02 유선통신, 무선통신, 인공위성, 불빛, 색채 또는 전파(電波)를 이용하여 항공기의 비행을 돕기 위한 시설로서 국토교통부령으로 정하는 시설이란?

① 무선전화　② 항공고시보(NOTAM)
③ 항행안전시설　④ 관제장비

03 공항 주변에서 비행중인 항공기를 탐지하여 관제사가 화면을 보고 항공기를 안전하게 관제할 수 있도록 하는 시설은?

① 접근관제 레이더시설
② 전방향표지시설
③ 전술비행표지시설
④ 계기착륙시설

04 경량항공기에 의무적으로 장착해야하는 항행안전시설은?

① 접근관제 레이더시설
② 진입각 계측장비
③ 전술비행표지시설
④ 무선전화 송수신기와 트랜스폰더

05 다음 중 공항 기본시설은?

① 상·하수도 및 전력·통신·냉난방 시설
② 이용객에 대한 홍보시설 및 안내시설
③ 공항 이용객 편의시설 및 공항근무자 후생복지시설
④ 공항의 운영 유지 및 보수 시설

06 다음 중 틀린 것은?

① 공항이용객에 대한 홍보시설은 기본시설이다.
② 공항이용객을 위한 편의시설은 지원시설이다.
③ 기상관측시설과 항행안전시설은 지원시설이다.
④ 항공기 급유 및 유류 저장시설은 지원시설이다.

07 대통령령이 정하는 공항의 시설 중에서 기본시설은?

① 항공기 및 지상조업장비의 점검 시설
② 공항이용객 편의시설 및 공항근무자 후생복지시설
③ 공항이용객 주차시설 및 경비·보안시설
④ 항공기 급유 및 유류저장시설

08 대통령령이 정하는 공항의 시설 중 지원시설이 아닌 것은?

① 의료시설
② 항공기 급유시설
③ 공항 근무자를 위한 후생복지시설
④ 공항이용객을 위한 주차시설 및 홍보시설

09 항행안전시설의 설치 허가자는?

① 국토교통부장관 ② 지방항공청장
③ 경찰청장 ④ 시설안전공단

10 항행안전무선시설이 아닌 것은?

① 자동항법장치(INS) ② 거리측정시설(DME)
③ 계기착륙시설(ILS/MLS/TLS) ④ 무지향표지시설(NDB)

11 공항시설관리규칙의 목적이 아닌 것은?

① 공항시설의 관리와 규제 ② 공항시설의 능률적 운영
③ 공항시설의 이용료 징수 ④ 공항시설 이용의 질서 유지

Answer

01. ① 02. ③ 03. ① 04. ④ 05. ② 06. ③ 07. ③ 08. ④ 09. ① 10. ① 11. ③

CHAPTER 03 항공기사고 및 준사고, 인적·물적 손상범위

■ **항공기사고** : 사람이 비행을 목적으로 항공기에 탑승하였을 때부터 탑승한 모든 사람이 항공기에서 내릴 때까지(사람이 탑승하지 아니하고 원격조종 등의 방법으로 비행하는 무인항공기의 경우에는 비행을 목적으로 움직이는 순간부터 비행이 종료되어 발동기가 정지되는 순간까지) 항공기의 운항과 관련하여 발생한 다음 중 하나에 해당하는 것으로서 국토교통부령으로 정하는 것을 말한다.

- 사람의 사망, 중상 또는 행방불명
- 항공기의 파손 또는 구조적 손상
- 항공기의 위치를 확인할 수 없거나 항공기에 접근이 불가능한 경우

■ **경량항공기사고** : 비행을 목적으로 경량항공기의 발동기가 시동되는 순간부터 비행이 종료되어 발동기가 정지되는 순간까지 발생한 다음 중 하나에 해당하는 것으로서 국토교통부령으로 정하는 것을 말한다.

- 경량항공기에 의한 사람의 사망, 중상 또는 행방불명
- 경량항공기의 추락, 충돌 또는 화재 발생
- 경량항공기의 위치를 확인할 수 없거나 경량항공기에 접근이 불가능한 경우

■ 경량항공기 조종사는 경량항공기사고가 발생하였을 때에는 지체 없이 국토교통부장관에게 그 사실을 보고하여야 한다. 다만, 경량항공기 조종사가 보고할 수 없을 때에는 그 경량항공기소유자등이 경량항공기사고를 보고하여야 하며, 경량항공기사고를 일으킨 조종사 또는 경량항공기의 소유자등은 다음의 사항을 지방항공청장에게 보고하여야 한다.

- 조종사 및 그 경량항공기의 소유자등의 성명 또는 명칭
- 사고가 발생한 일시 및 장소
- 경량항공기의 종류 및 등록부호
- 사고의 경위
- 사람의 사상 또는 물건의 파손 개요
- 사상자의 성명 등 사상자의 인적사항 파악을 위하여 참고가 될 사항

■ **항공기준사고**(航空機準事故) : 항공안전에 중대한 위해를 끼쳐 항공기사고로 이어질 수 있었던 것으로서 국토교통부령으로 정하는 것을 말하며, 항공안전법에서 국토교통부령으로 정하는 항공기준사고의 범위는 다음과 같다.

| 표 3-1 | 항공기준사고의 범위

- 항공기의 위치, 속도 및 거리가 다른 항공기와 충돌위험이 있었던 것으로 판단되는 근접비행이 발생한 경우(다른 항공기와의 거리가 500피트 미만으로 근접하였던 경우) 또는 경미한 충돌이 있었으나 안전하게 착륙한 경우
- 항공기가 정상적인 비행 중 지표, 수면 또는 그 밖의 장애물과의 충돌을 가까스로 회피한 경우
- 항공기, 차량, 사람 등이 허가 없이 또는 잘못된 허가로 항공기 이륙·착륙을 위해 지정된 보호구역에 진입하여 다른 항공기와 충돌할 뻔 한 경우
- 항공기가 다음 각 목의 장소에서 이륙하거나 이륙을 포기한 경우 또는 착륙하거나 착륙을 시도한 경우
  - 폐쇄된 활주로 또는 다른 항공기가 사용 중인 활주로
  - 허가 받지 않은 활주로
  - 유도로(헬리콥터가 허가를 받고 이륙하거나 이륙을 포기한 경우 또는 착륙하거나 착륙을 시도한 경우는 제외한다)
- 항공기가 이륙·착륙 중 활주로 시단(始端)에 못 미치거나 또는 종단(終端)을 초과한 경우 또는 활주로 옆으로 이탈한 경우(다만, 항공안전장애에 해당하는 사항은 제외한다)
- 항공기가 이륙 또는 초기 상승 중 규정된 성능에 도달하지 못한 경우
- 비행 중 운항승무원이 신체, 심리, 정신 등의 영향으로 조종업무를 정상적으로 수행할 수 없는 경우
- 조종사가 연료량 또는 연료배분 이상으로 비상선언을 한 경우(연료의 불충분, 소진, 누유 등으로 인한 결핍 또는 사용가능한 연료를 사용할 수 없는 경우를 말한다)
- 항공기 시스템의 고장, 기상 이상, 항공기 운용한계의 초과 등으로 조종상의 어려움이 발생했거나 발생할 수 있었던 경우
- 다음 각 목에 따라 항공기에 중대한 손상이 발견된 경우(항공기사고로 분류된 경우는 제외한다)
  - 항공기가 지상에서 운항 중 다른 항공기나 장애물, 차량, 장비 또는 동물과 접촉·충돌
  - 비행 중 조류(鳥類), 우박, 그 밖의 물체와 충돌 또는 기상 이상 등
  - 항공기 이륙·착륙 중 날개, 발동기 또는 동체와 지면의 접촉. 다만, 꼬리 활주부(tail skid)의 경미한 접촉 등 항공기 이륙·착륙에 지장이 없는 경우는 제외한다.
- 비행 중 비상상황이 발생하여 산소마스크를 사용한 경우
- 운항 중 항공기 구조상의 결함이 발생한 경우 또는 터빈발동기의 내부 부품이 외부로 떨어져

나간 경우를 포함하여 터빈발동기의 내부 부품이 분해된 경우(항공기사고로 분류된 경우는 제외한다)
· 운항 중 발동기에서 화재가 발생하거나 조종실, 객실이나 화물칸에서 화재·연기가 발생한 경우(소화기를 사용하여 진화한 경우를 포함한다)
· 비행 중 비행 유도 및 항행에 필요한 다중(多衆)시스템(중복체계, redundancy system) 중 2개 이상의 고장으로 항행에 지장을 준 경우
· 비행 중 2개 이상의 항공기 시스템 고장이 동시에 발생하여 비행에 심각한 영향을 미치는 경우
· 운항 중 비의도적으로 항공기 외부의 인양물이나 탑재물이 항공기로부터 분리된 경우 또는 비상조치를 위해 의도적으로 항공기 외부의 인양물이나 탑재물이 항공기로부터 분리한 경우

비고 : 항공기준사고 조사결과에 따라 항공기사고 또는 항공안전장애로 재분류 할 수 있다.

■ 사망·중상 등의 적용기준

- 경량항공기사고에서 행방불명은 경량항공기 안에 있던 사람이 경량항공기사고로 1년간 생사가 분명하지 아니한 경우에 적용한다.
- 경량항공기사고에서 사망 또는 중상에 대한 적용기준은 다음과 같다.
  - 경량항공기에 탑승한 사람이 사망하거나 중상을 입은 경우. 다만, 자연적인 원인 또는 자기 자신이나 타인에 의하여 발생된 경우는 제외한다.
  - 비행 중이거나 비행을 준비 중인 경량항공기로부터 이탈된 부품이나 그 경량항공기와의 직접적인 접촉 등으로 인하여 사망하거나 중상을 입은 경우
- 경량항공기사고에서 사람의 사망은 경량항공기사고가 발생한 날부터 30일 이내에 그 사고로 사망한 경우를 포함한다.
- 경량항공기사고에서 중상의 범위는 다음과 같다.
  - 경량항공기사고로 부상을 입은 날부터 7일 이내에 48시간을 초과하는 입원치료가 필요한 부상
  - 골절(코뼈, 손가락, 발가락 등의 간단한 골절은 제외한다)
  - 열상(찢어진 상처)으로 인한 심한 출혈, 신경·근육 또는 힘줄의 손상
  - 2도나 3도의 화상 또는 신체표면의 5퍼센트를 초과하는 화상(화상을 입은 날부터 7일 이내에 48시간을 초과하는 입원치료가 필요한 경우만 해당한다)
  - 내장의 손상
  - 전염물질이나 유해방사선에 노출된 사실이 확인된 경우

➲ 항공안전법 시행규칙 제8조(항공기의 파손 또는 구조적 손상의 범위)

"항공기의 파손 또는 구조적 손상"이란 다음의 항공기의 손상·파손 또는 구조상의 결함으로 항공기 구조물의 강도, 항공기의 성능 또는 비행특성에 악영향을 미쳐 대수리 또는 해당 구성품(component)의 교체가 요구되는 것을 말한다.

| 표 3-2 | 항공기의 손상·파손 또는 구조상의 결함

- 다음 중 하나에 해당되는 경우에는 항공기의 중대한 손상·파손 및 구조상의 결함으로 본다.
  - 항공기에서 발동기가 떨어져 나간 경우
  - 발동기의 덮개 또는 역추진장치 구성품이 떨어져 나가면서 항공기를 손상시킨 경우
  - 압축기, 터빈블레이드 및 그 밖에 다른 발동기 구성품이 발동기 덮개를 관통한 경우. 다만, 발동기의 배기구를 통해 유출된 경우는 제외한다.
  - 레이돔(레이더 안테나 덮개, radome)이 파손되거나 떨어져 나가면서 항공기의 동체 구조 또는 시스템에 중대한 손상을 준 경우
  - 플랩(flap), 슬랫(slat) 등 고양력장치(高揚力裝置) 및 윙렛(winglet)이 손실된 경우. 다만, 외형변경목록을 적용하여 항공기를 비행에 투입할 수 있는 경우는 제외한다.
  - 바퀴다리(landing gear leg)가 완전히 펴지지 않았거나 바퀴가 나오지 않은 상태에서 착륙하여 항공기의 표피가 손상된 경우. 다만, 간단한 수리를 하여 항공기가 비행할 수 있는 경우는 제외한다.
  - 항공기 내부의 감압 또는 여압을 조절하지 못하게 되는 구조적 손상이 발생한 경우
  - 항공기준사고 또는 항공안전장애 등의 발생에 따라 항공기를 점검한 결과 심각한 손상이 발견된 경우
  - 비상탈출로 중상자가 발생했거나 항공기가 심각한 손상을 입은 경우
  - 그 밖에 가목부터 자목까지의 경우와 유사한 항공기의 손상·파손 또는 구조상의 결함이 발생한 경우
- 위의 어느 하나에 해당하는 경우에도 다음 중 하나에 해당하는 경우에는 항공기의 중대한 손상·파손 및 구조상의 결함으로 보지 아니한다.
  - 덮개와 부품(accessory)을 포함하여 한 개의 발동기의 고장 또는 손상
  - 프로펠러, 날개 끝(wing tip), 안테나, 프로브(probe), 베인(vane), 타이어, 브레이크, 바퀴, 페어링(faring), 패널(panel), 착륙장치 덮개, 방풍창 및 항공기 표피의 손상
  - 주회전익, 꼬리회전익 및 착륙장치의 경미한 손상
  - 우박 또는 조류와 충돌 등에 따른 경미한 손상[레이돔(radome)의 구멍을 포함한다]

예상문제

01 사망 및 중상의 범위에 해당하지 않는 것은?

① 경량항공기사고로 부상을 입은 날부터 7일 이내에 48시간 이상의 입원치료가 필요한 부상
② 전염물질이나 유해방사선에 노출된 사실이 확인된 경우
③ 경량항공기사고로 코뼈, 손가락, 발가락 등의 간단한 골절
④ 내장의 손상

02 항공기 사고의 적용 기준은?

① 사람이 항공기에 비행을 목적으로 탑승한 때브터 모두 내릴 때 까지
② 이륙수속부터 수화물 인도 시 까지
③ 출발 공항에 도착시점부터 도착 공항 정문을 벗어날 때까지
④ 항공기가 200m 상공 도착 시간부터 목적지에 착륙 시까지

03 경량항공기사고 기준은?

① 비행을 목적으로 항공기에 탑승하였을 때부터 탑승한 모든 사람이 항공기에서 내릴 때까지 발생한 사고
② 비행을 목적으로 이륙하는 순간부터 착륙하는 순간까지 발생한 사고
③ 비행을 목적으로 경량항공기의 발동기가 시동되는 순간부터 비행이 종료되어 발동기가 정지되는 순간까지 발생한 사고
④ 무조건 시동을 켤 때부터 시동을 끌 때까지 발생한 사고

04 항공기의 중대한 손상으로 볼 수 없는 것은?

① 항공기에서 발동기가 떨어져 나간 경우
② 항공기 구조상 결함으로 대수리가 필요한 경우
③ 항공기 구조물의 강도에 이상으로 부품 교체가 필요한 경우
④ 착륙장치의 경미한 손상

05 다음중 항공기 사고에 해당되는 것은?

① 탑승객이 항공기에서 지병으로 인한 사망
② 탑승객이 지상에서 이동 중 공항시설 충격으로 인한 사망
③ 탑승예정자가 행방불명된 경우
④ 비행을 목적으로 탑승한 사람이 있는 항공기로부터 이탈된 부품이나 그 항공기와의 직접적인 접촉 등으로 인하여 사망하거나 중상을 입은 경우

06 경량항공기 사고의 범위가 아닌 것은?

① 경량항공기의 추락·충돌 또는 화재 발생
② 경량항공기에 의한 사람의 사망, 중상 또는 행방불명
③ 이착륙 중 활주로 이탈
④ 경량항공기의 위치를 확인할 수 없거나 경량항공기에 접근이 불가능한 경우

Answer

01. ③ 02. ① 03. ③ 04. ④ 05. ④ 06. ③

CHAPTER 04
항공등화, 항공장애 표시등, 항공장애 주간표지, 빛총신호, 항공기의 등불

■ **항공등화** : 불빛, 색채 또는 형상(形象)을 이용하여 항공기의 비행을 돕기 위하여 국토교통부령으로 정하는 항행안전시설을 말하며, 비행의 각 단계 중에서 특히 이착륙 시에 조종사의 안전운항을 돕기 위하여 지상이나 항공기에 설치하는 등화와 조명시설을 일컫는 말로서 항공 등화시설은 크게 항공로 등화시설과 비행장 등화시설, 항공장애등, 항공기 등화시설로 분류된다.

➲ 공항시설법 시행규칙 제6조(항공등화)

법 제2조제16호에서 "국토교통부령으로 정하는 시설"이란 [표 4-1]의 시설을 말한다.

| 표 4-1 | 항공등화의 종류

1. 비행장등대(Aerodrome Beacon): 항행 중인 항공기에 공항·비행장의 위치를 알려주기 위해 공항·비행장 또는 그 주변에 설치하는 등화
2. 비행장식별등대(Aerodrome Identification Beacon): 항행 중인 항공기에 공항·비행장의 위치를 알려주기 위해 모르스부호에 따라 명멸(明滅)하는 등화
3. 진입등시스템(Approach Lighting Systems): 착륙하려는 항공기에 진입로를 알려주기 위해 진입구역에 설치하는 등화
4. 진입각지시등(Precision Approach Path Indicator): 착륙하려는 항공기에 착륙 시 진입각의 적정 여부를 알려주기 위해 활주로의 외측에 설치하는 등화
5. 활주로등(Runway Edge Lights): 이륙 또는 착륙하려는 항공기에 활주로를 알려주기 위해 그 활주로 양측에 설치하는 등화
6. 활주로시단등(Runway Threshold Lights): 이륙 또는 착륙하려는 항공기에 활주로의 시단을 알려주기 위해 활주로의 양 시단(始端)에 설치하는 등화
7. 활주로시단연장등(Runway Threshold Wing Bar Lights): 활주로시단등의 기능을 보조하기 위해 활주로 시단 부분에 설치하는 등화
8. 활주로중심선등(Runway Center Line Lights): 이륙 또는 착륙하려는 항공기에 활주로의 중심선을 알려주기 위해 그 중심선에 설치하는 등화
9. 접지구역등(Touchdown Zone Lights): 착륙하고자 하려는 항공기에 접지구역을 알려주기 위해 접지구역에 설치하는 등화

10. 활주로거리등(Runway Distance Marker Sign): 활주로를 주행 중인 항공기에 전방의 활주로 종단(終端)까지의 남은 거리를 알려주기 위해 설치하는 등화
11. 활주로종단등(Runway End Lights): 이륙 또는 착륙하려는 항공기에 활주로의 종단을 알려주기 위해 설치하는 등화
12. 활주로시단식별등(Runway Threshold Identification Lights): 착륙하려는 항공기에 활주로 시단의 위치를 알려주기 위해 활주로 시단의 양쪽에 설치하는 등화
13. 선회등(Circling Guidance Lights): 체공 선회 중인 항공기가 기존의 진입등시스템과 활주로등만으로는 활주로 또는 진입지역을 충분히 식별하지 못하는 경우에 선회비행을 안내하기 위해 활주로의 외측에 설치하는 등화
14. 유도로등(Taxiway Edge Lights): 지상주행 중인 항공기에 유도로·대기지역 또는 계류장 등의 가장자리를 알려주기 위해 설치하는 등화
15. 유도로중심선등(Taxiway Center Line Lights): 지상주행 중인 항공기에 유도로의 중심·활주로 또는 계류장의 출입경로를 알려주기 위해 설치하는 등화
16. 활주로유도등(Runway Leading Lighting Systems): 활주로의 진입경로를 알려주기 위해 진입로를 따라 집단으로 설치하는 등화
17. 일시정지위치등(Intermediate Holding Position Lights): 지상 주행 중인 항공기에 일시 정지해야 하는 위치를 알려주기 위해 설치하는 등화
18. 정지선등(Stop Bar Lights): 유도정지 위치를 표시하기 위해 유도로의 교차부분 또는 활주로 진입정지 위치에 설치하는 등화
19. 활주로경계등(Runway Guard Lights): 활주로에 진입하기 전에 멈추어야 할 위치를 알려주기 위해 설치하는 등화
20. 풍향등(Illuminated Wind Direction Indicator): 항공기에 풍향을 알려주기 위해 설치하는 등화
21. 지향신호등(Signalling Lamp, Light Gun): 항공교통의 안전을 위해 항공기 등에 필요한 신호를 보내기 위해 사용하는 등화
22. 착륙방향지시등(Landing Direction Indicator): 착륙하려는 항공기에 착륙의 방향을 알려주기 위해 T자형 또는 4면체형의 물건에 설치하는 등화
23. 도로정지위치등(Road-holding Position Lights): 활주로에 연결된 도로의 정지위치에 설치하는 등화
24. 정지로등(Stop Way Lights): 항공기를 정지시킬 수 있는 지역의 정지로에 설치하는 등화
25. 금지구역등(Unserviceability Lights): 항공기에 비행장 안의 사용금지 구역을 알려주기 위해 설치하는 등화
26. 회전안내등(Turning Guidance Lights): 회전구역에서의 회전경로를 보여주기 위해 회전구역 주변에 설치하는 등화
27. 항공기주기장식별표지등(Aircraft Stand Identification Sign): 주기장(駐機場)으로 진입하는 항공기에 주기장을 알려주기 위해 설치하는 등화
28. 항공기주기장안내등(Aircraft Stand Maneuvering Guidance Lights): 시정(視程)이 나쁠 경우 주기위치 또는 제빙(除氷)·방빙시설(防氷施設)을 알려주기 위해 설치하는 등화
29. 계류장조명등(Apron Floodlighting): 야간에 작업을 할 수 있도록 계류장에 설치하는 등화
30. 시각주기유도시스템(Visual Docking Guidance System): 항공기에 정확한 주기위치를 안내하기 위해 주기장에 설치하는 등화
31. 유도로안내등(Taxiway Guidance Sign): 지상 주행 중인 항공기에 목적지, 경로 및 분기점을 알려주기 위해 설치하는 등화
32. 제빙·방빙시설출구등(De/Anti-Icing Facility Exit Lights): 유도로에 인접해 있는 제빙·방빙시설을 알려주기 위해 출구에 설치하는 등화
33. 비상용등화(Emergency Lighting): 항공등화의 고장 또는 정전에 대비하여 갖춰 두는 이동형 비상등화

34. 헬기장등대(Heliport Beacon): 항행 중인 헬기에 헬기장의 위치를 알려주기 위해 헬기장 또는 그 주변에 설치하는 등화
35. 헬기장진입등시스템(Heliport Approach Lighting System) 착륙하려는 헬기에 그 진입로를 알려주기 위해 진입구역에 설치하는 등화
36. 헬기장진입각지시등(Heliport Approach Path Indicator): 착륙하려는 헬기에 착륙할 때의 진입각의 적정 여부를 알려주기 위해 설치하는 등화
37. 시각정렬안내등(Visual Alignment Guidance System): 헬기장으로 진입하는 헬기에 적정한 진입방향을 알려주기 위해 설치하는 등화
38. 진입구역등(Final Approach & Take-off Area Lights): 헬기장의 진입구역 및 이륙구역의 경계윤곽을 알려주기 위해 진입구역 및 이륙구역에 설치하는 등화
39. 목표지점등(Aiming Point Lights): 헬기장의 목표지점을 알려주기 위해 설치하는 등화
40. 착륙구역등(Touchdown & Lift-off Area Lighting System): 착륙구역을 조명하기 위해 설치하는 등화
41. 견인지역조명등(Winching Area Floodlighting): 야간에 사용하는 견인지역을 조명하기 위해 설치하는 등화
42. 장애물조명등(Floodlighting of Obstacles): 헬기장 지역의 장애물에 장애등을 설치하기가 곤란한 경우에 장애물을 표시하기 위해 설치하는 등화
43. 간이접지구역등(Simple Touchdown Zone Lights): 착륙하려는 항공기에 복행을 시작해도 되는지를 알려주기 위해 설치하는 등화
44. 진입금지선등(No-entry Bar): 교통수단이 부주의로 인하여 탈출전용 유도로용 유도로에 진입하는 것을 예방하기 위해 하는 등화

■ **항공장애 표시등** : 주간 혹은 야간 비행시 안전에 저해가 되는 장애물의 존재를 알리기 위하여 설치되며, 깜박이는 섬광등 또는 지속적으로 점등되는 등화를 켜놓음으로써 조종사가 육안으로 장애물 식별이 가능하도록 한다. 지표면 60미터 이상의 물체나 항공기 접근구역, 항공기의 안전한 운항을 위해 설치하는 전이표면, 안전지대 등 항공기 안전운항에 영향을 미칠 수 있는 물체에 설치하지만, 지형적인 요인으로 설치가 어려운 경우 또는 인근의 다른 물체에 영향을 미치는 경우에는 관계 당국의 판단에 의하여 설치를 생략할 수 있다. 항공장애등은 단수 또는 복수의 등화를 실정에 맞게 설치하고 모든 방향에서 식별할 수 있어야 하며 고광도, 중광도, 저광도의 장애등화를 위치와 장애물 성격에 따라 설치한다.

※ 전이표면(轉移表面) : 항공기의 안전한 운항을 위하여 설치하는 비행장애물제한표면의 하나로서 착륙대의 옆변 및 진입표면 옆변의 일부에서 수평표면에 연결되는 바깥쪽 위로 경사도를 갖는 복합된 표면을 말한다.

- 고광도 장애등화 : 지표면에서 150미터 이상의 물체 중에서 굴뚝이나 타워, 길고 좁은 건축물, 방송용 안테나, 항공기 접근구역 및 전이표면에 설치된 물탱크, 가솔린 탱크 또는 유사 물체에 설치한다.
- 중광도 백색 장애등화 : 지표면에서 60~150미터 사이의 물체 중에서 굴뚝이나 타워, 길고 좁은 건축물, 방송용 안테나, 항공기 접근구역 및 전이표면에 설치된 물탱크, 가솔린 탱크 또는 유사 물체에 설치한다.
- 중광도 적색 장애등화 : 고광도 장애등화 및 중광도 백색 장애등화가 설치되지 않은 물체 중에서 항공기 안전운항에 영향을 미치는 물체에 설치한다.
- 저광도 장애등화 : 상기 3개의 등화가 설치되지 않은 모든 지역에 설치한다.

■ **항공장애 주간표지** : 항공기 안전운항을 위하여 필요하거나, 지상에서 60미터 이상 돌출된 고정물체의 경우에 식별이 용이하도록 오렌지색과 백색의 조합으로 페인트칠을 해야 하며, 페인트칠이 현실적으로 불가능한 경우에는 깃발이나 표지를 설치하기도 한다.

■ **항공등대** : 공항과 헬기장, 주요 지형지물, 산악지역 주변을 지나는 항공기에 장애물의 위치를 알리기 위하여 사용되며, 백색등과 채색등, 또는 이 둘을 조합한 점멸등으로 나타내며 시각 비행보조시설이라고 한다. 하나의 등이 단독으로 사용되거나 여러 개의 등화를 함께 사용하기도 하며, 해당 등화를 대체하기 위하여 보다 광도가 낮은 여러 개가 지속적으로 켜져 있는 등화를 사용하기도 한다. 때로는 이착륙장과 주요 지형지물, 장애물, 항로상의 특정 지점을 식별하기 위해서 모르스 부호를 코드화한 등화가 사용되기도 한다.

➲ 공항시설법 제36조(항공장애 표시등의 설치 등)

① 국토교통부장관 또는 사업시행자등은 장애물 제한표면에서 수직으로 지상까지 투영한 구역에 있는 구조물로서 국토교통부령으로 정하는 구조물에는 국토교통부령으로 정하는 항공장애 표시등(표시등) 및 항공장애 주간(晝間)표지의 설치 위치 및 방법 등에 따라 표시등 및 표지를 설치하여야 한다. 다만, 기본계획의 고시 또는 변경 고시, 실시계획의 고시 또는 변경 고시를 한 후에 설치되는 구조물의 경우에는 그 구조물의 소유자가 표시등 및 표지를 설치하여야 한다.

② 장애물 제한표면 밖의 지역에서 지표면이나 수면으로부터 높이가 60미터 이상 되는 구조물을 설치하는 자는 제1항에 따른 표시등 및 표지의 설치 위치 및 방법 등에 따라 표시등 및 표지를 설치하여야 한다. 다만, 구조물의 높이가 표시등이 설치된 구조물과 같거나 낮은 구조물 등 국토교통부령으로 정하는 구조물은 그러하지 아니하다.

③ 국토교통부장관은 국토교통부령으로 정하는 바에 따라 제1항 및 제2항에 따른 구조물 외의 구조물이 항공기의 항행안전을 현저히 해칠 우려가 있으면 구조물에 표시등 및 표지를 설치하여야 한다.

④ 제1항 및 제3항에 따른 구조물의 소유자 또는 점유자는 국토교통부장관 또는 사업시행자등에 의한 표시등 및 표지의 설치를 거부할 수 없다. 이 경우 국토교통부장관 또는 사업시행자등은 제1항 본문 또는 제3항에 따른 표시등 및 표지의 설치로 인하여 해당 구조물의 소유자 또는 점유자에게 손실이 발생하면 대통령령으로 정하는 바에 따라 그 손실을 보상하여야 한다.

⑤ 국토교통부장관 외의 자가 제1항 또는 제2항에 따라 표시등 또는 표지를 설치하려는 경우에는 국토교통부장관과 미리 협의하여야 하며, 해당 시설을 설치한 날부터 15일 이내에 국토교통부령으로 정하는 바에 따라 국토교통부장관에게 신고하여야 한다.

⑥ 제1항부터 제3항까지에 따라 표시등 또는 표지가 설치된 구조물을 소유 또는 관리하는 자가 해당 구조물에 설치된 표시등 또는 표지를 철거하거나 변경하려는 경우에는 국토교통부장관과 미리 협의하여야 하며, 해당 시설을 철거 또는 변경한 날부터 15일 이내에 국토교통부령으로 정하는 바에 따라 국토교통부장관에게 신고하여야 한다.

⑦ 제1항부터 제3항까지의 규정에 따라 표시등 또는 표지가 설치된 구조물을 소유 또는 관리하는 자는 국토교통부령으로 정하는 바에 따라 그 표시등 및 표지를 관리하여야 한다.

⑧ 국토교통부장관은 제1항 또는 제2항에도 불구하고 표시등 또는 표지를 설치하지 아니한 자에게 일정한 기간을 정하여 해당 시설의 설치를 명할 수 있다.

⑨ 국토교통부장관은 제7항에 따른 관리 실태를 정기 또는 수시로 검사하여야 하며, 검사 결과 점등 불량, 시설기준 미준수 등 관리상 하자를 발견하는 경우에는 그 시정을 명할 수 있다.

⑩ 제8항 또는 제9항에 따라 시정명령을 받은 자는 국토교통부장관이 정하는 기간 내에 그 명령을 이행하여야 하며, 그 명령을 이행하였을 때에는 지체 없이 이를 국토교통부장관에게 보고하여야 한다.

⑪ 국토교통부장관은 제10항에 따른 보고를 받은 경우 지체 없이 제8항 또는 제9항에 따른 시정명령의 이행 상태 등에 대한 확인을 하여야 한다.

⑫ 국토교통부장관은 제9항에 따른 검사 또는 시정명령 권한의 전부 또는 일부를 「공공기관의 운영에 관한 법률」에 따른 공공기관 등 관계 전문기관에 위탁할 수 있다.

⑬ 제1항부터 제3항까지에 따라 설치하는 표시등의 종류와 성능 등은 국토교통부령으로 정한다.

• 표시등 및 표지의 설치기준 : 표시등의 설치 목적은 항공기에 지상 장애물의 존재를 표시해 줌으로써 위험을 줄이려는 것으로서 장애물에 의하여 발생될 수 있는 운항제한을 반드시 감소시키는 것은 아니다.

| 표 4-2 | 표시등 및 표지 설치대상 구조물

1. 장애물 제한표면(진입표면, 전이표면, 수평표면, 원추표면)보다 높게 위치한 고정 장애물에는 표시등 및 표지를 설치해야 한다. 다만, 다음 중 하나에 해당하는 경우는 그렇지 않다.
   가. 장애물이 다른 고정 장애물 또는 자연 장애물의 장애물 차폐면보다 낮은 구조물에는 표시등 및 표지의 설치를 생략할 수 있다. 다만, 지방항공청이 항공기의 항행안전을 해칠 우려가 있다고 인정하는 구조물과 다른 고정 장애물 또는 자연 장애물에 의하여 부분적으로만 차폐되는 경우는 제외한다.
   나. 장애물이 주간에 중광도 A형태의 표시등을 설치하여 운영되는 구조물 중 그 높이가 지표 또는 수면으로부터 150미터 이하인 구조물에는 표지의 설치를 생략할 수 있다.
   다. 장애물이 주간에 고광도 표시등을 설치하여 운영되는 경우에는 표지의 설치를 생략할 수 있다.
   라. 장애물이 등대(lighthouse)인 경우에는 표시등의 설치를 생략할 수 있다.
   마. 고정 장애물 또는 자연 장애물에 의하여 비행(항공)로가 광범위하게 장애가 되는 곳에서 정해진 비행(항공)로 미만으로 안전한 수직 간격이 확보된 비행절차가 정해져 있는 경우에는 수평표면 또는 원추표면 보다 높게 위치한 고정 장애물의 경우에도 표시등 및 표지의 설치를 생략할 수 있다.
   바. 그 밖에 지방항공청장이 항공기의 항행안전을 해칠 우려가 없다고 인정하는 구조물 등은 표시등 및 표지의 설치를 생략할 수 있다.

2. 공항·비행장의 이동지역에서 이동하는 항공기를 제외한 차량과 그 밖의 이동물체에는 표지를 설치해야 하며, 그 차량이 야간에 사용되는 경우에는 표시등을 설치해야 한다. 다만, 계류장에서만 사용되는 장비와 차량은 그렇지 않다.

3. 공항·비행장의 이동지역 안에서 지상에 노출된 항공등화는 주간에 식별이 잘 되도록 표지를 설치해야 한다. 다만, 지방항공청장이 항공기의 항행안전을 해칠 가능성이 없다고 인정하는 경우에는 그렇지 않다.

4. 유도로 중심선, 계류장 유도로 또는 항공기 주기장의 유도선으로부터 정한 거리 안에 있는 장애물에는 표시등 및 표지를 설치해야 한다.

5. 강·계곡(가공선 또는 케이블 등의 높이가 지표 또는 수면으로부터 90미터 미만인 경우에는 제외한다) 또는 고속도로를 횡단하는 가공선·케이블·현수선 등은 표지를 해야 하며, 지방항공청장이 항공기의 항행안전을 해칠 가능성이 있다고 인정하는 가공선·케이블·현수선 등은 그 가공선·케이블·현수선 등을 지지하는 탑에 표시등 및 표지를 설치해야 한다. 다만, 그 지지탑이 주간에 고광도 표시등을 설치하여 운영되는 경우 표지의 설치를 생략할 수 있다.
6. 가공선·케이블·현수선 등에 표지를 해야 하는 경우로서 그 가공선·케이블·현수선 등에 표지를 설치할 수 없을 경우에는 가공선·케이블·현수선 등을 지지하는 탑에 고광도 표시등을 설치해야 한다.

7. 장애물 제한표면에서 수직으로 지상까지 투영한 구역에서 높이가 지표 또는 수면으로부터 60미터 이상인 물체 및 구조물에는 표시등 및 표지를 설치해야 한다. 다만, 국토교통부장관이 정하여 고시하는 물체 및 구조물의 경우에는 그렇지 않다.

8. 그 밖에 국토교통부장관이 고시하는 물체 및 구조물에는 표시등 및 표지를 설치해야 한다.

| 표 4-3 | 표시등 및 표지를 설치하지 아니할 수 있는 구조물

1. 표시등을 설치하지 아니할 수 있는 구조물
   가. 표시등이 설치된 구조물로부터 600미터 이내에 위치한 구조물로서 그 높이가 표시등이 설치된 구조물의 정상으로부터 수평면에 대한 하방경사도가 10분의 1인 경사면(장애물차폐면)보다 낮은 구조물. 다만, 철탑 또는 그 밖에 이와 유사한 형태의 구조물 및 그에 부착된 지선(支線) 또는 가공선(가공선 형태의 현수선·케이블·안테나 등을 포함한다)은 제외한다.
   나. 표시등이 설치된 구조물로부터 45미터 이내의 지역에 위치한 구조물로서 그 높이가 표시등이 설치된 구조물과 같거나 그보다 낮은 구조물. 다만, 철탑 또는 그 밖에 이와 유사한 형태의 구조물 및 그에 부착된 지선(支線) 또는 가공선은 제외한다.
   다. 장애물 제한표면 밖의 지역에 설치된 높이 150미터 미만의 구조물. 다만, 다음 각 목의 구조물로서 가목 또는 나목의 어느 하나에 해당하지 않는 구조물은 제외한다.
      1) 굴뚝·철탑·기둥 또는 그 밖에 그 높이에 비하여 그 폭이 좁은 구조물
      2) 뼈대로만 이루어진 구조물
      3) 가공선을 지지하는 탑
      4) 계류기구(주간에 시정이 5천미터 미만인 경우와 야간에 계류하는 것만 해당한다)
   라. 그 밖에 국토교통부장관이 정하여 고시하는 구조물

2. 표지를 설치하지 아니할 수 있는 구조물
   가. 표지가 설치된 구조물로부터 600미터 이내에 위치한 구조물로서 그 높이가 장애물 차폐면보다 낮은 구조물. 다만, 철탑 또는 그 밖에 이와 유사한 형태의 구조물 및 그에 부착된 지선(支線) 또는 가공선은 제외한다.
   나. 표지가 설치된 구조물로부터 45미터 이내의 지역에 위치한 구조물로서 그 높이가 표지가 설치된 구조물과 같거나 그보다 낮은 구조물. 다만, 철탑 또는 그 밖에 이와 유사한 형태의 구조물 및 그에 부착된 지선(支線) 또는 가공선은 제외한다.
   다. 장애물 제한표면 밖의 지역에 설치된 높이 150미터 미만의 구조물. 다만, 다음의 구조물로서 가목 또는 나목의 어느 하나에 해당하지 아니하는 구조물은 제외한다.
      1) 굴뚝·철탑·기둥 또는 그 밖에 이와 유사한 형태의 구조물 및 그에 부착된 지선(支線)
      2) 뼈대로만 이루어진 구조물
      3) 가공선과 이를 지지하는 탑
      4) 계류기구와 그에 부착된 지선
   라. 주간에 고광도 표시등을 설치하여 운용하는 구조물
   마. 그 밖에 국토교통부장관이 정하여 고시하는 구조물

■ **장애표지물의 설치 :** 물체 위 또는 물체 주변에 표지하는 장애표지물은 그 물체의 위치를 식별하기 쉬운 위치에 다음의 조건을 충족하도록 설치하여야 한다.

- 장애표지물의 색채는 흰색과 붉은색 또는 흰색과 주황색을 사용하여야 한다. 다만, 장애표지물의 색채가 주변과 대조하여 눈에 잘 띄지 않는 경우는 다른 색을 사용할 수 있다.

- 장애표지물은 모든 방향에서 확인할 수 있어야 하며, 양호한 기상조건에서 항공기가 물체에 접근하여 공중에서 볼 경우에는 최소한 1,000m의 거리, 지상에서 볼 경우에는 최소한 300m의 거리에서 확인할 수 있어야 한다.
- 장애표지물의 형태는 다른 정보 전달용 표지물과 혼동되지 않도록 하여야 한다.
- 장애표지물의 설치로 인하여 해당 장애물의 위험성이 증가되지 않아야 한다.

공중선, 케이블 등에 설치하는 장애표지물은 다음의 기준을 충족하도록 설치하여야 한다.

- 장애표지물은 직경이 60cm 이상인 구형(球形)이어야 한다.
- 동일한 지지탑에 설치된 여러 개의 공중선 또는 케이블 등에 장애표지물을 설치하는 경우에는 해당 지점에서 가장 높은 위치에 있는 공중선 또는 케이블에 장애표지물을 설치하여야 한다.

■ **표지의 설치 :** 표지가 필요한 모든 고정 물체는 가능한 한 색채를 입혀야 하며, 색채를 입히는 것이 어려운 경우 장애표지물(marker) 또는 기(旗)를 해당 물체의 위(on)나 상부(over)에 설치해야 한다. 단, 형태, 크기 또는 색채로 인해 눈에 잘 띄는 장애물로서 달리 표지 할 수 있는 경우에는 제외할 수 있으며, 표지를 해야 하는 이동물체는 색채로 표지하거나 기로 표지하여야 한다.

- 색채의 표지 : 물체가 연속된 표면을 가지고 있고 임의의 수직면상에 수직으로 투영된 물체의 투영면의 가로와 세로의 길이가 모두 4.5m 이상일 경우에는 바둑판 모양으로 색채를 입혀야 한다.
- 기의 설치 : 물체에 기를 설치할 경우에는 물체의 주위, 꼭대기 또는 가장 높은 가장자리 둘레에 설치하여야 하며, 기는 물체에 의한 위험도를 증가시키지 않아야 한다. 고정 물체에 설치하는 기의 크기와 형태는 다음에 따른다.
  - 기는 각 변의 길이가 0.6m 이상인 사각형일 것
  - 기는 주황색의 단일색이거나, 사각형을 대각선으로 분할하여 만들어진 삼각형들중 한 부분은 주황색 또는 붉은색, 다른 부분은 흰색으로 구성할 것. 다만, 이 색상이 주변과 대조하여 눈에 잘 띄지 아니하는 경우에는 다른 색을 사용할 수 있다.

> ➲ 공항시설법 제37조(항공등화와 유사한 등화의 제한)
>
> ① 누구든지 항공등화의 인식에 방해가 되거나 항공등화로 잘못 인식될 우려가 있는 등화[유사등화(類似燈火)]를 설치해서는 아니 된다.
>
> ② 국토교통부장관은 항공등화를 설치할 때 유사등화가 이미 설치되어 있는 경우에는 항공등화의 인식을 방해하거나 항공등화로 잘못 인식되지 아니하도록 유사등화의 소유자 또는 관리자에게 그 유사등화를 가리거나 소등할 것을 명할 수 있다. 이 경우 그 조치에 필요한 비용은 그 항공등화의 설치자가 부담한다.

• 코드신호등대 : 모스(Morse) 부호를 코드화 한 등대이며, 전 방향에서 확인이 가능하므로 공항 및 주요 지형지물을 식별하고 위험물을 표시하기 위하여 사용된다.

• 항로등 : 코드신호등대와 다르게, 지정된 방향에서만 확인이 가능하도록 항로방향을 따라 직선으로 설치되어 있으며 모스 부호를 사용하여 각각의 코드를 식별할 수 있다.

■ 무선통신 두절 시의 연락방법

| 표 4-4 | 빛총신호

신호의 종류	의미		
	비행 중인 항공기	지상에 있는 항공기	차량·장비 및 사람
연속되는 녹색	착륙을 허가함	이륙을 허가함	통과하거나 진행할 것
연속되는 붉은색	다른 항공기에 진로를 양보하고 계속 선회할 것	정지할 것	정지할 것
깜박이는 녹색	착륙을 준비할 것	지상 이동을 허가함	-
깜박이는 붉은색	비행장이 불안전하니 착륙하지 말 것	사용 중인 착륙지역으로부터 벗어날 것	활주로 또는 유도로에서 벗어날 것
깜박이는 흰색	착륙하여 계류장으로 갈 것	비행장 안의 출발지점으로 돌아갈 것	비행장 안의 출발지점으로 돌아갈 것

■ 무선통신 두절시 항공기의 응신

• 비행 중인 경우

- 주간 : 날개를 흔든다. 다만, 최종 선회구간(base leg) 또는 최종 접근구간(final leg)에 있는 항공기의 경우에는 그러하지 아니하다.

- 야간 : 착륙등이 장착된 경우에는 착륙등을 2회 점멸하고, 착륙등이 장착되지 않은 경우에는 항행등을 2회 점멸한다.

• 지상에 있는 경우
- 주간 : 항공기의 보조익 또는 방향타를 움직인다.
- 야간 : 착륙등이 장착된 경우에는 착륙등을 2회 점멸하고, 착륙등이 장착되지 않은 경우에는 항행등을 2회 점멸한다.

■ **비행등**(飛行燈) : 야간이나 악천후로 날이 어두울 때 비행하는 항공기가 자기의 소재를 알리기 위하여 켜는 표지등이며, 항공기의 비행 방향을 나타내기 위해서 사용하는 항공기 조명등으로서 적색은 왼쪽 날개 끝, 녹색은 오른쪽 날개 끝, 백색은 항공기 꼬리에 장착한다. 항공기가 야간(해가 진 뒤부터 해가 뜨기 전까지)에 비행하거나 비행장에 정류 또는 정박하는 경우에는 국토교통부령으로 정하는 바에 따라 등불로 항공기의 위치를 나타내야한다.

■ **항공기의 등불** : 항공기를 운항하거나 야간(해가 진 뒤부터 해가 뜨기 전까지)에 비행장에 주기(駐機) 또는 정박(碇泊)시키는 사람은 국토교통부령으로 정하는 바에 따라 등불로 항공기의 위치를 나타내야 한다. 야간에는 충돌방지등(최대이륙중량 5,700킬로그램 이상의 항공기에 한함), 우현등, 좌현등 및 미등에 의하여 항공기의 위치를 나타내야한다. 즉, 야간에 사용되는 비행장에 정류 또는 정박시키는 경우에는 항공기의 우현등과 좌현등, 미등에 의하여 항공기의 위치를 나타내야하며, 비행장에 항공기를 조명하는 시설이 있는 경우에는 그러하지 아니하다.

• 항공기가 야간에 공중·지상 또는 수상을 항행하는 경우와 비행장의 이동지역 안에서 이동하거나 엔진이 작동 중인 경우에는 우현등, 좌현등 및 미등(항행등)과 충돌방지등에 의하여 그 항공기의 위치를 나타내야 한다.
• 항공기를 야간에 사용되는 비행장에 주기(駐機) 또는 수상에 정박시키는 경우에는 해당 항공기의 항행등을 이용하여 항공기의 위치를 나타내야 한다. 다만, 비행장에 항공기를 조명하는 시설이 있는 경우에는 그러하지 아니하다.

- 항공기는 상기에 따라 위치를 나타내는 항행등으로 잘못 인식될 수 있는 다른 등불을 켜서는 아니 된다.
- 조종사는 섬광등이 업무를 수행하는 데 장애를 주거나 외부에 있는 사람에게 눈부심을 주어 위험을 유발할 수 있는 경우에는 섬광등을 끄거나 빛의 강도를 줄여야 한다.
- 야간에 항공기가 지상에서 작동되거나 비행중에는 위치등을 항상 켜야 한다. 기장의 판단으로 악기상(惡氣象) 상태에서 충돌방지등을 끄는 것이 안전에 유리하다고 결정할 때를 제외하고 충돌방지등도 항상 켜야한다. 보조섬광명멸등은 지상에서 작동하는 동안 지상에 있는 사람이나 다른 조종사에게 시각적인 피해를 주거나 비행 중 구름에서의 반사를 피하기 위해서 꺼야한다.
- 항공기 충돌방지등 계통은 1개 또는 2개 이상의 회전등이나 섬광명멸등(明滅燈)으로 적색이나 백색을 사용할 수 있으며, 항공기마다 빛의 강도가 다르다. 항공기가 활주로에서 대기중에는 착륙접근중인 항공기와 지상 활주 또는 활주로를 횡단중인 항공기에 활주로에서 대기중인 항공기가 잘 보이도록 최소한 착륙등이 켜져 있어야 하며, 가능하면 이륙시에 항공기의 모든 외부 등을 켜야 한다.
- 조종사는 항공기 시스템과 제한사항을 잘 알고 준수해야하며 서로 근접한 곳에서 착륙등이 다른 항공기에 줄 영향에 대해서도 고려해야한다.

➲ 항공안전법 제54조(항공기의 등불)

항공기를 운항하거나 야간(해가 진 뒤부터 해가 뜨기 전까지를 말한다)에 비행장에 주기(駐機) 또는 정박(碇泊)시키는 사람은 국토교통부령으로 정하는 바에 따라 등불로 항공기의 위치를 나타내야 한다.

➲ 항공안전법 시행규칙 제120조(항공기의 등불)

① 법 제54조에 따라 항공기가 야간에 공중·지상 또는 수상을 항행하는 경우와 비행장의 이동지역 안에서 이동하거나 엔진이 작동 중인 경우에는 우현등, 좌현등 및 미등(항행등)과 충돌방지등에 의하여 그 항공기의 위치를 나타내야 한다.

② 법 제54조에 따라 항공기를 야간에 사용되는 비행장에 주기(駐機) 또는 정박시키는 경우에는 해당 항공기의 항행등을 이용하여 항공기의 위치를 나타내야 한다. 다만,

비행장에 항공기를 조명하는 시설이 있는 경우에는 그러하지 아니하다.
③ 항공기는 제1항 및 제2항에 따라 위치를 나타내는 항행등으로 잘못 인식될 수 있는 다른 등불을 켜서는 아니 된다.
④ 조종사는 섬광등이 업무를 수행하는 데 장애를 주거나 외부에 있는 사람에게 눈부심을 주어 위험을 유발할 수 있는 경우에는 섬광등을 끄거나 빛의 강도를 줄여야 한다.

예상문제

01 앞에 보이는 항공기의 등불이 백색 미등과 녹색의 우현등만 보인다면 항공기는 어느 방향을 향하고 있는가?

① 왼쪽에서 오른쪽으로 ② 오른쪽에서 왼쪽으로
③ 앞에서 뒤로 ④ 뒤에서 앞으로

02 앞에 보이는 항공기가 수평하게 오른쪽에서 왼쪽으로 가고 있다. 이때 보이는 항공기 등불의 색깔은?

① 녹색과 적색 ② 녹색과 백색
③ 적색과 백색 ④ 아무것도 안 보인다

03 장애물 제한표면 밖의 지역에서 표시등 및 표지를 설치해야 하는 지표면이나 수면에서의 높이는?

① 100미터 ② 50미터
③ 45미터 ④ 60미터

04 야간이나 악천후로 날이 어두울 때 비행하는 항공기가 자기의 소재를 알리기 위하여 켜는 표지등이며, 항공기의 비행 방향을 나타내기 위해서 사용되는 항공기 조명등으로서 적색은 왼쪽 날개 끝, 녹색은 오른쪽 날개 끝, 백색은 항공기 꼬리에 장착되는 등은?

① 비행등 ② 항공장애등
③ 항로등 ④ 착륙접근등

05 야간이란?

① 오후 9시부터 오전 6시
② 일몰 후 1간부터 일출시까지
③ 일몰 30분 전에서 일출 30분 후까지
④ 해가 진 뒤부터 해가 뜨기 전까지

06 다음중 틀린 것은?

① 항공기가 야간에 공중·지상 또는 수상을 비행하는 경우와 비행장의 이동지역 안에서 이동하거나 엔진이 작동 중인 경우에는 우현등, 좌현등 및 미등과 충돌 방지등에 의하여 그 항공기의 위치를 나타내야한다
② 항공기를 야간에 사용되는 비행장에 주기(駐機) 또는 정박시키는 경우에는 해당 항공기의 비행등을 이용하여 항공기의 위치를 나타내야한다
③ 조종사는 섬광등이 업무를 수행하는 데 장애를 주거나 외부에 있는 사람에게 눈부심을 주어 위험을 유발할 수 있는 경우에는 섬광등을 끄거나 빛의 강도를 줄여야한다
④ 비행장에 항공기를 조명하는 시설이 있는 경우에도 반드시 비행등을 켜야한다

07 유도로등의 설명으로 맞는 것은?

① 주기장으로 진입하는 항공기에 주기장을 알려주기 위하여 설치하는 등화
② 활주로에 진입하기 전에 멈추어야 할 위치를 알려주기 위하여 설치하는 등화
③ 지상주행 중인 항공기에 유도로·대기지역 또는 계류장 등의 가장자리를 알려주기 위하여 설치하는 등화
④ 항공등화의 고장 또는 정전에 대비하여 갖춰 두는 이동형 비상등화

08 다음 중 틀린 것은?

① 항행안전무선시설은 전파에 의하여 항공기의 항행을 돕는 시설이다
② 항행안전시설은 유무선통신, 불빛이나 색체 또는 형상으로 항행의 안전을 돕는 시설이다
③ 장애물표지시설은 항공기에 특정지역을 알려주기 위한 두선시설이다
④ 항공등화는 불빛에 의하여 항공기의 항행을 돕는 시설이다

09 진입등시스템의 역할은?

① 착륙하는 항공기에 진입경로를 지시한다
② 항공기의 격납고 진입로를 안내한다
③ 활주로 진입로를 안내한다
④ 착륙하는 항공기의 진입각을 표시한다

10 항행 중의 항공기에 비행장의 위치를 알려주기 위하여 비행장 또는 그 주변에 설치하는 등화는?

① 활주로등 ② 비행장등대
③ 접지구역등 ④ 비행장식별등대

11 비행장에 정류하는 항공기의 등불표시는?

① 기수등, 우현등, 미등 ② 좌현등, 우현등, 기수등
③ 기수등, 좌현등, 미등 ④ 좌현등, 우현등, 미등

12 야간에 항공기를 비행장에 정류 또는 정박시키는 경우 항공기의 위치를 나타내기 위한 등불은?

① 항행등 ② 항법등
③ 우현등, 좌현등 ④ 충돌방지등

13 항공기 등불에 관한 사항이 아닌 것은?

① 야간에 비행하거나 비행장에 정류 또는 정박시키는 경우에는 등불로 항공기의 위치를 나타내야 한다.
② 야간에 사용되는 비행장에 정류 또는 정박시키는 경우에는 항행등을 켜야 하며, 항공기 조명을 하는 시설이 있는 경우에는 그러하지 않아도 된다.
③ 항행, 수상 항행, 비행장에서 이동, 엔진이 작동시에는 우현등, 좌현등, 미등(항행등), 충돌방지등을 켜야 한다.
④ 야간에 비행장에 정류 또는 정박시키는 경우에는 등불을 켜지 않아도 된다.

14 항공등화란?

① 불빛을 이용하여 항공기의 항행을 돕기 위한 항행안전시설로서 국토교통부령으로 정하는 시설을 말한다.
② 항공등화는 야간에 공항위치를 알려주기 위한 시설이다.
③ 항공등화는 항공기의 구분을 위한 등화이다.
④ 항공등화는 활주로 위치확인에 도움을 주기위한 시설이다.

Answer

01. ① 02. ③ 03. ④ 04. ① 05. ④ 06. ④ 07. ③ 08. ③ 09. ① 10. ②
11. ④ 12. ① 13. ④ 14. ①

CHAPTER 05

시계비행 및 특별시계비행

■ 시계비행방식에 의한 비행

- 경량항공기는 지표면 또는 수면상공 900미터(3천피트) 이상을 비행할 경우에는 순항고도에 따라 비행하여야 한다. 다만, 관할 항공교통업무기관의 허가를 받은 경우에는 항공교통업무기관의 허가에 따라야 한다.
- 경량항공기는 다음의 어느 하나에 해당하는 경우에는 항공교통관제기관의 지시에 따라 비행하여야 한다.
  - B, C 또는 D등급의 공역 내에서 비행하는 경우
  - 관제비행장의 부근 또는 기동지역에서 운항하는 경우
  - 특별시계비행방식에 따라 비행하는 경우
- 관제권 안에서 시계비행방식으로 비행하는 경량항공기는 비행정보를 제공하는 관할 항공교통업무기관과 공대지통신(空對地通信)을 유지 및 경청하고, 필요한 경우에는 위치보고를 해야 한다.

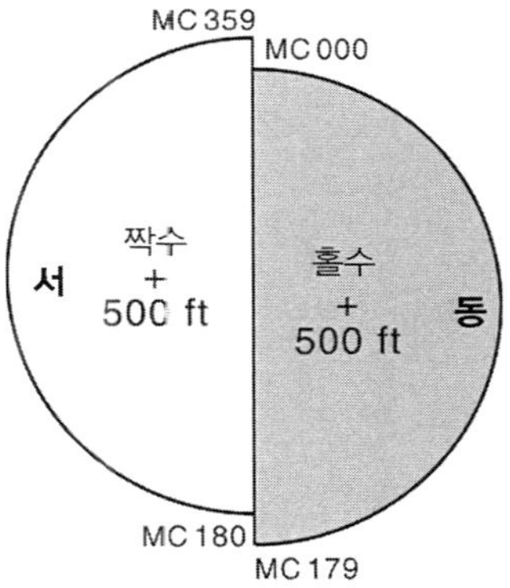

| 그림 5-1 | AGL 3,000피트 이상 VFR 순항고도

■ 일반 순항고도

| 표 5-1 | 비행방향별 시계비행(VFR) 순항고도

비행방향	비행방식	29,000피트 미만	29,000피트 이상
000°-179°	계기비행	1,000피트의 홀수배	29,000 또는 29,000 + 4,000의 배수
	시계비행	1,000피트의 홀수배+500피트	30,000 또는 30,000 + 4,000의 배수
180°-359°	계기비행	1,000피트의 짝수배	31,000 또는 31,000 + 4,000의 배수
	시계비행	1,000피트의 짝수배+500피트	32,000 또는 32,000 + 4,000의 배수

| 표 5-2 | VFR 순항고도 예

000도에서 179도까지 시계비행		180도에서 359도까지 시계비행	
비행고도 (Flight Level)	고도(피트) (Altitude)	비행고도 (Flight Level)	고도(피트) (Altitude)
035	3,500	045	4,500
015	1,500	025	2,500

➲ 항공안전법 제67조(항공기의 비행규칙)

① 항공기를 운항하려는 사람은 「국제민간항공협약」 및 같은 협약 부속서에 따라 국토교통부령으로 정하는 비행에 관한 기준·절차·방식 등(비행규칙)에 따라 비행하여야 한다.
② 비행규칙은 다음 각 호와 같이 구분한다.
1. 재산 및 인명을 보호하기 위한 비행절차 등 일반적인 사항에 관한 규칙
2. 시계비행에 관한 규칙
3. 계기비행에 관한 규칙
4. 비행계획의 작성·제출·접수 및 통보 등에 관한 규칙
5. 그 밖에 비행안전을 위하여 필요한 사항에 관한 규칙

■ 경량항공기의 시계비행의 금지

• 경량항공기는 최저비행고도 미만의 고도로 비행하여서는 아니 된다. 다만, 다음의 어느 하나에 해당하는 경우에는 그러하지 아니하다.
- 이륙하거나 착륙하는 경우
- 항공교통업무기관의 허가를 받은 경우
- 비상상황의 경우로서 지상의 사람이나 재산에 위해를 주지 아니하고 착륙할 수 있는 고도인 경우

➲ 항공안전법 시행규칙 제172조(시계비행의 금지)

① 시계비행방식으로 비행하는 항공기는 해당 비행장의 운고(Ceiling)가 450미터(1,500피트) 미만 또는 지상시정이 5킬로미터 미만인 경우에는 관제권 안의 비행장에서 이륙 또는 착륙을 하거나 관제권 안으로 진입할 수 없다. 다만, 관할 항공교통관제기관의 허가를 받은 경우에는 그러하지 아니하다.
② 야간에 시계비행방식으로 비행하는 항공기는 지방항공청장 또는 해당 비행장의 운영자가 정하는 바에 따라야 한다.

③ 항공기는 다음 각 호의 어느 하나에 해당되는 경우에는 기상상태에 관계없이 계기비행방식에 따라 비행하여야 한다. 다만, 관할 항공교통관제기관의 허가를 받은 경우에는 그러하지 아니하다.

1. 평균해면으로부터 6,100미터(2만피트)를 초과하는 고도로 비행하는 경우
2. 천음속(遷音速) 또는 초음속(超音速)으로 비행하는 경우

④ 항공기를 운항하려는 사람은 300미터(1천피트) 수직분리최저치가 적용되는 8,850미터(2만9천피트) 이상 1만2,500미터(4만1천피트) 이하의 수직분리축소공역에서는 시계비행방식으로 운항하여서는 아니 된다.

⑤ 시계비행방식으로 비행하는 항공기는 최저비행고도 미만의 고도로 비행하여서는 아니 된다. 다만, 다음 각 호의 어느 하나에 해당하는 경우에는 그러하지 아니하다.

1. 이륙하거나 착륙하는 경우
2. 항공교통업무기관의 허가를 받은 경우
3. 비상상황의 경우로서 지상의 사람이나 재산에 위해를 주지 아니하고 착륙할 수 있는 고도인 경우

➲ 항공안전법 시행규칙 제300조(항공기에 관한 규정의 준용)

경량항공기에 관하여는 제12조부터 제17조까지, 제129조, 제161조부터 제170조까지, 제172조부터 제175조까지, 제182조부터 제188조까지 제190조부터 제196조까지, 제198조, 제222조, 제247조 및 제248조를 준용한다.

※ 준용(準用) : 일정한 표준이나 기준에 준하여 사용함을 의미한다. 따라서 위와 같은 법조항은 경량항공기의 경우에도 항공기에 관한 규정에 따라야 한다.

➲ 항공안전법 시행규칙 제173조(시계비행방식에 의한 비행)

① 법 제67조에 따라 시계비행방식으로 비행하는 항공기는 지표면 또는 수면상공 900미터(3천피트) 이상을 비행할 경우에는 [표 5-3]에 따른 순항고도에 따라 비행하여야 한다. 다만, 관할 항공교통업무기관의 허가를 받은 경우에는 그러하지 아니하다.

② 시계비행방식으로 비행하는 항공기는 다음 각 호의 어느 하나에 해당하는 경우에는 항공교통관제기관의 지시에 따라 비행하여야 한다.

1. [표 15-1] 제1호에 따른 B, C 또는 D등급의 공역 내에서 비행하는 경우
2. 관제비행장의 부근 또는 기동지역에서 운항하는 경우
3. 특별시계비행방식에 따라 비행하는 경우

③ 관제권 안에서 시계비행방식으로 비행하는 항공기는 비행정보를 제공하는 관할 항공교통업무기관과 공대지통신(空對地通信)을 유지·경청하고, 필요한 경우에는 위치보고를 하여야 한다.

④ 시계비행방식으로 비행 중인 항공기가 계기비행방식으로 변경하여 비행하려는 경우에는 그 비행계획의 변경 사항을 관할 항공교통관제기관에 통보하여야 한다.

| 표 5-3 | 순항고도

• 일반적으로 사용되는 순항고도(고도측정 단위를 피트로 사용하는 지역)

비행방향											
000° 에서 179° 까지						180° 에서 359° 까지					
계기비행			시계비행			계기비행			시계비행		
비행고도	고도		비행고도	고도		비행고도	고도		비행고도	고도	
	피트	미터		피트	미터		피트	미터		피트	미터
010	1 000	300	-	-	-	020	2 000	600	-	-	-
030	3 000	900	035	3 500	1 050	040	4 000	1 200	045	4 500	1 350
050	5 000	1 500	055	5 500	1 700	060	6 000	1 850	065	6 500	2 000
070	7 000	2 150	075	7 500	2 300	080	8 000	2 450	085	8 500	2 600
090	9 000	2 750	095	9 500	2 900	100	10 000	3 050	105	10 500	3 200
110	11 000	3 350	115	11 500	3 500	120	12 000	3 650	125	12 500	3 800
·	·	·	·	·	·	·	·	·	·	·	·
·	·	·	·	·	·	·	·	·	·	·	·

➲ 항공안전법 시행규칙 제174조(특별시계비행)

① 법 제67조에 따라 예측할 수 없는 급격한 기상의 악화 등 부득이한 사유로 관할 항공교통관제기관으로부터 특별시계비행허가를 받은 항공기의 조종사는 '해당 비행장의 시계비행 착륙기상최저치 미만의 기상상태에서는 시계비행방식으로 착륙을 시도하지 말 것' 조항에도 불구하고 다음 각 호의 기준에 따라 비행하여야 한다.

1. 허가받은 관제권 안을 비행할 것
2. 구름을 피하여 비행할 것
3. 비행시정을 1,500미터 이상 유지하며 비행할 것
4. 지표 또는 수면을 계속하여 볼 수 있는 상태로 비행할 것
5. 조종사가 계기비행을 할 수 있는 자격이 없거나 항공계기를 갖추지 아니한 항공기로 비행하는 경우에는 주간에만 비행할 것. 다만, 헬리콥터는 야간에도 비행할 수 있다.

② 특별시계비행을 하는 경우에는 다음 각 호의 조건에서만 제1항에 따른 기준에 따라 이륙하거나 착륙할 수 있다.
1. 지상시정이 1,500미터 이상일 것
2. 지상시정이 보고되지 아니한 경우에는 비행시정이 1,500미터 이상일 것

➲ 항공안전법 시행규칙 제175조(비행시정 및 구름으로부터의 거리)

법 제67조에 따라 시계비행방식으로 비행하는 항공기는 [표 5-4]에 따른 비행시정 및 구름으로부터의 거리 미만인 기상상태에서 비행하여서는 아니 된다. 다만, 특별시계비행방식에 따라 비행하는 항공기는 그러하지 아니하다.

| 표 5-4 | 시계상의 양호한 기상상태

고도	공역	비행시정	구름으로부터의 거리
1. 해발 10,000피트 이상	B·C·D·E·F 및 G등급	8,000m	수평으로 1,500m, 수직으로 300m(1,000피트)
2. 해발 10,000피트 미만에서 해발 3,000피트 또는 장애물 상공 1,000피트 중 높은 고도 초과	B·C·D·E·F 및 G등급	5,000m	수평으로 1,500m, 수직으로 300m(1,000피트)
3. 해발 3,000피트 또는 장애물 상공 1,000피트 중 높은 고도 이하	B·C·D 및 E등급	5,000m	수평으로 1,500m, 수직으로 300m(1,000피트)
	F 및 G등급	5,000m	지표면 육안 식별 및 구름을 피할 수 있는 거리

비고 : 다음 각 호의 경우에는 제3호 F 및 G등급 공역의 비행시정을 1,500미터까지 적용할 수 있다.
1. 우세시정(prevailing visibility) 하에서 다른 항공기나 장애물을 보고 피할 수 있을 정도의 속도로 움직이는 경우
2. 그 지역 내의 항공교통량이나 업무량이 적어 다른 항공기와 마주칠 확률이 낮은 경우
3. A등급 공역에서는 시계비행이 허용되지 않는다.

예상문제

01 시계비행방식에 대한 설명 중 틀린 것은?

① 시계비행방식으로 비행하는 항공기는 지표면 또는 수면상공 900미터 이상을 비행할 경우에는 규정에 따른 순항고도에 따라 비행하여야 한다.

② 관제권 안에서 시계비행방식으로 비행하는 항공기는 비행정보를 제공하는 관할 항공교통업무기관과 공대지통신을 유지·경청하고, 필요한 경우에는 위치보고를 하여야 한다.
③ 시계비행방식으로 비행하는 항공기는 날씨가 맑을 경우, 비행시정 및 구름으로부터의 거리제한이 없다.
④ 시계비행방식으로 비행 중인 항공기가 계기비행방식으로 변경하여 비행하려는 경우에는 그 비행계획의 변경 사항을 관할 항공교통관제기관에 통보하여야 한다.

02 시계비행 금지에 관한 사항 중 틀린 것은?

① 도시지역은 야간시계비행도 가능하다.
② 천음속(遷音速) 또는 초음속(超音速)으로 비행하는 경우에는 시계비행을 할 수 없다.
③ 야간에 시계비행방식으로 비행하는 항공기는 지방항공청장 또는 해당 비행장의 운영자가 정하는 바에 따라야 한다.
④ 비상상황의 경우로서 지상의 사람이나 재산에 위해를 주지 아니하고 착륙할 수 있는 고도인 경우에는 최저비행고도 이하로 시계비행이 가능하다.

03 예측할 수 없는 급격한 기상의 악화 등 부득이한 사유로 관할 항공교통관제기관으로부터 특별시계비행허가를 받은 항공기의 조종사의 특별시계비행 사항이 아닌 것은?

① 허가받은 관제권 안을 비행해야 한다.
② 3000피트 이하의 구름은 통과할 수 있다.
③ 비행시정을 1,500미터 이상 유지하며 비행해야 한다.
④ 지표 또는 수면을 계속하여 볼 수 있는 상태로 비행해야 한다.

04 특별시계비행을 하는 경우에 이착륙 할 수 있는 지상시정은?

① 1,000미터 이상　　② 1,500미터 이상
③ 2,000미터 이상　　④ 5,000미터 이상

05 자방위 0~179도 방향으로 시계비행시 고도는?

① 11,500피트　　② 13,000피트
③ 14,000피트　　④ 14,500피트

06 해발 900미터 이상, 3,050미터 미만의 B등급 공역에서 시계비행시 비행시정과 구름으로부터의 거리는?

① 비행시정 1,000미터, 구름으로부터 수평 300미터, 수직 150미터
② 비행시정 3,000미터, 구름으로부터 수평 500미터, 수직 150미터
③ 비행시정 5,000미터, 구름으로부터 수평 1,500미터, 수직 300미터
④ 비행시정 5,000미터, 구름으로부터 수평 500미터, 수직 250미터

Answer

01. ③ 02. ① 03. ② 04. ② 05. ① 06. ③

CHAPTER 06 장애물 제한표면, 착륙대

■ **장애물 제한표면** : 항공기의 안전운항을 위하여 공항 또는 비행장 주변에 장애물(항공기의 안전운항을 방해하는 지형·지물 등)의 설치 등이 제한되는 표면으로서 대통령령으로 정하는 구역을 말한다.

➲ 공항시설법 시행령 제5조(장애물 제한표면의 구분)

① 공항시설법에서 "대통령령으로 정하는 구역"이란 다음 각 호의 것을 말한다.

1. 수평표면
2. 원추표면
3. 진입표면 및 내부진입표면
4. 전이(轉移)표면 및 내부전이표면
5. 착륙복행(着陸復行)표면

② 장애물 제한표면의 기준 등에 관하여 필요한 사항은 국토교통부령으로 정한다.

➲ 공항시설법 시행규칙 제4조(장애물 제한표면의 기준)

「공항시설법 시행령」에 따른 장애물 제한표면의 기준은 [표 6-1]과 같다.

| 표 6-1 | 장애물 제한표면의 기준

1. 비행방식에 따른 장애물 제한표면의 종류
   가. 계기비행방식에 의한 접근(계기접근) 중 계기착륙시설 또는 정밀접근레이더를 이용한 접근(정밀접근)에 사용되는 활주로(수상비행장 및 수상헬기장에서는 착륙대를 말한다)가 설치되는 비행장(수상비행장은 제외한다)
      1) 원추표면
      2) 수평표면
      3) 진입표면 및 내부진입표면
      4) 전이표면 및 내부전이표면

5) 착륙복행표면(着陸復行表面, 착륙 실패 후 다시 항행을 시도하는 항공기를 보호하기 위한 표면)

나. 계기접근이 아닌 접근(비계기접근) 및 정밀접근이 아닌 계기접근(비정밀접근)에 사용되는 활주로가 설치되는 비행장. 다만, 항공기의 직진입(直進入) 이착륙 절차만 수립되어 있는 수상비행장의 경우에는 원추표면 및 수평표면에 대하여 적용하지 않는다.
1) 원추표면
2) 수평표면
3) 진입표면
4) 전이표면

2. 장애물 제한표면 종류별 설정기준
가. 원추표면(수평표면의 원주로부터 바깥쪽 위로 경사도를 갖는 표면을 말한다)
나. 수평표면(비행장 및 그 주변의 위쪽에 수평한 평면을 말한다)
다. 진입표면(활주로 시단 또는 착륙대 끝의 앞에 있는 경사도를 갖는 표면을 말한다)
라. 내부진입표면(활주로 시단 바로 앞에 있는 진입표면의 직사각형 부분을 말한다)
마. 전이표면(착륙대의 옆변 및 진입표면 옆변의 일부에서 수평표면에 연결되는 바깥쪽 위로 경사도를 갖는 복합된 표면을 말한다)
바. 내부전이표면(활주로에 더욱 가깝고 전이표면과 닮은 표면을 말한다)
사. 착륙복행표면(내부전이표면 사이의 시단 이후로 규정된 거리에서 연장되는 경사진 표면을 말한다)
아. 장애물 제한표면의 기준을 적용할 때에는 높이와 경사도는 기준 값 이하로 해야 하고, 그 밖의 규격에 대해서는 기준 값 이상으로 해야 한다.

➲ 공항시설법 제34조(장애물의 제한 등)

① 누구든지 기본계획의 고시 또는 실시계획의 고시 이후에는 해당 고시에 따른 장애물 제한표면의 높이 이상의 건축물·구조물(고시 당시 이미 관계 법령에 따라 행위허가를 받았거나 허가를 받을 필요가 없는 행위에 관하여 그 공사에 착수한 건축물 또는 구조물은 제외한다)·식물 및 그 밖의 장애물을 설치·재배하거나 방치해서는 아니 된다. 다만, 다음 각 호의 어느 하나에 해당하는 경우에는 그러하지 아니하다.
1. 관계 행정기관의 장이 국토교통부령으로 정하는 바에 따라 국토교통부장관 또는 사업시행자등과 협의하여 설치 또는 방치를 허가하거나 그 공항 또는 비행장의 사용 개시 예정일 전에 제거할 예정인 가설물이나 그 밖에 국토교통부령으로 정하는 장애물의 경우
2. 국토교통부령으로 정하는 항공학적 검토 기준 및 방법 등에 따른 항공학적 검토 결과에 대하여 항공학적 검토위원회의 의결로 국토교통부장관이 항공기의 비행안전을 특히 해치지 아니한다고 결정하는 경우

② 국토교통부장관은 제1항을 위반하여 설치·재배 또는 방치한 장애물(식물이 성장하여 장애물 제한표면 위로 나오는 경우를 포함한다)에 대한 소유권 및 그 밖의 권리를 가진 자에게 그 장애물의 제거를 명할 수 있다.

③ 국토교통부장관 및 사업시행자등은 제1항 각 호에 따른 고시 이전에 장애물 제한표면의 높이를 넘어선 장애물에 대한 소유권 및 그 밖의 권리를 가진 자에게 그 장애물의 제거를 요구할 수 있다. 이 경우 국토교통부장관 또는 사업시행자등은 대통령령으로 정하는 바에 따라 그 장애물에 대한 소유권 및 그 밖의 권리를 가진 자에게 장애물의 제거로 인한 손실을 보상하여야 한다.

④ 제3항에 따른 장애물 또는 장애물이 설치되어 있는 토지의 소유자는 그 장애물의 제거로 인하여 그 장애물 또는 토지의 사용·수익이 곤란하게 된 경우에는 대통령령으로 정하는 바에 따라 국토교통부장관 또는 해당 사업시행자등에게 그 장애물 또는 토지의 매수를 요구할 수 있다.

⑤ 국토교통부장관은 제3항 후단에 따른 손실보상에 대하여 당사자 간의 협의가 이루어지지 아니하여 그 장애물을 제거할 수 없는 경우로서 해당 공항 또는 비행장의 원활한 관리·운영을 위하여 특히 필요하다고 인정될 때에는 장애물에 대한 소유권 및 그 밖의 권리를 가진 자에게 그 장애물의 제거를 명할 수 있다.

⑥ 제2항 및 제5항에 따라 장애물의 제거명령을 받은 자가 그 명령에 따르지 아니하는 경우에는 국토교통부장관은 「행정대집행법」에서 정하는 바에 따라 그 장애물을 제거할 수 있다.

⑦ 제5항에 따라 장애물을 제거하는 경우에는 국토교통부장관 또는 사업시행자등이 장애물에 대한 소유권 및 그 밖의 권리를 가진 자에게 그 장애물의 제거로 인한 손실을 보상하여야 한다. 이 경우 손실보상 금액은 당사자 간의 협의로 결정하되, 협의가 이루어지지 아니하거나 협의를 할 수 없는 경우에는 대통령령으로 정하는 바에 따라 「공익사업을 위한 토지 등의 취득 및 보상에 관한 법률」에 따른 관할 토지수용위원회에 재결을 신청할 수 있다.

⑧ 사업시행자등은 항공기 안전운항에 지장이 없도록 장애물에 대한 정기적인 현황조사 등 국토교통부령으로 정하는 바에 따라 장애물을 관리하여야 한다.

⑨ 제1항제2호에 따른 항공기의 비행안전에 관한 국토교통부장관의 결정을 받고자 하는 자는 국토교통부령으로 정하는 전문기관에 신청하여 항공학적 검토를 거쳐 그 검토결과보고서를 국토교통부령으로 정하는 절차에 따라 제출하여야 한다. 이 경우 항공학적 검토에 소요되는 비용은 신청하는 자가 부담한다.

■ **착륙대**(着陸帶) : 항공기가 활주로를 이탈하는 경우에 항공기와 탑승자의 피해를 줄이기 위하여 활주로 주변에 설치하는 안전지대로서 국토교통부령으로 정하는 크기(활주로 양끝에서 각각 60미터 연장한 길이와 폭)로 이루어지는 활주로 중심선에 중심을 두는 직사각형의 지표면 또는 수면을 말한다.

예상문제

01 장애물 제한표면의 구분이 아닌 것은?

① 원추표면　　② 수평표면
③ 착륙복행표면　　④ 착륙유도표면

02 착륙대의 설명으로 맞는 것은?

① 항공기가 활주로를 이탈하는 경우에 항공기와 탑승자의 피해를 감소시키기 위하여 활주로 주변에 설치하는, 활주로 양끝에서 각각 60미터 연장한 길이와 폭의 직사각형으로 이루어진 안전지대
② 항공기의 이륙 및 착륙을 위하여 사용되는 육지 또는 수면의 일정한 구역
③ 항공기의 안전운항을 위하여 비행장 주변에 장애물의 설치 등이 제한되는 표면으로서 대통령령으로 정하는 것
④ 불빛을 이용하여 항공기의 항행을 돕기 위한 항행안전시설로서 국토교통부령으로 정하는 시설

03 항공기가 활주로 이탈시 항공기와 탑승자 피해를 줄이기 위하여 지정한 직사각형의 안전지대는?

① 안전지대　　② 착륙대
③ 비상착륙장　　④ 비행정보구역

04 장애물제한 표면 설명이 아닌 것은?

① 착륙복행표면은 활주로 시단의 안전지대이다.
② 진입표면은 활주로 시단이나 착륙대 끝의 경사진 표면이다.
③ 착륙복행표면은 내부전이표면 사이의 시단 이후로 지정된 거리에서 연장된 경사표면이다.
④ 전이표면은 착륙대의 측변 및 진입표면의 일부에서 수평표면에 연결되는 외측 상방으로 경사진 복합표면이다.

05 착륙대의 설명으로 옳은 것은?

① 활주로 주변에 설치하는 안전지대로서 활주로 양끝에서 각각 60미터 연장한 길이
② 항공기 이착륙장
③ 헬기 착륙장
④ 항공기가 착륙 할 때 활주로에 접지하는 부분

Answer

01. ④　02. ①　03. ②　04. ①　05. ①

CHAPTER 07

항공안전장애, 항공안전자율보고

■ **항공안전장애** : 항공기사고 및 항공기준사고 외에 항공기 운항 및 항행안전시설과 관련하여 항공안전에 영향을 미치거나 미칠 우려가 있었던 것으로서 국토교통부령으로 정하는 항공안전장애 범위는 다음과 같다.

| 표 7-1 | 항공안전장애의 범위

구분	항공안전장애 내용
1. 비행 중	가. 항공기간 분리최저치가 확보되지 않았거나 다음의 어느 하나에 해당하는 경우와 같이 분리최저치가 확보 되지 않을 우려가 있었던 경우. 다만, 항공교통관제사가 항공법규 등 관련 규정에 따라 항공기 상호간 분리최저치 이상을 유지토록 하는 관제지시를 발부하였고 조종사가 이에 따라 항행을 한 것이 확인된 경우는 제외한다. 1) 공중충돌경고장치 회피기동(ACAS RA)이 발생한 경우 2) 항공교통관제기관의 항공기 감시 장비에 근접충돌경고가 현시된 경우
	나. 지형·수면·장애물 등과 최저 장애물회피고도(MOC, Minimum Obstacle Clearance)가 확보되지 않았던 경우(항공기준사고에 해당하는 경우는 제외한다)
	다. 비행금지구역 또는 비행제한구역에 허가 없이 진입한 경우를 포함하여 비행경로 또는 비행고도 이탈 등 항공교통관제기관의 사전 허가를 받지 아니한 항행을 한 경우. 다만, 일시적인 경미한 고도·경로 이탈 또는 고도 및 경로의 허용된 오차범위 내에서 운항한 경우는 제외한다.
2. 이륙·착륙	가. 활주로 또는 착륙표면에 항공기 동체 꼬리, 날개 끝, 엔진 덮개 등이 비정상적으로 접촉된 경우(항공기사고, 항공기준사고 또는 정비교범에 따른 항공기 손상·파손 허용범위 이내인 경우는 제외한다)
	나. 항공기가 다음의 어느 하나에 해당하는 사유로 이륙활주를 중단한 경우 또는 이륙을 강행한 경우 1) 부적절한 외장 설정 2) 항공기 시스템 기능장애 등 정비요인 3) 항공교통관제지시, 기상 등 그 밖의 사유
	다. 항공기가 이륙활주 또는 착륙활주 중 착륙장치가 활주로표면 측면 외측의 포장된 완충구역(Runway Shoulder 이내로 한정한다)으로 이탈하였으나 활주로로 다시 복귀하여 이륙활주 또는 착륙활주를 안전하게 마무리 한 경우
3. 지상운항	가. 항공기가 운항 중 다른 항공기나 장애물, 차량, 장비 또는 동물 등과 접촉·충돌한 경우. 다만, 항공기의 손상이 없거나 운항허용범위 이내의 손상인 경우는 제외한다.

구분	항공안전장애 내용
	나. 항공기가 주기(駐機) 중 다른 항공기나 장애물, 차량, 장비 또는 동물 등과 접촉·충돌한 경우. 다만, 항공기의 손상이 없거나 운항허용범위 이내의 손상인 경우는 제외한다.
	다. 항공기가 기계적 고장 등의 요인으로 제어손실이 발생하여 유도로를 이탈한 경우
	라. 항공기, 차량, 사람 등이 유도로에 무단으로 진입한 경우
	마. 항공기, 차량, 사람 등이 허가 없이 또는 잘못된 허가로 항공기의 이륙·착륙을 위해 지정된 보호구역에 진입하였으나 다른 항공기의 안전 운항에 지장을 주지 않은 경우
4. 운항 준비	가. 지상조업 중 비정상 상황(급유 중 인위적으로 제거하여야 하는 다량의 기름유출 등)이 발생하여 항공기의 안전에 영향을 준 경우
	나. 위험물 처리과정에서 부적절한 라벨링, 포장, 취급 등이 발생한 경우
5. 항공기 화재 및 고장	가. 운항 중 다음의 어느 하나에 해당하는 경미한 화재 또는 연기가 발생한 경우 1) 운항 중 항공기 구성품 또는 부품의 고장으로 인하여 조종실 또는 객실에 연기·증기 또는 중독성 유해가스가 축적되거나 퍼지는 현상이 발생한 경우 2) 객실 조리기구·설비 또는 휴대전화기 등 탑승자의 물품에서 경미한 화재·연기가 발생한 경우. 다만, 단순 이물질에 의한 것으로 확인된 경우는 제외한다. 3) 화재경보시스템이 작동한 경우. 다만, 탑승자의 일시적 흡연, 스프레이 분사, 수증기 등의 요인으로 화재경보시스템이 작동된 것으로 확인된 경우는 제외한다.
	나. 운항 중 항공기의 연료공급시스템과 연료덤핑시스템에 영향을 주는 고장이나 위험을 발생시킬 수 있는 연료 누출이 발생한 경우
	다. 지상운항 중 또는 이륙·착륙을 위한 지상 활주 중 제동력 상실을 일으키는 제동시스템 구성품의 고장이 발생한 경우
	라. 운항 중 의도하지 아니한 착륙장치의 내림이나 올림 또는 착륙장치의 문 열림과 닫힘이 발생한 경우
	마. 제작사가 제공하는 기술자료에 따른 최대허용범위(제작사가 기술자료를 제공하지 않는 경우에는 국토교통부장관이 고시하는 항공기기술기준에 따른 최대 허용범위를 말한다)를 초과한 항공기 구조의 균열, 영구적인 변형이나 부식이 발생한 경우
	바. 대수리가 요구되는 항공기 구조 손상이 발생한 경우
	사. 항공기의 고장, 결함 또는 기능장애로 비정상 운항이 발생한 경우
	아. 운항 중 엔진 덮개가 풀리거나 이탈한 경우
	자. 운항 중 다음의 어느 하나에 해당하는 사유로 발동기가 정지된 경우 1) 발동기의 연소 정지 2) 발동기 또는 항공기 구조의 외부 손상 3) 외부 물체의 발동기 내 유입 또는 발동기 흡입구에 형성된 얼음의 유입
	차. 운항 중 발동기 배기시스템 고장으로 발동기, 인접한 구조물 또는 구성품이 파손된 경우
	카. 고장, 결함 또는 기능장애로 항공기에서 발동기를 조기(非계획적)에 떼어 낸 경우
	타. 운항 중 프로펠러 페더링시스템 또는 항공기의 과속을 제어하기 위한 시스템에 고장이 발생한 경우(운항 중 프로펠러 페더링이 발생한 경우를 포함한다)
	파. 운항 중 비상조치를 하게 하는 항공기 구성품 또는 시스템의 고장이 발생한 경우. 다만, 발동기 연소를 인위적으로 중단시킨 경우는 제외한다.
	하. 비상탈출을 위한 시스템, 구성품 또는 탈출용 장비가 고장, 결함, 기능장애 또는 비정상적으로 전개한 경우(훈련, 시험, 정비 또는 시현 시 발생한 경우를 포함한다)
	거. 운항 중 화재경보시스템이 오작동 한 경우

구분	항공안전장애 내용
6. 공항 및 항행서비스	가. 항공등화시설의 운영이 중단된 경우
	나. 활주로, 유도로 및 계류장이 항공기 운항에 지장을 줄 정도로 중대한 손상을 입었거나 화재가 발생한 경우
	다. 안전 운항에 지장을 줄 수 있는 물체 또는 위험물이 활주로, 유도로 등 공항 이동지역에 방치된 경우
	라. 항공교통관제업무 수행 중 다음의 어느 하나에 해당하는 상황이 발생한 경우 1) 운항 중 항공기와 항공교통관제기관 간 양방향 무선통신이 두절되어 운항안전 확보를 위해 필요로 하는 관제교신을 적시에 수행하지 못한 상황 2) 비행 중인 항공기에 대한 항공교통관제업무가 중단된 상황
	마. 항행통신업무 수행 중 다음의 어느 하나에 해당하는 상황이 발생한 경우 1) 항행안전무선시설, 항공이동통신시설, 항공고정통신시설, 공항정보방송시설(ATIS) 등의 운영이 중단된 상황 2) 항행안전무선시설, 항공이동통신시설, 항공고정통신시설, 공항정보방송시설(ATIS) 등의 시설과 항공기 간 신호의 송·수신 장애가 발생한 상황 3) 1) 및 2) 외의 예비장비(전원시설을 포함한다) 장애가 24시간 이상 발생한 상황
	바. 활주로 또는 유도로 등 공항 이동지역 내에서 차량과 차량, 장비 또는 사람이 충돌하거나 장비와 사람이 충돌하여 차량 또는 장비가 손상되거나 사람이 다친 경우
7. 기타	가. 운항 중 항공기가 다음의 어느 하나에 해당되는 물체 등과 충돌·접촉한 경우. 다만, 1)에 해당하는 물체의 경우에는 항공기의 손상이 없거나 운항허용범위 이내의 손상인 경우는 제외한다. 1) 조류, 우박, 그 밖의 물체 등 2) 무인비행장치
	나. 운항 중 여압조절 실패, 비상장비 누락, 비정상적 문·창문 열림 등 객실의 안전이 우려된 상황이 발생한 경우(항공기준사고에 해당하는 사항은 제외한다)
	다. 기상, 교통상황 등 비행계획 단계에서 예측하지 못한 외부 요인으로 해당 비행편의 운항승무원이 최대승무시간을 초과한 경우
	라. 비행 중 정상적인 조종을 할 수 없는 정도의 레이저 광선에 노출된 경우
	마. 운항 중 객실승무원이 부상을 당한 경우
	바. 항공기 운항 관련 직무를 수행하는 객실승무원의 신체·정신건강 또는 심리상태 등의 사유로 해당 객실승무원의 교체 또는 하기(下機)를 위하여 출발지 공항으로 회항하거나 목적지 공항이 아닌 공항에 착륙하는 경우

➲ 항공안전법 제59조(항공안전 의무보고)

① 항공기사고, 항공기준사고 또는 항공안전장애를 발생시켰거나 항공기사고, 항공기준사고 또는 항공안전장애가 발생한 것을 알게 된 항공종사자 등 관계인은 국토교통부장관에게 그 사실을 보고하여야 한다.

② 제1항에 따른 항공종사자 등 관계인의 범위, 보고에 포함되어야 할 사항, 시기, 보고방법 및 절차 등은 국토교통부령으로 정한다.

➲ 항공안전법 제61조(항공안전 자율보고)

① 항공안전을 해치거나 해칠 우려가 있는 사건·상황·상태 등(항공안전위해요인)을 발생시켰거나 항공안전위해요인이 발생한 것을 안 사람 또는 항공안전위해요인이 발생될 것이 예상된다고 판단하는 사람은 국토교통부장관에게 그 사실을 보고할 수 있다.

② 국토교통부장관은 "항공안전 자율보고"를 한 사람의 의사에 반하여 보고자의 신분을 공개해서는 아니 되며, 항공안전 자율보고를 사고예방 및 항공안전 확보 목적 외의 다른 목적으로 사용해서는 아니 된다.

③ 누구든지 항공안전 자율보고를 한 사람에 대하여 이를 이유로 해고·전보·징계·부당한 대우 또는 그 밖에 신분이나 처우와 관련하여 불이익한 조치를 해서는 아니 된다.

④ 국토교통부장관은 항공안전위해요인을 발생시킨 사람이 그 항공안전위해요인이 발생한 날부터 10일 이내에 항공안전 자율보고를 한 경우에는 자격증명·항공신체검사증명의 취소 등에 따른 처분을 하지 아니할 수 있다. 다만, 고의 또는 중대한 과실로 항공안전위해요인을 발생시킨 경우와 항공기사고 및 항공기준사고에 해당하는 경우에는 그러하지 아니하다.

⑤ 제1항부터 제4항까지에서 규정한 사항 외에 항공안전 자율보고에 포함되어야 할 사항, 보고 방법 및 절차 등은 국토교통부령으로 정한다.

예상문제

01 항공기사고 및 항공기준사고 외에 항공기 운항 및 항행안전시설과 관련하여 항공안전에 영향을 미치거나 미칠 우려가 있었던 것으로서 국토교통부령으로 정하는 것은?

① 항공운항사고　② 항공안전장애

③ 항공안전사고　④ 비행정보사고

02 다음중 항공안전장애에 포함되지 않는 것은?

① 비행 중 일시적인 경미한 고도·경로 이탈 또는 고도 및 경로의 허용된 오차범위 내에서 운항했다.

② 비행 중 비행금지구역 또는 비행제한구역에 허가 없이 진입한 경우를 포함하여 비행경로 또는 비행고도 이탈 등 항공교통관제기관의 사전 허가를 받지 아니한 항행했다.

③ 이착륙시 활주로 또는 착륙표면에 항공기 동체 꼬리, 날개 끝, 엔진 덮개 등이 비정상적으로 접촉되었다.

④ 지상에서 항공기가 운항 중 다른 항공기나 장애물, 차량, 장비 또는 동물 등과 접촉·충돌했다.

03 항공기사고, 항공기준사고 또는 항공안전장애를 발생시켰거나 항공기사고, 항공기준사고 또는 항공안전장애가 발생한 것을 알게 된 항공종사자 등 관계인은 국토교통부장관에게 그 사실을 보고하여야 하는 보고는?

① 항공운항 보고 ② 항공장애 보고

③ 항공안전 의무보고 ④ 항공안전 자율보고

04 항공안전을 해치거나 해칠 우려가 있는 사건·상황·상태 등(항공안전위해요인)을 발생시켰거나 항공안전위해요인이 발생한 것을 안 사람 또는 항공안전위해요인이 발생될 것이 예상된다고 판단하는 사람은 국토교통부장관에게 그 사실을 보고할 수 있는 보고는?

① 항공운항 보고 ② 항공장애 보고

③ 항공안전 의무보고 ④ 항공안전 자율보고

Answer

01. ② 02. ① 03. ③ 04. ④

CHAPTER 08 용어

- 감항증명 : 항공기가 안전하게 비행할 수 있는 성능(감항성)이 있다는 증명이다.
- 객실승무원 : 항공기에 탑승하여 비상시 승객을 탈출시키는 등 승객의 안전을 위한 업무를 수행하는 사람을 말한다.
- 경량항공기 : 항공기 외에 공기의 반작용으로 뜰 수 있는 기기로서 최대이륙중량, 좌석 수 등 국토교통부령으로 정하는 기준에 해당하는 비행기, 헬리콥터, 자이로플레인(gyroplane) 및 동력패러슈트(powered parachute) 등을 말한다.
- 경량항공기사고 : 비행을 목적으로 경량항공기의 발동기가 시동되는 순간부터 비행이 종료되어 발동기가 정지되는 순간까지 발생한 다음 중 하나에 해당하는 것으로서 국토교통부령으로 정하는 것을 말한다.
  - 경량항공기에 의한 사람의 사망, 중상 또는 행방불명
  - 경량항공기의 추락, 충돌 또는 화재 발생
  - 경량항공기의 위치를 확인할 수 없거나 경량항공기에 접근이 불가능한 경우
- 경사대(Slipways) : 경량항공기를 수면에서 육지로 끌어 올리거나 육지에서 수면으로 내릴 수 있도록 하는 경사진 시설물을 말한다.
- 계기비행(計器飛行) : 항공기의 자세·고도·위치 및 비행방향의 측정을 항공기에 장착된 계기에만 의존하여 비행하는 것을 말한다.
- 계기비행방식 : 계기비행을 하는 사람이 국토교통부장관 또는 항공교통업무증명을 받은 자가 지시하는 이동·이륙·착륙의 순서 및 시기와 비행의 방법에 따라 비행하는 방식을 말한다.
- 계류장(Apron) : 이착륙장 내에서 사람이 타고 내리거나, 화물의 적재·적하, 급유, 주기, 제·방빙 및 정비 등의 목적으로 경량항공기등이 이용할 수 있도록 설정된

구역을 말한다.

- 공장정비사의 업무 : 정비 또는 개조한 항공기에 대하여 확인을 하는 행위이다.
- 공항 : 공항시설을 갖춘 공공용 비행장으로서 국토교통부장관이 그 명칭·위치 및 구역을 지정·고시한 것을 말한다.
- 공항시설 : 공항구역에 있는 시설과 공항구역 밖에 있는 시설 중 대통령령으로 정하는 시설로서 국토교통부장관이 지정한 다음 각 목의 시설을 말한다.
  - 항공기의 이륙·착륙 및 항행을 위한 시설과 그 부대시설 및 지원시설
  - 항공 여객 및 화물의 운송을 위한 시설과 그 부대시설 및 지원시설
- 관제구(管制區) : 지표면 또는 수면으로부터 200미터 이상 높이의 공역으로서 항공교통의 안전을 위하여 국토교통부장관이 지정·공고한 공역을 말한다.
- 관제권(管制圈) : 비행장 또는 공항과 그 주변의 공역으로서 항공교통의 안전을 위하여 국토교통부장관이 지정·공고한 공역을 말한다.
- 국가기관등항공기 : 국가, 지방자치단체, 그 밖에 공공기관의 운영에 관한 법률에 따른 공공기관으로서 대통령령으로 정하는 공공기관(국가기관등)이 소유하거나 임차(賃借)한 항공기로서 다음 중 하나에 해당하는 업무를 수행하기 위하여 사용되는 항공기를 말한다. 다만, 군용·경찰용·세관용 항공기는 제외한다.
  - 재난·재해 등으로 인한 수색(搜索)·구조
  - 산불의 진화 및 예방
  - 응급환자의 후송 등 구조·구급활동
  - 그 밖에 공공의 안녕과 질서유지를 위하여 필요한 업무
- 동력패러장(Powered parachute landing area) : 동력패러슈트의 이착륙을 위하여 사용되는 육상 이착륙장의 일부로 설정된 구역을 말한다.
- 모의비행장치 : 항공기의 조종실을 모방한 장치로서 기계·전기·전자장치 등에 대한 통제기능과 비행의 성능 및 특성 등이 실제의 항공기와 동일하게 재현될 수 있게 고안된 장치를 말한다.
- 부표(Buoy) : 착수대의 경계를 표시하기 위하여 수면 위에 띄우는 부력표지를 말한다.
- 비행장 : 항공기·경량항공기·초경량비행장치의 이륙[이수(離水)를 포함한다]과 착

륙[착수(着水)를 포함한다]을 위하여 사용되는 육지 또는 수면(水面)의 일정한 구역으로서 대통령령으로 정하는 것을 말한다.

- 비행정보구역 : 항공기, 경량항공기 또는 초경량비행장치의 안전하고 효율적인 비행과 수색 또는 구조에 필요한 정보를 제공하기 위한 공역(空域)으로서 국제민간항공협약 및 같은 협약 부속서에 따라 국토교통부장관이 그 명칭, 수직 및 수평 범위를 지정·공고한 공역을 말한다. 항공기의 안전과 효율적 비행을 위하여 필요한 정보를 제공하는 공역이다.
- 선회수역(Turning basin) : 수상구역 내에서 경량항공기등이 이수 및 착수 등을 위해 안전하게 방향을 전환할 수 있도록 착수대의 끝 부분에 위치한 일정 수역을 말한다.
- 수상구역(Water areas) : 경량항공기 등의 이수, 착수, 이동 등을 위하여 수면에 설정된 구역으로서 수상이착륙장 내의 착수대, 유도수로, 선회수역, 경사대 등을 포함한다.
- 영공(領空) : 대한민국의 영토와 영해 및 접속수역법에 따른 내수 및 영해의 상공을 말한다.
- 운항승무원 : 자격증명을 받은 사람으로서 항공기에 탑승하여 항공업무에 종사하는 사람을 말한다.
- 유도수로(Taxi channel) : 경량항공기 등이 착수대 또는 경사대로 이동할 수 있도록 설정된 구역을 말한다.
- 이착륙장 : 공항시설법에 따른 이착륙장으로서 비행장 외에 경량항공기 또는 초경량비행장치의 이륙 또는 착륙을 위하여 사용되는 육지 또는 수면의 일정한 구역으로서 대통령령으로 정하는 것을 말한다.
- 이착륙장 표고(Airpark elevation) : 경량항공기 이착륙장 가용 활주로의 가장 높은 지점의 해발 고도를 말한다.
- 자격증명 : 조종사, 기관사, 항공정비사에 대해서 항공기의 종류, 등급, 형식을 한정한다.
- 착륙대(着陸帶) : 항공기가 활주로를 이탈하는 경우 항공기와 탑승자의 피해를 줄이기 위하여 활주로 주변에 설치하는 안전지대로서 국토교통부령으로 정하는 크

기로 이루어지는 활주로 중심선에 중심을 두는 직사각형의 지표면 또는 수면을 말한다.

- 착수대(Sea lane) : 경량항공기 등의 이수 및 착수 목적으로 수면에 설정한 구역을 말한다.
- 착수대 보호구역(Sea lane protection zone) : 수상 및 지상의 인명과 재산을 보호하기 위해 착수대 시단과 종단에 설치된 구역을 말한다.
- 초경량비행장치 : 항공기와 경량항공기 외에 공기의 반작용으로 뜰 수 있는 장치로서 자체중량, 좌석 수 등 국토교통부령으로 정하는 기준에 해당하는 동력비행장치, 행글라이더, 패러글라이더, 기구류 및 무인비행장치 등을 말한다.
- 초경량비행장치사용사업 : 항공사업법에 따른 초경량비행장치사용사업으로서 타인의 수요에 맞추어 국토교통부령으로 정하는 초경량비행장치를 사용하여 유상으로 농약살포, 사진촬영 등 국토교통부령으로 정하는 업무를 하는 사업을 말한다.
- 초경량비행장치사용사업자 : 항공사업법에 따른 초경량비행장치사용사업자로서 국토교통부장관에게 초경량비행장치사용사업을 등록한 자를 말한다.
- 피로위험관리시스템 : 운항승무원과 객실승무원이 충분한 주의력이 있는 상태에서 해당 업무를 할 수 있도록 피로와 관련한 위험요소를 경험과 과학적 원리 및 지식에 기초하여 지속적으로 감독하고 관리하는 시스템을 말한다.
- 항공기 : 공기의 반작용(지표면 또는 수면에 대한 공기의 반작용은 제외한다)으로 뜰 수 있는 기기로서 최대이륙중량, 좌석 수 등 국토교통부령으로 정하는 기준에 해당하는 비행기, 헬리콥터, 비행선, 활공기(滑空機)와 그 밖에 대통령령으로 정하는 기기를 말한다.
- 항공기관사의 업무 : 항공기에 탑승하여 발동기 및 기체를 취급하는 행위(플랩의 조작, 단 조종장치의 조작은 제외한다)를 말한다.
- 항공기사고 : 사람이 비행을 목적으로 항공기에 탑승하였을 때부터 탑승한 모든 사람이 항공기에서 내릴 때까지(사람이 탑승하지 아니하고 원격조종 등의 방법으로 비행하는 무인항공기의 경우에는 비행을 목적으로 움직이는 순간부터 비행이 종료되어 발동기가 정지되는 순간까지를 말한다) 항공기의 운항과 관련하여 발생한 다음 중 하나에 해당하는 것으로서 국토교통부령으로 정하는 것을 말한다.

- 사람의 사망, 중상 또는 행방불명
- 항공기의 파손 또는 구조적 손상
- 항공기의 위치를 확인할 수 없거나 항공기에 접근이 불가능한 경우

• 항공기사용사업 : 항공사업법에 따른 항공기사용사업으로서 항공운송사업 외의 사업으로서 타인의 수요에 맞추어 항공기를 사용하여 유상으로 농약살포, 건설자재 등의 운반, 사진촬영 또는 항공기를 이용한 비행훈련 등 국토교통부령으로 정하는 업무를 하는 사업을 말한다.

• 항공기사용사업자 : 항공사업법에 따른 항공기사용사업자로서 국토교통부장관에게 항공기사용사업을 등록한 자를 말한다.

• 항공기정비업자 : 항공사업법에 따른 항공기정비업자로서 국토교통부장관에게 항공기정비업을 등록한 자를 말한다.

• 항공기준사고(航空機準事故) : 항공안전에 중대한 위해를 끼쳐 항공기사고로 이어질 수 있었던 것으로서 국토교통부령으로 정하는 것을 말한다.

• 항공로(航空路) : 국토교통부장관이 항공기, 경량항공기 또는 초경량비행장치의 항행에 적합하다고 지정한 지구의 표면상에 표시한 공간의 길을 말한다.

• 항공사의 업무 : 항공기에 탑승하여 그 위치 및 항로의 측정과 항공상의 자료를 산출하는 행위를 말한다.

• 항공안전장애 : 항공기사고 및 항공기준사고 외에 항공기의 운항 등과 관련하여 항공안전에 영향을 미치거나 미칠 우려가 있었던 것으로서 국토교통부령으로 정하는 것을 말한다.

• 항공업무란 다음 중 하나에 해당하는 업무를 말한다.
- 항공기의 운항(무선설비의 조작을 포함한다) 업무(항공기 조종연습은 제외한다)
- 항공교통관제(무선설비의 조작을 포함한다) 업무(항공교통관제연습은 제외한다)
- 항공기의 운항관리 업무
- 정비·수리·개조된 항공기·발동기·프로펠러(항공기등), 장비품 또는 부품에 대하여 안전하게 운용할 수 있는 성능(감항성)이 있는지를 확인하는 업무

• 항공운송사업 : 항공사업법에 따른 항공운송사업으로서 국내항공운송사업, 국제항공운송사업 및 소형항공운송사업을 말한다.

• 항공운송사업자 : 항공사업법에 따른 항공운송사업자로서 국내항공운송사업자, 국제항공운송사업자 및 소형항공운송사업자를 말한다.
• 항공정비사의 업무 : 정비한 항공기에 대하여 확인하는 행위를 말한다.
• 항공종사자 : 항공종사자 자격증명을 받은 사람을 말한다.
• 항행안전시설 : 유선통신, 무선통신, 인공위성, 불빛, 색채 또는 전파(電波)를 이용하여 항공기의 항행을 돕기 위한 시설로서 국토교통부령으로 정하는 시설을 말한다.
• 활주로 : 항공기 착륙과 이륙을 위하여 국토교통부령으로 정하는 크기로 이루어지는 공항 또는 비행장에 설정된 구역을 말한다.
• 활주로 보호구역 : 지상의 인명과 재산을 보호하기 위하여 활주로 시단과 종단에 설치된 구역을 말한다.
• 활주로 시단(Threshold) : 착륙 가용 활주로 두분의 기점을 말한다.
• 활주로 안전구역 : 경량항공기등이 활주로 미착 또는 과주, 이탈 하는 경우에 경량항공기 등과 탑승자의 피해를 줄이기 위하여 활주로 주변에 설치하는 안전지대를 말한다.
• ICAO(국제민간항공기구, International Civil Aviation Organization) : 국제민간항공조약(시카고조약)에 기초하여 국제항공운송의 건전한 발전을 도모하고 국제민간항공의 발달 및 안전의 확인 도모, 능률적이고 경제적인 운송의 실현, 항공기술의 증진, 체약국의 권리 존중, 국제항공기업의 기회균등을 보장하는 업무를 수행하며, 사무국은 캐나다 몬트리올에 소재하고, 시카고조약 체약국에 의해 구성되어 있다.

➲ 항공안전법 제69조(긴급항공기의 지정 등)

① 응급환자의 수송 등 국토교통부령으로 정하는 긴급한 업무에 항공기를 사용하려는 소유자등은 그 항공기에 대하여 국토교통부장관의 지정을 받아야 한다.
② 제1항에 따라 국토교통부장관의 지정을 받은 항공기(긴급항공기)를 제1항에 따른 긴급한 업무의 수행을 위하여 운항하는 경우에는 항공기 이륙·착륙의 장소 및 국토교통부령으로 정하는 최저비행고도(最低飛行高度) 아래에서의 비행, 물건의 투하(投下) 또는 살포 금지행위를 적용하지 아니한다.
③ 긴급항공기의 지정 및 운항절차 등에 필요한 사항은 국토교통부령으로 정한다.

④ 국토교통부장관은 긴급항공기의 소유자등이 다음 각 호의 어느 하나에 해당하는 경우에는 그 긴급항공기의 지정을 취소할 수 있다. 다만, 제1호에 해당하는 경우에는 그 긴급항공기의 지정을 취소하여야 한다.

1. 거짓이나 그 밖의 부정한 방법으로 긴급항공기로 지정받은 경우
2. 제3항에 따른 운항절차를 준수하지 아니하는 경우

⑤ 제4항에 따라 긴급항공기의 지정 취소처분을 받은 자는 취소처분을 받은 날부터 2년 이내에는 긴급항공기의 지정을 받을 수 없다.

➲ 항공안전법 시행규칙 제207조(긴급항공기의 지정)

① "응급환자의 수송 등 국토교통부령으로 정하는 긴급한 업무"란 다음 각 호의 어느 하나에 해당하는 업무를 말한다.

1. 재난·재해 등으로 인한 수색·구조
2. 응급환자의 수송 등 구조·구급활동
3. 화재의 진화
4. 화재의 예방을 위한 감시활동
5. 응급환자를 위한 장기(臟器) 이송
6. 그 밖에 자연재해 발생 시의 긴급복구

② 제1항 각 호에 따른 업무에 항공기를 사용하려는 소유자등은 해당 항공기에 대하여 지방항공청장으로부터 긴급항공기의 지정을 받아야 한다.

③ 제2항에 따른 지정을 받으려는 자는 다음 각 호의 사항을 적은 긴급항공기 지정신청서를 지방항공청장에게 제출하여야 한다.

1. 성명 및 주소
2. 항공기의 형식 및 등록부호
3. 긴급한 업무의 종류
4. 긴급한 업무 수행에 관한 업무규정 및 항공기 장착장비
5. 조종사 및 긴급한 업무를 수행하는 사람에 대한 교육훈련 내용
6. 그 밖에 참고가 될 사항

④ 지방항공청장은 제3항에 따른 서류를 확인한 후 제1항 각 호의 긴급한 업무에 해당하는 경우에는 해당 항공기를 긴급항공기로 지정하였음을 신청자에게 통지하여야 한다.

예상문제

01 긴급항공기 업무가 아닌 것은?

① 재난·재해 등으로 인한 수색과 구조
② 응급환자의 수송 등 구조·구급활동
③ VIP 수송 및 구호물자 수송
④ 화재 진화와 예방을 위한 감시활동

02 항공법에서 규정하는 항공업무가 아닌 것은?

① 항공청에서 허가받은 조종연습
② 항공기 정비수리 및 안전성 확인업무
③ 운항업무 및 무선설비 조작
④ 항공기 운항 및 교통관제

03 다음 중 틀린 것은?

① 공항시설을 갖춘 공공용 비행장으로 명칭, 위치 및 구역을 지정고시한 지역을 공항이라 한다.
② 항공법에서 항공기 이착륙에 사용되는 육지 또는 수면의 정해진 구역을 비행장이라 한다.
③ 항공법에서 규정하고 있는 비행장의 구분은 육상비행장, 수상비행장, 육상헬기장이다.
④ 항공법에서 규정하고 있는 비행장의 구분은 개인비행장, 국가비행장, 군사비행장이다.

04 항공기의 항행에 적합하다고 지정한 지구의 표면상에 표시한 공간의 길은?

① 항공로 ② 제한공역 ③ 관제구역 ④ 통제구역

05 항공기의 정의는?

① 사용할 수 있는 모든 비행장치를 말한다.
② 항공에 사용할 수 있는 비행기, 비행선, 활공기, 회전익 항공기 그밖에 대통령령으로 정하는 것으로서 항공에 사용할 수 있는 기기를 말한다.
③ 항공에 사용하는 비행선과 활공기를 제외한 모든 것이다.
④ 비행기와 비행선을 말한다.

06 항공안전법에서 규정한 국가기관등 항공기는?

① 경찰항공기 ② 세관항공기
③ 산림청항공기 ④ 군항공기

07 항공기의 이륙 및 착륙을 위하여 사용되는 육지 또는 수면은?

① 공항 ② 비행장
③ 활주로 ④ 착륙대

Answer

01. ③ 02. ① 03. ④ 04. ① 05. ② 06. ③ 07. ②

CHAPTER 09 경량항공기의 기준 및 정의

■ **항공기** : 공기의 반작용(지표면 또는 수면에 대한 공기의 반작용은 제외한다)으로 뜰 수 있는 기기로서 최대이륙중량, 좌석 수 등 국트교통부령으로 정하는 기준에 해당하는 비행기, 헬리콥터, 비행선, 활공기(滑空機)와 그 밖에 대통령령으로 정하는 기기를 말한다.

■ **경량항공기** : 항공기 외에 공기의 반작용으로 뜰 수 있는 기기로서 최대이륙중량, 좌석 수 등 국토교통부령으로 정하는 기준에 해당하는 비행기, 헬리콥터, 자이로플레인(gyroplane) 및 동력패러슈트(powered parachute) 등을 말한다.

➲ 항공안전법 시행규칙 제4조(경량항공기의 기준)

항공안전법에서 "최대이륙중량, 좌석 수 등 국토고통부령으로 정하는 기준에 해당하는 비행기, 헬리콥터, 자이로플레인(gyroplane) 및 동력패러슈트(powered parachute) 등"이란 항공안전법에 따른 초경량비행장치에 해당하지 아니하는 것으로서 다음 각 호의 기준을 모두 충족하는 비행기, 헬리콥터, 자이로플레인 및 동력패러슈트를 말한다.

1. 최대이륙중량이 600킬로그램(수상비행에 사용하는 경우에는 650킬로그램) 이하일 것
2. 최대 실속속도 또는 최소 정상비행속도가 45노트 이하일 것
3. 조종사 좌석을 포함한 탑승 좌석이 2개 이하일 것
4. 단발(單發) 왕복발동기를 장착할 것
5. 조종석은 여압(與壓)이 되지 아니할 것
6. 비행 중에 프로펠러의 각도를 조정할 수 없을 것
7. 고정된 착륙장치가 있을 것. 다만, 수상비행에 사용하는 경우에는 고정된 착륙장치 외에 접을 수 있는 착륙장치를 장착할 수 있다.

➲ 항공안전법 제108조(경량항공기 안전성인증 등)

① 시험비행 등 국토교통부령으로 정하는 경우로서 국토교통부장관의 허가를 받은 경우를 제외하고는 경량항공기를 소유하거나 사용할 수 있는 권리가 있는 자(경량항공기 소유자등)는 국토교통부령으로 정하는 기관 또는 단체의 장으로부터 그가 정한 안전성인증의 유효기간 및 절차·방법 등에 따라 그 경량항공기가 국토교통부장관이 정하여 고시하는 비행안전을 위한 기술상의 기준에 적합하다는 안전성인증을 받지 아니하고 비행하여서는 아니 된다. 이 경우 안전성인증의 유효기간 및 절차·방법 등에 대해서는 국토교통부장관의 승인을 받아야 하며, 변경할 때에도 또한 같다.

② 제1항에 따라 국토교통부령으로 정하는 기관 또는 단체의 장이 안전성인증을 할 때에는 국토교통부령으로 정하는 바에 따라 안전성인증 등급을 부여하고, 그 등급에 따른 운용범위를 지정하여야 한다.

③ 경량항공기소유자등 또는 경량항공기를 사용하여 비행하려는 사람은 제2항에 따라 부여된 안전성인증 등급에 따른 운용범위를 준수하여 비행하여야 한다.

④ 경량항공기소유자등 또는 경량항공기를 사용하여 비행하려는 사람은 경량항공기 또는 그 장비품·부품을 정비한 경우에는 항공정비사 자격증명을 가진 사람으로부터 국토교통부령으로 정하는 방법에 따라 안전하게 운용할 수 있다는 확인을 받지 아니하고 비행하여서는 아니 된다. 다만, 국토교통부령으로 정하는 경미한 정비는 그러하지 아니하다.

➲ 항공안전법 제109조(경량항공기 조종사 자격증명)

① 경량항공기를 사용하여 비행하려는 사람은 국토교통부령으로 정하는 바에 따라 국토교통부장관의 자격증명(경량항공기 조종사 자격증명)을 받아야 한다.

② 다음 각 호의 어느 하나에 해당하는 사람은 경량항공기 조종사 자격증명을 받을 수 없다.

1. 17세 미만인 사람
2. 경량항공기 조종사 자격증명 취소처분을 받고 그 취소일부터 2년이 지나지 아니한 사람

➲ 항공안전법 제118조(경량항공기 이륙·착륙의 장소)

① 누구든지 경량항공기를 비행장(군 비행장은 제외한다) 또는 이착륙장이 아닌 곳에서 이륙하거나 착륙하여서는 아니 된다. 다만, 안전과 관련한 비상상황 등 불가피한 사유가 있는 경우로서 국토교통부장관의 허가를 받은 경우에는 그러하지 아니한다.

② 제1항 단서에 따른 허가에 필요한 세부기준 및 절차와 그 밖에 필요한 사항은 대통령령으로 정한다.

➲ 항공안전법 제119조(경량항공기 무선설비 등의 설치·운용 의무)

국토교통부령으로 정하는 경량항공기를 항공에 사용하려는 사람 또는 소유자등은 해당 경량항공기에 무선교신용 장비, 항공기 식별용 트랜스폰더 등 국토교통부령으로 정하는 무선설비를 설치·운용하여야 한다.

➲ 항공안전법 제120조(경량항공기 조종사의 준수사항)

① 경량항공기 조종사는 경량항공기로 인하여 인명이나 재산에 피해가 발생하지 아니하도록 국토교통부령으로 정하는 준수사항을 지켜야 한다.
② 경량항공기 조종사는 경량항공기사고가 발생하였을 때에는 지체 없이 국토교통부령으로 정하는 바에 따라 국토교통부장관에게 그 사실을 보고하여야 한다. 다만, 경량항공기 조종사가 보고할 수 없을 때에는 그 경량항공기소유자 등이 경량항공기사고를 보고하여야 한다.

➲ 항공안전법 제121조(경량항공기에 대한 준용규정)

① 경량항공기의 등록 등에 관하여는 항공안전법(항공기 등록)의 규정을 준용한다.
② 경량항공기에 대한 주류 등의 섭취·사용 제한에 관하여는 주류 등의 섭취·사용 제한을 준용한다.
③ 경량항공기의 비행규칙에 관하여는 항공기의 비행규칙을 준용한다.
④ 경량항공기의 비행제한에 관하여는 항공기의 비행제한 등을 준용한다.
⑤ 경량항공기에 대한 항공교통관제 업무 지시의 준수에 관하여는 항공교통관제업무 지시의 준수를 준용한다.

※ 준용(準用) : 일정한 표준이나 기준에 준하여 사용함을 의미한다. 법적 개념으로 필요한 경우 그 한도에서 변경을 가하여 적용한다는 것을 말한다.

예상문제

01 경량항공기의 정의는?

① 항공기 외에 공기의 반작용으로 뜰 수 있는 기기로서 최대이륙중량, 좌석 수 등 국토교통부령으로 정하는 기준에 해당하는 비행기, 헬리콥터, 자이로플레인 및 동력패러슈트 등을 말한다.

② 비행 중에 프로펠러의 각도를 조정할 수 있어야 한다.

③ 최대 연속출력에서의 최대수평비행속도(VH)가 120노트(Knots) 이상이어야 한다.

④ 최대이륙중량이 115kg이하로 다음 각 호의 기준에 적합한 타면조종형비행기, 체중이동형비행기, 경량헬리콥터, 자이로플레인 및 동력패러슈트를 말한다.

02 경량항공기의 기준 이 아닌 것은?

① 최대이륙중량이 600킬로그램(수상비행에 사용하는 경우에는 650킬로그램) 이하일 것

② 최대 실속속도 또는 최소 정상비행속도가 45노트 이하일 것

③ 비행 중에 프로펠러의 각도를 조정할 수 있을 것

④ 조종사 좌석을 포함한 탑승 좌석이 2개 이하일 것

03 경량항공기의 종류가 아닌 것은?

① 체중이동형비행기　　② 타면조종형비행기

③ 동력패러글라이더　　④ 경량헬리콥터

Answer

01. ①　02. ③　03. ③

CHAPTER 10

경량항공기등록 및 변경등록, 항공일지

■ **경량항공기 등록** : 경량항공기를 소유하거나 임차하여 경량항공기를 사용할 수 있는 권리가 있는 자(소유자)는 대통령령으로 정하는 바에 따라 국토교통부장관에게 등록을 하여야 하며, 항공법규에서 소유자등이란 경량항공기를 소유하거나 임차하여 경량항공기를 사용할 수 있는 권리가 있는 자를 의미한다.

> ➲ 항공안전법 제7조(항공기 등록)
>
> 항공기를 소유하거나 임차하여 항공기를 사용할 수 있는 권리가 있는 자(소유자등)는 항공기를 대통령령으로 정하는 바에 따라 국토교통부장관에게 등록을 하여야 한다. 다만, 대통령령으로 정하는 항공기는 그러하지 아니하다.

■ **경량항공기 소유권 및 국적**

- 경량항공기에 대한 소유권의 취득·상실·변경은 등록하여야 그 효력이 생긴다.
- 경량항공기에 대한 임차권(賃借權)은 등록하여야 제3자에 대하여 그 효력이 생긴다.
- 등록된 경량항공기는 대한민국의 국적을 취득하고, 이에 따른 권리와 의무를 갖는다.

■ **항공기의 취득**

- 항공기는 등록국의 국적을 가진다.
- 2개 이상의 나라에서 유효한 등록을 받을 수 없다.
- 등록 및 등록 변경은 그 나라의 법령에 의거한다.

> ➲ 항공안전법 제8조(항공기 국적의 취득)
>
> 제7조에 따라 등록된 항공기는 대한민국의 국적을 취득하고, 이에 따른 권리와 의무를 갖는다.

➲ 항공안전법 제9조(항공기 소유권 등)

① 항공기에 대한 소유권의 취득·상실·변경은 등록하여야 그 효력이 생긴다.

② 항공기에 대한 임차권(賃借權)은 등록하여야 제3자에 대하여 그 효력이 생긴다.

■ **경량항공기 등록 제한 대상** : 다음 어느 하나에 해당하는 자가 소유하거나 임차한 경량항공기는 등록할 수 없다.

- 대한민국 국민이 아닌 사람
- 외국정부 또는 외국의 공공단체
- 외국의 법인 또는 단체
- 상기의 어느 하나에 해당하는 자가 주식이나 지분의 2분의 1 이상을 소유하거나 그 사업을 사실상 지배하는 법인
- 외국인이 법인 등기사항증명서상의 대표자이거나 외국인이 법인 등기사항증명서상의 임원 수의 2분의 1 이상을 차지하는 법인
- 대한민국의 국민 또는 법인이 임차하여 사용할 수 있는 권리가 있는 경량항공기가 외국 국적을 가진 경우에는 등록할 수 없다.

➲ 항공안전법 제10조(항공기 등록의 제한)

① 다음 각 호의 어느 하나에 해당하는 자가 소유하거나 임차한 항공기는 등록할 수 없다. 다만, 대한민국의 국민 또는 법인이 임차하여 사용할 수 있는 권리가 있는 항공기는 그러하지 아니하다.

1. 대한민국 국민이 아닌 사람
2. 외국정부 또는 외국의 공공단체
3. 외국의 법인 또는 단체
4. 제1호부터 제3호까지의 어느 하나에 해당하는 자가 주식이나 지분의 2분의 1 이상을 소유하거나 그 사업을 사실상 지배하는 법인
5. 외국인이 법인 등기사항증명서상의 대표자이거나 외국인이 법인 등기사항증명서상의 임원 수의 2분의 1 이상을 차지하는 법인

② 제1항 단서에도 불구하고 외국 국적을 가진 항공기는 등록할 수 없다.

■ 안전성인증 제외 시험비행

- 안전성인증을 받지 아니 하고 시험비행 등을 할 수 있는 국토교통부령으로 정하는 경우란 다음의 어느 하나에 해당하는 경우를 말한다.
  - 연구·개발 중에 있는 경량항공기의 안전성 여부를 평가하기 위하여 시험비행을 하는 경우
  - 안전성인증을 받은 경량항공기의 성능 향상을 위하여 운용한계를 초과하여 시험비행을 하는 경우
  - 그 밖에 국토교통부장관이 필요하다고 인정하는 경우

➲ 항공안전법 시행규칙 제284조(경량항공기의 안전성인증 등)

① "시험비행 등 국토교통부령으로 정하는 경우"란 다음 각 호의 어느 하나에 해당하는 경우를 말한다.

1. 연구·개발 중에 있는 경량항공기의 안전성 여부를 평가하기 위하여 시험비행을 하는 경우
2. 안전성인증을 받은 경량항공기의 성능 향상을 위하여 운용한계를 초과하여 시험비행을 하는 경우
3. 그 밖에 국토교통부장관이 필요하다고 인정하는 경우

② 시험비행 등을 위하여 국토교통부장관의 허가를 받으려는 자는 경량항공기 시험비행 허가 신청서에 해당 경량항공기가 같은 항 전단에 따라 국토교통부장관이 정하여 고시하는 비행안전을 위한 기술상의 기준(경량항공기 기술기준)에 적합함을 입증할 수 있는 다음 각 호의 서류를 첨부하여 국토교통부장관에게 제출하여야 한다.

1. 해당 경량항공기에 대한 소개서
2. 경량항공기의 설계가 경량항공기 기술기준에 충족함을 입증하는 서류
3. 설계도면과 일치되게 제작되었음을 입증하는 서류
4. 완성 후 상태, 지상 기능점검 및 성능시험 결과를 확인할 수 있는 서류
5. 경량항공기 조종절차 및 안전성 유지를 위한 정비방법을 명시한 서류
6. 경량항공기 사진(전체 및 측면사진을 말하며, 전자파일로 된 것을 포함한다) 각 1매
7. 시험비행계획서

③ 국토교통부장관은 제2항에 따른 신청서를 접수받은 경우 경량항공기 기술기준에 적합한지의 여부를 확인한 후 적합하다고 인정하면 신청인에게 시험비행을 허가하여야 한다.

④ "국토교통부령으로 정하는 기관 또는 단체"란 「항공안전기술원법」에 따른 항공안전

기술원을 말한다.

⑤ 안전성인증 등급은 다음 각 호와 같이 구분하고, 각 등급에 따른 운용범위는 [표 10-1]과 같다.

1. 제1종: 경량항공기 기술기준에 적합하게 완제(完製)형태로 제작된 경량항공기
2. 제2종: 경량항공기 기술기준에 적합하게 조립(組立)형태로 제작된 경량항공기
3. 제3종: 경량항공기가 완제형태로 제작되었으나 경량항공기 제작자로부터 경량항공기 기술기준에 적합함을 입증하는 서류를 발급받지 못한 경량항공기
4. 제4종: 다음 중 하나에 해당하는 경량항공기
   가. 경량항공기 제작자가 제공한 수리·개조지침을 따르지 아니하고 수리 또는 개조하여 원형이 변경된 경량항공기로서 제한된 범위에서 비행이 가능한 경량항공기
   나. 제1호부터 제3호까지에 해당하지 아니하는 경량항공기로서 제한된 범위에서 비행이 가능한 경량항공기

⑥ 제5항에 따른 안전성인증 등급의 구분 및 운용범위에 관하여 필요한 세부사항은 국토교통부장관이 정하여 고시한다.

| 표 10-1 | 경량항공기 안전성인증 등급에 따른 운용범위

등급	운용범위
제1종	제한 없음
제2종	항공기대여업 또는 항공레저스포츠사업에의 사용 제한
제3종	다음의 각 호의 사용을 제한 1. 항공기대여업 또는 항공레저스포츠사업에의 사용 2. 조종사를 포함하여 2명이 탑승한 경우에는 이륙 장소의 중심으로부터 반경 10킬로미터 범위를 초과하는 비행에 사용
제4종	다음의 각 호의 사용을 제한 1. 항공기대여업 또는 항공레저스포츠사업에의 사용 2. 이륙 장소의 중심으로부터 반경 10킬로미터 범위를 초과하는 비행에 사용 3. 1명의 조종사 외의 사람이 탑승하는 비행에 사용 4. 인구 밀집지역 상공에서의 비행에 사용

비고 : 교통안전공단은 안전성인증 검사결과에 따라 비행고도, 속도 등의 성능에 관한 제한사항을 추가로 지정할 수 있다.

➲ 항공안전법 시행규칙 제285조(경량항공기의 정비 확인)

① 경량항공기소유자등 또는 경량항공기를 사용하여 비행하려는 사람이 경량항공기 또는 그 부품등을 정비한 후 경량항공기 등을 안전하게 운용할 수 있다는 확인을 받기 위해

서는 항공정비사 자격증명을 가진 사람으로부터 해당 정비가 다음 각 호의 어느 하나에 충족되게 수행되었음을 확인받은 후 해당 정비 기록문서에 서명을 받아야 한다.
1. 해당 경량항공기 제작자가 제공하는 최신의 정비교범 및 기술문서
2. 해당 경량항공기 제작자가 정비교범 및 기술문서를 제공하지 아니하여 경량항공기 소유자등이 안전성인증 검사를 받을 때 제출한 검사프로그램
3. 그 밖에 국토교통부장관이 정하여 고시하는 기준에 부합하는 기술자료

② "국토교통부령으로 정하는 경미한 정비"란 [표 30-1]에 따른 정비를 말한다.

■ 경량항공기 등록 제외 대상

- 군 또는 세관에서 사용하거나 경찰업무에 사용하는 경량항공기
- 외국에 임대할 목적으로 도입한 경량항공기로서 외국 국적을 취득할 경량항공기
- 국내에서 제작한 경량항공기로서 제작자 외의 소유자가 결정되지 아니한 경량항공기

➲ 항공안전법 시행령 제4조(등록을 필요로 하지 아니하는 항공기의 범위)

법 제7조 단서에서 항공기 등록을 하지 않아도 되는 "대통령령으로 정하는 항공기"란 다음 각 호의 어느 하나에 해당하는 항공기를 말한다.
1. 군 또는 세관에서 사용하거나 경찰업무에 사용하는 항공기
2. 외국에 임대할 목적으로 도입한 항공기로서 외국 국적을 취득할 항공기
3. 국내에서 제작한 항공기로서 제작자 외의 소유자가 결정되지 아니한 항공기
4. 외국에 등록된 항공기를 임차하여 법 제5조에 따라 운영하는 경우 그 항공기

➲ 항공안전법 제5조(임대차 항공기의 운영에 대한 권한 및 의무 이양의 적용 특례)

외국에 등록된 항공기를 임차하여 운영하거나 대한민국에 등록된 항공기를 외국에 임대하여 운영하게 하는 경우 그 임대차(賃貸借) 항공기의 운영에 관련된 권한 및 의무의 이양(移讓)에 관한 사항은 「국제민간항공협약」에 따라 국토교통부장관이 정하여 고시한다.

■ 경량항공기를 등록한 경우, 국토교통부장관은 경량항공기 등록원부(登錄原簿)에 다음의 사항을 기록하여야 한다.

- 경량항공기의 형식

- 경량항공기의 제작자
- 경량항공기의 제작번호
- 경량항공기의 정치장(定置場)
- 소유자 또는 임차인·임대인의 성명 또는 명칭과 주소 및 국적
- 등록 연월일
- 등록기호

> ➲ 항공안전법 제12조(항공기 등록증명서의 발급)
>
> 국토교통부장관은 제7조에 따라 항공기를 등록하였을 때에는 등록한 자에게 대통령령으로 정하는 바에 따라 항공기 등록증명서를 발급하여야 한다.

■ **경량항공기의 소유권 취득·상실·변경 관련**

- 변경등록 : 경량항공기의 정치장(定置場)이나 소유자, 임차인·임대인의 성명, 명칭과 주소 및 국적이 변경되었을 때에는 그 변경된 날부터 15일 이내에 국토교통부장관에게 변경등록을 신청하여야 한다.
- 이전등록 : 경량항공기의 소유권이나 임차권을 양도·양수하려는 자는 그 사유가 있는 날부터 15일 이내에 국토교통부장관에게 이전등록을 신청하여야 한다.
- 말소등록 : 경량항공기의 소유자등은 등록된 경량항공기가 다음의 어느 하나에 해당하는 경우에는 그 사유가 있는 날부터 15일 이내에 국토교통부장관에게 말소등록을 신청하여야 한다.
  - 경량항공기가 멸실(滅失)되었거나 경량항공기를 해체(정비 등, 수송 또는 보관하기 위한 해체는 제외한다)한 경우
  - 경량항공기의 존재 여부를 1개월(경량항공기 사고인 경우에는 2개월) 이상 확인할 수 없는 경우
  - 경량항공기 등록 제한에 해당하는 자에게 경량항공기를 양도하거나 임대(외국 국적을 취득하는 경우만 해당한다)한 경우
  - 임차기간의 만료 등으로 경량항공기를 사용할 수 있는 권리가 상실된 경우
- 말소등록 최고 : 국토교통부장관의 말소등록 최고(催告)

- 경량항공기 소유자등이 말소등록을 하여야 하는 경우에 말소등록을 신청하지 아니하면 국토교통부장관은 7일 이상의 기간을 정하여 말소등록을 신청할 것을 최고(催告)하여야 한다.
- 국토교통부장관이 경량항공기 말소등록을 신청할 것을 최고(催告)한 후에도 소유자등이 말소등록을 신청하지 아니하면 국토교통부장관은 직권으로 등록을 말소하고, 그 사실을 소유자등 및 그 밖의 이해관계인에게 알려야 한다.

※ 최고(催告) : 상대방에게 특정 행위를 요구하는 통지이다.

➲ 항공안전법 제16조(항공기 등록원부의 발급·열람)

① 누구든지 국토교통부장관에게 항공기 등록원부의 등본 또는 초본의 발급이나 열람을 청구할 수 있다.

② 제1항에 따라 청구를 받은 국토교통부장관은 특별한 사유가 없으면 해당 자료를 발급하거나 열람하도록 하여야 한다.

■ **등록기호표**

- 등록기호표 기재사항 : 국적기호, 등록기호, 소유자 명칭
- 등록부호(등록기호) : 대한민국의 국적기호는 장식체가 아닌 로마자의 대문자 HL로 시작한다(HL : 국제통신조약에 의해 할당된 무선국의 호출부호).
- 등록기호는 국적기호(로마자 대문자 HL)의 뒤에 장식체가 아닌 4개의 아라비아숫자로 표시하여야 한다.

■ 경량항공기 소유자등이 경량항공기를 국토교통부장관에게 등록한 경우에는 강철 등 내화금속(耐火金屬)으로 된 등록기호표(가로 7㎝, 세로 5㎝의 직사각형)를 다음의 구분에 따라 보기 쉬운 곳에 붙여야 하며, 등록기호표에는 국적기호 및 등록기호(등록부호)와 소유자등의 명칭을 적어야 하며, 누구든지 경량항공기에 부착된 등록기호표를 훼손해서는 아니 된다.

- 경량항공기에 출입구가 있는 경우 : 경량항공기 주(主)출입구 윗부분의 안쪽
- 경량항공기에 출입구가 없는 경우 : 경량항공기 동체의 외부 표면

➲ 항공안전법 제17조(항공기 등록기호표의 부착)

① 소유자등은 항공기를 등록한 경우에는 그 항공기 등록기호표를 국토교통부령으로 정하는 형식·위치 및 방법 등에 따라 항공기에 붙여야 한다.
② 누구든지 제1항에 따라 항공기에 붙인 등록기호표를 훼손해서는 아니 된다.

➲ 항공안전법 시행규칙 제12조(등록기호표의 부착)

① 항공기를 소유하거나 임차하여 사용할 수 있는 권리가 있는 자(소유자등)가 항공기를 등록한 경우에는 법 제17조제1항에 따라 강철 등 내화금속(耐火金屬)으로 된 등록기호표(가로 7센티미터 세로 5센티미터의 직사각형)를 다음 각 호의 구분에 따라 보기 쉬운 곳에 붙여야 한다.
1. 항공기에 출입구가 있는 경우: 항공기 주(主)출입구 윗부분의 안쪽
2. 항공기에 출입구가 없는 경우: 항공기 동체의 외부 표면
② 제1항의 등록기호표에는 국적기호 및 등록기호(등록부호)와 소유자등의 명칭을 적어야 한다.

➲ 항공안전법 제18조(항공기 국적 등의 표시)

① 누구든지 국적, 등록기호 및 소유자등의 성명 또는 명칭을 표시하지 아니한 항공기를 운항해서는 아니 된다. 다만, 신규로 제작한 항공기 등 국토교통부령으로 정하는 항공기의 경우에는 그러하지 아니하다.
② 제1항에 따른 국적 등의 표시에 관한 사항과 등록기호의 구성 등에 필요한 사항은 국토교통부령으로 정한다.

■ 등록부호의 표시

- 누구든지 국적, 등록기호 및 소유자등의 성명 또는 명칭을 표시하지 아니한 경량항공기를 운항해서는 아니 된다.
- 등록부호의 표시는 국적기호, 등록기호 순으로 표시하고, 장식체를 사용해서는 아니되며, 국적기호는 로마자의 대문자 'HL'로 표시하여야 한다.
- 등록기호의 첫 글자가 문자인 경우 국적기호와 등록기호 사이에 붙임표(-)를 삽입하여야 한다.
- 경량항공기에 표시하는 등록부호는 지워지지 아니하고 배경과 선명하게 대조되는 색으로 표시하여야 한다.

• 경량항공기 등록부호 표시장소는 [표 10-2]와 같다.

| 표 10-2 | 경량항공기 등록부호 표시장소

구분	표시장소
비행기 - 타면조종형 - 체중이동형	- 주 날개와 꼬리 날개 또는 주 날개와 동체에 다음 각 호의 구분에 따라 표시한다. 1. 주 날개에 표시하는 경우 : 오른쪽 날개 윗면과 왼쪽 날개 아랫면에 주 날개의 앞 끝과 뒤 끝에서 같은 거리에 위치하도록 하고, 등록부호의 윗부분이 주 날개의 앞 끝을 향하게 표시한다. 다만, 등록부호는 조종면에 걸쳐서는 아니 된다. 2. 꼬리 날개에 표시하는 경우: 수직 꼬리 날개의 양쪽 면에, 꼬리 날개의 앞 끝과 뒤 끝에서 5㎝ 이상 떨어지도록 수평 또는 수직으로 표시한다. 다만, 꼬리날개가 없는 체중이동형 비행기의 경우는 제외한다. 3. 동체에 표시하는 경우 : 주 날개와 꼬리날개 사이에 있는 동체 양쪽 면의 수평안정판 바로 앞에 수평 또는 수직으로 표시한다. 다만, 꼬리날개가 없는 체중이동형 비행기의 경우 착륙장치 옆면에 표시한다.
회전익 - 경량헬리콥터 - 자이로플레인	- 동체 아랫면과 동체 옆면에 다음 각 호의 구분에 따라 표시한다. 1. 동체 아랫면에 표시하는 경우 : 동체의 최대횡단면 부근에 등록부호의 윗부분이 동체좌측을 향하게 표시한다. 2. 동체 옆면에 표시하는 경우 : 주 회전익 축과 보조 회전익 축 사이의 동체 또는 동력장치가 있는 부근의 양 측면에 수평 또는 수직으로 표시한다.
동력패러슈트	- 캐노피의 오른쪽과 왼쪽 끝의 중앙부

• 경량항공기 등록부호의 각 문자 및 숫자의 크기는 [표 10-3]과 같다.

| 표 10-3 | 경량항공기 등록부호의 각 문자 및 숫자의 크기

구분		규격	비고
가로세로비		2:3의 비율	아라비아숫자 1은 제외
세로길이	주날개에 표시하는 경우	50㎝ 이상	표시장소가 협소한 경우 해당 면의 최대크기
	동체 또는 수직꼬리날개에 표시하는 경우	30㎝ 이상	
선의 굵기		세로길이의 1/6	-
간격		가로길이의 1/4 이상 1/2 이하	-

➲ 항공안전법 시행규칙 제13조(국적 등의 표시)

① 법 제18조제1항 단서에서 "신규로 제작한 항공기 등 국토교통부령으로 정하는 항공기"란 다음 각 호의 어느 하나에 해당하는 항공기를 말한다.

1. 제36조제2호 또는 제3호에 해당하는 항공기
2. 제37조제1호가목에 해당하는 항공기

② 국적 등의 표시는 국적기호, 등록기호 순으로 표시하고, 장식체를 사용해서는 아니 되며, 국적기호는 로마자의 대문자 "HL"로 표시하여야 한다.
③ 등록기호의 첫 글자가 문자인 경우 국적기호와 등록기호 사이에 붙임표(-)를 삽입하여야 한다.
④ 항공기에 표시하는 등록부호는 지워지지 아니하고 배경과 선명하게 대조되는 색으로 표시하여야 한다.
⑤ 등록기호의 구성 등에 필요한 세부사항은 국토교통부장관이 정하여 고시한다.

➲ 항공안전법 시행규칙 제14조(등록부호의 표시위치 등)

등록부호의 표시위치 및 방법은 다음 각 호의 구분에 따른다.

1. 비행기와 활공기의 경우에는 주 날개와 꼬리 날개 또는 주 날개와 동체에 다음 각 목의 구분에 따라 표시하여야 한다.
   가. 주 날개에 표시하는 경우: 오른쪽 날개 윗면과 왼쪽 날개 아랫면에 주 날개의 앞 끝과 뒤 끝에서 같은 거리에 위치하도록 하고, 등록부호의 윗 부분이 주 날개의 앞 끝을 향하게 표시할 것. 다만, 각 기호는 보조 날개와 플랩에 걸쳐서는 아니 된다.
   나. 꼬리 날개에 표시하는 경우: 수직 꼬리 날개의 양쪽 면에, 꼬리 날개의 앞 끝과 뒤 끝에서 5센티미터 이상 떨어지도록 수평 또는 수직으로 표시할 것
   다. 동체에 표시하는 경우: 주 날개와 꼬리 날개 사이에 있는 동체의 양쪽 면의 수평안정판 바로 앞에 수평 또는 수직으로 표시할 것
2. 헬리콥터의 경우에는 동체 아랫면과 동체 옆면에 다음 각 목의 구분에 따라 표시하여야 한다.
   가. 동체 아랫면에 표시하는 경우: 동체의 최대 횡단면 부근에 등록부호의 윗부분이 동체좌측을 향하게 표시할 것
   나. 동체 옆면에 표시하는 경우: 주 회전익 축과 보조 회전익 축 사이의 동체 또는 동력장치가 있는 부근의 양 측면에 수평 또는 수직으로 표시할 것
3. 비행선의 경우에는 선체 또는 수평안정판과 수직안정판에 다음 각 목의 구분에 따라 표시하여야 한다.
   가. 선체에 표시하는 경우: 대칭축과 직교하는 최대 횡단면 부근의 윗면과 양 옆면에 표시할 것
   나. 수평안정판에 표시하는 경우: 오른쪽 윗면과 왼쪽 아랫면에 등록부호의 윗부분이 수평안정판의 앞 끝을 향하게 표시할 것
   다. 수직안정판에 표시하는 경우: 수직안정판의 양 쪽면 아랫부분에 수평으로 표시할 것

➲ 항공안전법 시행규칙 제15조(등록부호의 높이)

등록부호에 사용하는 각 문자와 숫자의 높이는 같아야 하고, 항공기의 종류와 위치에 따른 높이는 다음 각 호의 구분에 따른다.

1. 비행기와 활공기에 표시하는 경우
   가. 주 날개에 표시하는 경우에는 50센티미터 이상
   나. 수직 꼬리 날개 또는 동체에 표시하는 경우에는 30센티미터 이상
2. 헬리콥터에 표시하는 경우
   가. 동체 아랫면에 표시하는 경우에는 50센티미터 이상
   나. 동체 옆면에 표시하는 경우에는 30센티미터 이상
3. 비행선에 표시하는 경우
   가. 선체에 표시하는 경우에는 50센티미터 이상
   나. 수평안정판과 수직안정판에 표시하는 경우에는 15센티미터 이상

➲ 항공안전법 시행규칙 제16조(등록부호의 폭·선 등)

등록부호에 사용하는 각 문자와 숫자의 폭, 선의 굵기 및 간격은 다음 각 호와 같다.

1. 폭과 붙임표(-)의 길이: 문자 및 숫자의 높이의 3분의 2. 다만 영문자 'I'와 아라비아 숫자 '1'은 제외한다.
2. 선의 굵기: 문자 및 숫자의 높이의 6분의 1
3. 간격: 문자 및 숫자의 폭의 4분의 1 이상 2븐의 1 이하

➲ 항공안전법 시행규칙 제17조(등록부호 표시으 예외)

① 국토교통부장관은 제14조부터 제16조까지의 규정에도 불구하고 부득이한 사유가 있다고 인정하는 경우에는 등록부호의 표시위치, 높이, 폭 등을 따로 정할 수 있다.

② 국가기관등항공기에 대해서는 제14조부터 제16조까지의 규정에도 불구하고 관계 중앙행정기관의 장이 국토교통부장관과 협의하여 등록부호의 표시위치, 높이, 폭 등을 따로 정할 수 있다.

➲ 항공안전법 시행규칙 제108조(항공일지)

① 항공기를 운항하려는 자 또는 소유자등은 탑재용 항공일지, 지상 비치용 발동기 항공일지 및 지상 비치용 프로펠러 항공일지를 갖추어 두어야 한다. 다만, 활공기의 소유자등은 활공기용 항공일지를, 증명서가 인정되는 외국 국적의 항공기의 소유자등은

탑재용 항공일지를 갖춰 두어야 한다.

② 항공기의 소유자등은 항공기를 항공에 사용하거나 개조 또는 정비한 경우에는 지체 없이 다음 각 호의 구분에 따라 항공일지에 적어야 한다.

1. 탑재용 항공일지(외국 국적의 항공기는 제외한다)
   가. 항공기의 등록부호 및 등록 연월일
   나. 항공기의 종류·형식 및 형식증명번호
   다. 감항분류 및 감항증명번호
   라. 항공기의 제작자·제작번호 및 제작 연월일
   마. 발동기 및 프로펠러의 형식
   바. 비행에 관한 다음의 기록
      1) 비행연월일
      2) 승무원의 성명 및 업무
      3) 비행목적 또는 편명
      4) 출발지 및 출발시각
      5) 도착지 및 도착시각
      6) 비행시간
      7) 항공기의 비행안전에 영향을 미치는 사항
      8) 기장의 서명
   사. 제작 후의 총 비행시간과 오버홀을 한 항공기의 경우 최근의 오버홀 후의 총 비행시간
   아. 발동기 및 프로펠러의 장비교환에 관한 다음의 기록
      1) 장비교환의 연월일 및 장소
      2) 발동기 및 프로펠러의 부품번호 및 제작일련번호
      3) 장비가 교환된 위치 및 이유
   자. 수리·개조 또는 정비의 실시에 관한 다음의 기록
      1) 실시 연월일 및 장소
      2) 실시 이유, 수리·개조 또는 정비의 위치 및 교환 부품명
      3) 확인 연월일 및 확인자의 서명 또는 날인
2. 탑재용 항공일지(외국 국적의 항공기만 해당한다)
   가. 항공기의 등록부호·등록증번호 및 등록 연월일
   나. 비행에 관한 다음의 기록
      1) 비행연월일
      2) 승무원의 성명 및 업무
      3) 비행목적 또는 항공기 편명

4) 출발지 및 출발시각
5) 도착지 및 도착시각
6) 비행시간
7) 항공기의 비행안전에 영향을 미치는 사항
8) 기장의 서명

3. 지상 비치용 발동기 항공일지 및 지상 비치용 프로펠러 항공일지
가. 발동기 또는 프로펠러의 형식
나. 발동기 또는 프로펠러의 제작자·제작번호 및 제작 연월일
다. 발동기 또는 프로펠러의 장비교환에 관한 다음의 기록
1) 장비교환의 연월일 및 장소
2) 장비가 교환된 항공기의 형식·등록부호 및 등록증번호
3) 장비교환 이유
라. 발동기 또는 프로펠러의 수리·개조 또는 정비의 실시에 관한 다음의 기록
1) 실시 연월일 및 장소
2) 실시 이유, 수리·개조 또는 정비의 위치 및 교환 부품명
3) 확인 연월일 및 확인자의 서명 또는 날인
마. 발동기 또는 프로펠러의 사용에 관한 다음의 기록
1) 사용 연월일 및 시간
2) 제작 후의 총 사용시간 및 최근의 오버홀 후의 총 사용시간

4. 활공기용 항공일지
가. 활공기의 등록부호·등록증번호 및 등록 연월일
나. 활공기의 형식 및 형식증명번호
다. 감항분류 및 감항증명번호
라. 활공기의 제작자·제작번호 및 제작 연월일
마. 비행에 관한 다음의 기록
1) 비행 연월일
2) 승무원의 성명
3) 비행목적
4) 비행 구간 또는 장소
5) 비행시간 또는 이·착륙횟수
6) 활공기의 비행안전에 영향을 미치는 사항
7) 기장의 서명
바. 수리·개조 또는 정비의 실시에 관한 다음의 기록
1) 실시 연월일 및 장소

2) 실시 이유, 수리·개조 또는 정비의 위치 및 교환부품명
3) 확인 연월일 및 확인자의 서명 또는 날인

■ 항공기의 종류와 등급

- 종류 : 비행기, 헬리콥터, 비행선, 활공기, 항공우주선
- 등급 : 육상다발, 육상단발, 수상다발, 수상단발, 활공기(상급 및 중급)

■ 항공정비사 확인

- 국토교통부령으로 정하는 경미한 정비를 제외하고, 경량항공기 또는 그 장비품·부품을 정비한 경우에는 항공정비사 자격증명을 가진 사람으로부터 국토교통부령으로 정하는 방법에 따라 안전하게 운용할 수 있다는 확인을 받고 비행을 하여야 한다.
- 항공정비사 자격증명을 가진 사람으로부터 다음의 어느 하나에 충족되게 수행되었음을 확인받은 후 해당 정비 기록문서에 서명을 받아야 한다.
  - 해당 경량항공기 제작자가 제공하는 최신의 정비교범 및 기술문서
  - 해당 경량항공기 제작자가 정비교범 및 기술문서를 제공하지 아니하여 경량항공기소유자등이 안전성인증 검사를 받을 때 제출한 검사프로그램
  - 그 밖에 국토교통부장관이 정하여 고시하는 기준에 부합하는 기술자료

➲ 항공안전법 제23조(감항증명 및 감항성 유지)

① 항공기가 감항성이 있다는 증명(감항증명)을 받으려는 자는 국토교통부령으로 정하는 바에 따라 국토교통부장관에게 감항증명을 신청하여야 한다.
② 감항증명은 대한민국 국적을 가진 항공기가 아니면 받을 수 없다. 다만, 국토교통부령으로 정하는 항공기의 경우에는 그러하지 아니하다.
③ 누구든지 다음 각 호의 어느 하나에 해당하는 감항증명을 받지 아니한 항공기를 운항하여서는 아니 된다.
1. 표준감항증명: 해당 항공기가 형식증명 또는 형식증명승인에 따라 인가된 설계에 일치하게 제작되고 안전하게 운항할 수 있다고 판단되는 경우에 발급하는 증명
2. 특별감항증명: 해당 항공기가 제한형식증명을 받았거나 항공기의 연구, 개발 등 국토교통부령으로 정하는 경우로서 항공기 제작자 또는 소유자등이 제시한 운용범

위를 검토하여 안전하게 운항할 수 있다고 판단되는 경우에 발급하는 증명

④ 국토교통부장관은 제3항 각 호의 어느 하나에 해당하는 감항증명을 하는 경우 국토교통부령으로 정하는 바에 따라 해당 항공기의 설계, 제작과정, 완성 후의 상태와 비행성능에 대하여 검사하고 해당 항공기의 운용한계(運用限界)를 지정하여야 한다. 다만, 다음 각 호의 어느 하나에 해당하는 항공기의 경우에는 국토교통부령으로 정하는 바에 따라 검사의 일부를 생략할 수 있다.

1. 형식증명, 제한형식증명 또는 형식증명승인을 받은 항공기
2. 제작증명을 받은 자가 제작한 항공기
3. 항공기를 수출하는 외국정부로부터 감항성이 있다는 승인을 받아 수입하는 항공기

⑤ 감항증명의 유효기간은 1년으로 한다. 다만, 항공기의 형식 및 소유자등(제32조제2항에 따른 위탁을 받은 자를 포함한다)의 감항성 유지능력 등을 고려하여 국토교통부령으로 정하는바에 따라 유효기간을 연장할 수 있다.

⑥ 국토교통부장관은 제4항에 따른 검사 결과 항공기가 감항성이 있다고 판단되는 경우 국토교통부령으로 정하는 바에 따라 감항증명서를 발급하여야 한다.

⑦ 국토교통부장관은 다음 각 호의 어느 하나에 해당하는 경우에는 해당 항공기에 대한 감항증명을 취소하거나 6개월 이내의 기간을 정하여 그 효력의 정지를 명할 수 있다. 다만, 제1호에 해당하는 경우에는 감항증명을 취소하여야 한다.

1. 거짓이나 그 밖의 부정한 방법으로 감항증명을 받은 경우
2. 항공기가 감항증명 당시의 항공기기술기준에 적합하지 아니하게 된 경우

⑧ 항공기를 운항하려는 소유자등은 국토교통부령으로 정하는 바에 따라 그 항공기의 감항성을 유지하여야 한다.

⑨ 국토교통부장관은 제8항에 따라 소유자등이 해당 항공기의 감항성을 유지하는지를 수시로 검사하여야 하며, 항공기의 감항성 유지를 위하여 소유자등에게 항공기등, 장비품 또는 부품에 대한 정비등에 관한 감항성개선 또는 그 밖의 검사·정비 등을 명할 수 있다.

➲ 항공안전법 시행규칙 제36조(예외적으로 감항증명을 받을 수 있는 항공기)

예외적으로 감항증명을 받을 수 있는 "국토교통부령으로 정하는 항공기"란 다음 각 호의 어느 하나에 해당하는 항공기를 말한다.

1. 외국항공기의 국내 사용 단서에 따라 허가를 받은 항공기
2. 국내에서 수리·개조 또는 제작한 후 수출할 항공기
3. 국내에서 제작되거나 외국으로부터 수입하는 항공기로서 대한민국의 국적을 취득하기 전에 감항증명을 신청한 항공기

➲ 항공안전법 시행규칙 제37조(특별감항증명의 대상)

특별감항증명의 대상인 "항공기의 연구, 개발 등 국토교통부령으로 정하는 경우"란 다음 각 호의 어느 하나에 해당하는 경우를 말한다.

1. 항공기 및 관련 기기의 개발과 관련된 다음 각 목의 어느 하나에 해당하는 경우
   가. 항공기 제작자, 연구기관 등에서 연구 및 개발 중인 경우
   나. 판매 등을 위한 전시 또는 시장조사에 활용하는 경우
   다. 조종사 양성을 위하여 조종연습에 사용하는 경우
2. 항공기의 제작·정비·수리·개조 및 수입·수출 등과 관련한 다음 각 목의 어느 하나에 해당하는 경우
   가. 제작·정비·수리 또는 개조 후 시험비행을 하는 경우
   나. 정비·수리 또는 개조(정비등)를 위한 장소까지 승객·화물을 싣지 아니하고 비행하는 경우
   다. 수입하거나 수출하기 위하여 승객·화물을 싣지 아니하고 비행하는 경우
   라. 설계에 관한 형식증명을 변경하기 위하여 운용한계를 초과하는 시험비행을 하는 경우
3. 무인항공기를 운항하는 경우
4. 특정한 업무를 수행하기 위하여 사용되는 다음 각 목의 어느 하나에 해당하는 경우
   가. 재난·재해 등으로 인한 수색·구조에 사용되는 경우
   나. 산불의 진화 및 예방에 사용되는 경우
   다. 응급환자의 수송 등 구조·구급활동에 사용되는 경우
   라. 씨앗 파종, 농약 살포 또는 어군(魚群)의 탐지 등 농·수산업에 사용되는 경우
   마. 기상관측, 기상조절 실험 등에 사용되는 경우
5. 제1호부터 제4호까지 외에 공공의 안녕과 질서유지를 위한 업무를 수행하는 경우로서 국토교통부장관이 인정하는 경우

■ **소음기준 적합증명** : 항공기 소유자는 감항증명을 받는 때에 소음기준 적합증명을 받아야 하며, 소음기준 적합증명을 받지 아니한 항공기는 항공에 사용할 수 없다.

➲ 항공안전법 제25조(소음기준적합증명)

① 국토교통부령으로 정하는 항공기의 소유자등은 감항증명을 받는 경우와 수리·개조 등으로 항공기의 소음치(騷音値)가 변동된 경우에는 국토교통부령으로 정하는 바에 따라 그 항공기가 소음기준에 적합한지에 대하여 국토교통부장관의 증명(소음기준적

합증명)을 받아야 한다.

② 소음기준적합증명을 받지 아니하거나 항공기기술기준에 적합하지 아니한 항공기를 운항해서는 아니 된다. 다만, 국토교통부령으로 정하는 바에 따라 국토교통부장관의 운항허가를 받은 경우에는 그러하지 아니하다.

③ 국토교통부장관은 다음 각 호의 어느 하나에 해당하는 경우에는 소음기준적합증명을 취소하거나 6개월 이내의 기간을 정하여 그 효력의 정지를 명할 수 있다. 다만, 제1호에 해당하는 경우에는 소음기준적합증명을 취소하여야 한다.

1. 거짓이나 그 밖의 부정한 방법으로 소음기준적합증명을 받은 경우
2. 항공기가 소음기준적합증명 당시의 항공기기술기준에 적합하지 아니하게 된 경우

➲ 항공안전법 제100조(외국항공기의 항행)

① 외국 국적을 가진 항공기의 사용자(외국, 외국의 공공단체 또는 이에 준하는 자를 포함한다)는 다음 각 호의 어느 하나에 해당하는 항행을 하려면 국토교통부장관의 허가를 받아야 한다. 다만, 「항공사업법」에 따른 허가를 받은 자는 그러하지 아니하다.

1. 영공 밖에서 이륙하여 대한민국에 착륙하는 항행
2. 대한민국에서 이륙하여 영공 밖에 착륙하는 항행
3. 영공 밖에서 이륙하여 대한민국에 착륙하지 아니하고 영공을 통과하여 영공 밖에 착륙하는 항행

② 외국의 군, 세관 또는 경찰의 업무에 사용되는 항공기는 제1항을 적용할 때에는 해당 국가가 사용하는 항공기로 본다.

③ 제1항 각 호의 어느 하나에 해당하는 항행을 하는 자는 국토교통부장관이 요구하는 경우 지체 없이 국토교통부장관이 지정한 비행장에 착륙하여야 한다.

➲ 항공안전법 시행규칙 제35조(감항증명의 신청)

① 감항증명을 받으려는 자는 항공기 표준감항증명 신청서 또는 항공기 특별감항증명 신청서에 다음 각 호의 서류를 첨부하여 국토고통부장관 또는 지방항공청장에게 제출하여야 한다.

1. 비행교범
2. 정비교범
3. 그 밖에 감항증명과 관련하여 국토교통부장관이 필요하다고 인정하여 고시하는 서류

② 제1항제1호에 따른 비행교범에는 다음 각 호의 사항이 포함되어야 한다.

1. 항공기의 종류·등급·형식 및 제원(諸元)에 관한 사항
2. 항공기 성능 및 운용한계에 관한 사항
3. 항공기 조작방법 등 그 밖에 국토교통부장관이 정하여 고시하는 사항

③ 제1항제2호에 따른 정비교범에는 다음 각 호의 사항이 포함되어야 한다. 다만, 장비품·부품 등의 사용한계 등에 관한 사항은 정비교범 외에 별도로 발행할 수 있다.

1. 감항성 한계범위, 주기적 검사 방법 또는 요건, 장비품·부품 등의 사용한계 등에 관한 사항
2. 항공기 계통별 설명, 분해, 세척, 검사, 수리 및 조립절차, 성능점검 등에 관한 사항
3. 지상에서의 항공기 취급, 연료·오일 등의 보충, 세척 및 윤활 등에 관한 사항

➲ 항공안전법 제101조(외국항공기의 국내 사용)

외국 국적을 가진 항공기(「항공사업법」에 따른 허가를 받은 자가 해당 운송에 사용하는 항공기는 제외한다)는 대한민국 각 지역 간을 운항해서는 아니 된다. 다만, 국토교통부령으로 정하는 바에 따라 국토교통부장관의 허가를 받은 경우에는 그러하지 아니하다.

예상문제

01 등록기호표의 부착방법이 아닌 것은?

① 재질은 강철 등 내화금속으로 하고 크기는 가로 7센티미터, 세로 5센티미터의 직사각형으로 한다.
② 항공기 출입구 윗부분의 안쪽 보기 쉬운 곳에 등록기호표를 붙인다.
③ 등록기호표 기재사항은 국적기호, 등록기호, 소유자 명칭이다.
④ 등록기호는 국적기호 HL의 뒤에 장식체로 4개의 아라비아숫자로 표시하여야 한다.

02 반드시 등록을 해야 하는 항공기는?

① 외국에 임대할 목적으로 도입한 항공기
② 국산항공기로 소유자가 결정되지 않은 항공기
③ 대통령전용기로 사용 할 민간항공기
④ 세관이나 경찰용 및 군용항공기

03 항공기등록 제한 사유가 아닌 것은?

① 외국소유법인 지분의 1/3 소유자
② 외국인 임원수가 1/2인 회사
③ 외국정부
④ 외극인, 외국의 법인 또는 단체

04 다음 중 틀린 것은?

① 항공기 등록기호표는 항공기 주출입구 안쪽 윗부분에 부착한다.
② 재질은 강철 등 내화금속으로 하고 크기는 가로 7센티미터, 세로 5센티미터의 직사각형으로 한다.
③ 등록기호표에 국적기호, 소유자명칭, 등록기호를 기록한다.
④ 등록기호표에 제작공장, 감항성을 기록한다.

05 항공기 등록부호에 대한 설명 중 틀린 것은?

① 등록부호는 지워지지 않도록 선명하게 표시하여야 한다.
② 등록기호는 4개의 아라비아 숫자로 표시하여야 한다.
③ 국적기호는 등록기호 뒤에 표시하여야 한다
④ 국적기호는 로마자의 대문자 HL로 표시한다.

06 비행기의 등록기호를 동체에 표시할 때 맞는 것은?

① 주날개 하부 동체의 앞쪽에 표시한다.
② 주날개와 꼬리날개 사이에 있는 동체의 양쪽면의 수평안정판 바로 앞에 수평 또는 수직으로 표시하여야 한다.
③ 회전익 항공기의 경우에는 동체의 최대 종단면 부근에 표시한다.
④ 비행선의 경우에는 선체의 후미 부근의 아랫면에 표시한다.

07 말소등록을 해야 하는 경우는?

① 정비 및 개조를 위하여 해체한 경우
② 수송이나 보관을 위하여 해체한 경우
③ 항공기의 존재여부가 1개월(항공기 사고인 경우에는 2개월) 이상 확인할 수 없는 경우
④ 항공기 소유자가 주소를 이전했을 때

08 다음 중 틀린 것은?

① 감항증명 유효기간은 1년이고, 조건에 의하여 연장 가능하다.

② 감항증명은 항공기의 안전성을 보장하는 증명이다.
③ 시험비행 항공기도 반드시 감항증명을 받아야 한다.
④ 감항증명은 대한민국 국적을 가진 비행기만 받을 수 있다.

09 항공기 등록원부의 기재사항이 아닌 것은?

① 항공기 제작자
② 항공기 정치장
③ 항공기 형식
④ 항공기 구입 년월일

10 다음 중 항공기 등록의 종류가 아닌 것은?

① 임차등록
② 말소등록
③ 변경등록
④ 이전등록

11 우리나라에 항공기를 등록할 수 있는 경우는?

① 외국인이 대표자이거나 외국인이 임원수의 1/3 이하의 법인
② 대한민국 국민이 아닌 자
③ 외국정부 또는 외국의 공공단체
④ 외국의 법인 또는 단체

12 항공기의 취득에서 틀린 것은?

① 국제항공업무에 종사하는 항공기는 ICAO에 등록한다.
② 항공기는 등록국의 국적을 취득한다.
③ 항공기는 이중의 국적을 취득할 수 없다
④ 항공기의 등록은 등록국의 법령에 따라야 한다.

13 항공기 등록기호표의 부착 의무자는?

① 정비사
② 제작자
③ 항공기 소유자등
④ 국토교통부 공무원

14 항공기 등록기호표의 부착 위치는?

① 조종실 내부의 잘 보이는 곳
② 객실 내부 앞면
③ 주출입구 윗부분 안쪽
④ 모든 출입구 바깥쪽

15 항공기에 사용되는 등록기호표에 기재 사항 중에서 옳은 것은?

① 국적기호, 등록기호 ② 국적기호, 등록기호, 항공기의 명칭
③ 국적기호, 등록기호, 소유자의 명칭 ④ 국적기호, 항공기 형식

16 항공기 등록기호표의 부착 시기는?

① 항공기 등록서류 접수 당일 ② 감항증명 신청 당일
③ 항공기 등록 후 ④ 감항증명을 받고 15일 이내

17 항공기의 소유권 또는 임차권을 이전하는 경우에 소유자, 양수인 또는 임차인이 해야하는 등록은?

① 말소등록 ② 이전등록
③ 변경등록 ④ 분할등록

18 변경등록·이전등록·말소등록의 기한은?

① 7일 ② 10일
③ 15일 ④ 1년

19 다음 중 틀린 것은?

① 변경등록은 사유 발생 후 30일 이내에 해야 한다.
② 항공기의 소유자나 형식이 바뀌면 변경등록을 해야 한다.
③ 항공기를 이전하는 경우에는 이전등록을 해야 한다.
④ 항공기 정치장을 이동하면 변경등록을 해야 한다.

20 말소등록 사유가 아닌 것은?

① 항공기를 보관하기 위하여 해체
② 항공기 존재여부가 1개월 이상 불분명
③ 임차기간 만료로 항공기를 사용할 수 있는 권리 상실
④ 항공기 멸실

Answer

01. ④	02. ③	03. ①	04. ④	05. ③	06. ②	07. ③	08. ③	09. ④	10. ①
11. ①	12. ①	13. ③	14. ③	15. ③	16. ③	17. ②	18. ③	19. ①	20. ①

CHAPTER 11 자격증명 종류, 시험, 조종연습

➲ 항공안전법 제34조(항공종사자 자격증명 등)

① 항공업무에 종사하려는 사람은 국토교통부령으로 정하는 바에 따라 국토교통부장관으로부터 항공종사자 자격증명을 받아야 한다. 다만, 항공업무 중 무인항공기의 운항업무인 경우에는 그러하지 아니하다.

② 다음 각 호의 어느 하나에 해당하는 사람은 자격증명을 받을 수 없다.

1. 다음 각 목의 구분에 따른 나이 미만인 사람
   가. 자가용 조종사 자격: 17세(제37조에 따라 자가용 조종사의 자격증명을 활공기에 한정하는 경우에는 16세)
   나. 사업용 조종사, 부조종사, 항공사, 항공기관사, 항공교통관제사 및 항공정비사 자격:18세
   다. 운송용 조종사 및 운항관리사 자격: 21세
2. 자격증명 취소처분을 받고 그 취소일부터 2년이 지나지 아니한 사람(취소된 자격증명을 다시 받는 경우에 한정한다)

③ 제1항 및 제2항에도 불구하고 「군사기지 및 군사시설 보호법」을 적용받는 항공작전기지에서 항공기를 관제하는 군인은 국방부장관으로부터 자격인정을 받아 항공교통관제 업무를 수행할 수 있다.

➲ 항공안전법 제35조(자격증명의 종류)

자격증명의 종류는 다음과 같이 구분한다.

1. 운송용 조종사
2. 사업용 조종사
3. 자가용 조종사
4. 부조종사
5. 항공사

6. 항공기관사
7. 항공교통관제사
8. 항공정비사
9. 운항관리사

➲ 항공안전법 제36조(업무범위)

① 자격증명의 종류에 따른 업무범위는 [표 11-1]과 같다.
② 자격증명을 받은 사람은 그가 받은 자격증명의 종류에 따른 업무범위 외의 업무에 종사해서는 아니 된다.
③ 다음 각 호의 어느 하나에 해당하는 경우에는 제1항 및 제2항을 적용하지 아니한다.
  1. 국토교통부령으로 정하는 항공기에 탑승하여 조종(항공기에 탑승하여 그 기체 및 발동기를 다루는 것을 포함한다. 이하 같다)하는 경우
  2. 새로운 종류, 등급 또는 형식의 항공기에 탑승하여 시험비행 등을 하는 경우로서 국토교통부령으로 정하는 바에 따라 국토교통부장관의 허가를 받은 경우

| 표 11-1 | 자격증명별 업무범위

자격	업무 범위
운송용 조종사	항공기에 탑승하여 다음 각 호의 행위를 하는 것 1. 사업용 조종사의 자격을 가진 사람이 할 수 있는 행위 2. 항공운송사업의 목적을 위하여 사용하는 항공기를 조종하는 행위
사업용 조종사	항공기에 탑승하여 다음 각 호의 행위를 하는 것 1. 자가용 조종사의 자격을 가진 사람이 할 수 있는 행위 2. 무상으로 운항하는 항공기를 보수를 받고 조종하는 행위 3. 항공기사용사업에 사용하는 항공기를 조종하는 행위 4. 항공운송사업에 사용하는 항공기(1명의 조종사가 필요한 항공기만 해당한다)를 조종하는 행위 5. 기장 외의 조종사로서 항공운송사업에 사용하는 항공기를 조종하는 행위
자가용 조종사	무상으로 운항하는 항공기를 보수를 받지 아니하고 조종하는 행위
부조종사	비행기에 탑승하여 다음 각 호의 행위를 하는 것 1. 자가용 조종사의 자격을 가진 사람이 할 수 있는 행위 2. 기장 외의 조종사로서 비행기를 조종하는 행위
항공사	항공기에 탑승하여 그 위치 및 항로의 측정과 항공상의 자료를 산출하는 행위
항공기관사	항공기에 탑승하여 발동기 및 기체를 취급하는 행위(조종장치의 조작은 제외한다)
항공교통관제사	항공교통의 안전·신속 및 질서를 유지하기 위하여 항공기 운항을 관제하는 행위
항공정비사	다음 각 호의 행위를 하는 것 1. 항공안전법에 따라 정비등을 한 항공기등, 장비품 또는 부품에 대하여 감항성을 확인하는 행위

자격	업무 범위
	2. 항공안전법에 따라 정비를 한 경량항공기 또는 그 장비품·부품에 대하여 안전하게 운용할 수 있음을 확인하는 행위
운항관리사	항공운송사업에 사용되는 항공기 또는 국외운항항공기의 운항에 필요한 다음 각 호의 사항을 확인하는 행위 1. 비행계획의 작성 및 변경 2. 항공기 연료 소비량의 산출 3. 항공기 운항의 통제 및 감시

➲ 항공안전법 제110조(경량항공기 조종사 업무범위)

경량항공기 조종사 자격증명을 받은 사람은 경량항공기에 탑승하여 경량항공기를 조종하는 업무(경량항공기 조종업무) 외의 업무를 해서는 아니 된다. 다만, 새로운 종류의 경량항공기에 탑승하여 시험비행 등을 하는 경우로서 국토교통부령으로 정하는 바에 따라 국토교통부장관의 허가를 받은 경우에는 그러하지 아니하다.

➲ 항공안전법 제37조(자격증명의 한정)

① 국토교통부장관은 다음 각 호의 구분에 따라 자격증명에 대한 한정을 할 수 있다.

1. 운송용 조종사, 사업용 조종사, 자가용 조종사, 부조종사 또는 항공기관사 자격의 경우: 항공기의 종류, 등급 또는 형식
2. 항공정비사 자격의 경우: 항공기의 종류 및 정비분야

② 제1항에 따라 자격증명의 한정을 받은 항공종사자는 그 한정된 항공기의 종류, 등급 또는 형식 외의 항공기나 한정된 정비분야 외의 항공업무에 종사해서는 아니 된다.

③ 제1항에 따른 자격증명의 한정에 필요한 세부사항은 국토교통부령으로 정한다.

➲ 항공안전법 시행규칙 제290조(경량항공기 조종사 자격증명의 한정)

국토교통부장관은 법에 따라 경량항공기의 종류를 한정하는 경우에는 자격증명을 받으려는 사람이 실기심사에 사용하는 다음 각 호의 어느 하나에 해당하는 경량항공기의 종류로 한정하여야 한다.

1. 타면조종형비행기
2. 체중이동형비행기
3. 경량헬리콥터
4. 자이로플레인
5. 동력패러슈트

■ 자격증명시험의 면제(전문교육기관 이수 및 외국 자격증)

- 국토교통부장관이 지정한 전문교육기관에서 경량항공기조종사에게 필요한 과정을 이수한 사람은 항공법규를 제외한 학과시험을 면제한다.
- 새로운 형식의 경량항공기 또는 장비를 도입하여 시험비행이나 훈련을 실시할 경우의 교관요원 또는 운용요원이 외국정부로부터 자격증명을 획득한 사람은 항공법규를 제외한 학과시험 및 실기시험을 면제한다.
  - 대한민국에 등록된 경량항공기 또는 장비를 이용하여 교육훈련을 받으려는 사람으로 외국정부로부터 자격증명을 획득한 사람은 항공법규를 제외한 학과시험 및 실기시험을 면제한다.
- 대한민국에 등록된 경량항공기를 수출하거나 수입하는 경우에 국외 또는 국내로 승객·화물을 싣지 아니하고 비행하려는 조종사가 외국정부로부터 자격증명을 획득한 사람은 항공법규를 제외한 학과시험 및 실기시험을 면제한다.

➲ 항공안전법 제38조(시험의 실시 및 면제)

① 자격증명을 받으려는 사람은 국토교통부령으로 정하는 바에 따라 항공업무에 종사하는 데 필요한 지식 및 능력에 관하여 국토교통부장관이 실시하는 학과시험 및 실기시험에 합격하여야 한다.

② 국토교통부장관은 제37조에 따라 자격증명을 항공기의 종류, 등급 또는 형식별로 한정(계기비행증명 및 조종교육증명을 포함한다)하는 경우에는 항공기 탑승경력 및 정비경력 등을 심사하여야 한다. 이 경우 항공기의 종류 및 등급에 대한 최초의 자격증명의 한정은 실기시험으로 심사할 수 있다.

③ 국토교통부장관은 다음 각 호의 어느 하나에 해당하는 사람에게는 국토교통부령으로 정하는 바에 따라 제1항 및 제2항에 따른 시험 및 심사의 전부 또는 일부를 면제할 수 있다.

1. 외국정부로부터 자격증명을 받은 사람
2. 전문교육기관의 교육과정을 이수한 사람
3. 항공기 탑승경력 및 정비경력 등 실무경험이 있는 사람
4. 「국가기술자격법」에 따른 항공기술분야의 자격을 가진 사람

④ 국토교통부장관은 제1항에 따라 학과시험 및 실기시험에 합격한 사람에 대해서는 자격증명서를 발급하여야 한다.

➲ 항공안전법 제39조(모의비행장치를 이용한 자격증명 실기시험의 실시 등)

① 국토교통부장관은 항공기 대신 국토교통부장관이 지정하는 모의비행장치를 이용하여 제38조제1항에 따른 실기시험을 실시할 수 있다.

② 국토교통부장관이 지정하는 모의비행장치를 이용한 탑승경력은 제38조제2항 전단에 따른 항공기 탑승경력으로 본다.

③ 제2항에 따른 모의비행장치의 지정기준과 탑승경력의 인정 등에 필요한 사항은 국토교통부령으로 정한다.

- 자격증명 등의 정지명령을 위반하여 정지 기간 중에 항공업무에 종사한 경우의 항공종사자 등에 대한 행정처분기준은 자격증명 취소이며, 항공법을 위반하여 항공종사자 자격증명 취소 시 다시 자격증명을 받을 수 있는 기간은 2년 후이다.
- 전문교육기관 이수자 및 국가기술자격법에 의한 관련 항공기술분야 자격증이 있는 자와 외국 자격증명 소유자는 자격증명 시험의 일부 또는 전부를 면제 받을 수 있으며, 자격시험 중 학과시험 일부 합격시 동일과목의 유효기간은 2년이다.

➲ 항공안전법 제109조(경량항공기 조종사 자격증명)

① 경량항공기를 사용하여 비행하려는 사람은 국토교통부령으로 정하는 바에 따라 국토교통부장관의 자격증명(경량항공기 조종사 자격증명)을 받아야 한다.

② 다음 각 호의 어느 하나에 해당하는 사람은 경량항공기 조종사 자격증명을 받을 수 없다.

1. 17세 미만인 사람
2. 경량항공기 조종사 자격증명 취소처분을 받고 그 취소일부터 2년이 지나지 아니한 사람
3. 경량항공기 조종사 항공신체검사 기준을 충족하지 못한 사람

■ 경량항공기 조종사 업무범위 및 종류 한정

- 경량항공기 조종사 자격증명을 받은 사람은 '해당 종류의 경량항공기'에 탑승하여 경량항공기를 조종하는 업무 외의 업무를 해서는 아니 된다. 해당 종류의 경량항공기란 아래의 5가지 종류를 말한다.
  - 타면조종형비행기

- 체중이동형비행기
- 경량헬리콥터
- 자이로플레인
- 동력패러슈트

- 새로운 종류의 경량항공기에 탑승하여 시험비행 등에 대하여 국토교통부장관의 허가를 받은 경우에는 경량항공기 종류 한정에 관계없이 경량항공기 조종업무를 수행할 수 있으며, 시험비행 등에 대하여 국토교통부장관의 허가가 필요한 경우는 아래와 같다.
  - 새로운 종류의 경량항공기에 탑승하여 시험비행을 하는 경우
  - 국내에 최초로 도입되는 경량항공기에서 교관으로서 훈련을 실시하는 경우
  - 그 밖에 국토교통부장관이 필요하다고 인정하는 경우
- 경량항공기의 시험비행 등을 하려는 사람은 시험비행 등의 허가신청서를 작성하여 해당 지방항공청장에게 제출하여야 한다.

➲ 항공안전법 제111조(경량항공기 조종사 자격증명의 한정)

① 국토교통부장관은 경량항공기 조종사 자격증명을 하는 경우에는 경량항공기의 종류를 한정할 수 있다.
② 제1항에 따라 경량항공기 조종사 자격증명의 한정을 받은 사람은 그 한정된 경량항공기 종류 외의 경량항공기를 조종해서는 아니 된다.
③ 제1항에 따른 경량항공기 조종사 자격증명의 한정에 필요한 세부 사항은 국토교통부령으로 정한다.

➲ 항공안전법 제112조(경량항공기 조종사 자격증명 시험의 실시 및 면제)

① 경량항공기 조종사 자격증명을 받으려는 사람은 국토교통부령으로 정하는 바에 따라 경량항공기 조종업무에 종사하는 데 필요한 지식 및 능력에 관하여 국토교통부장관이 실시하는 학과시험 및 실기시험에 합격하여야 한다.
② 국토교통부장관은 제111조에 따라 경량항공기 조종사 자격증명(제115조에 따른 경량항공기 조종교육증명을 포함한다)을 경량항공기의 종류별로 한정하는 경우에는 경량항공기 탑승경력 등을 심사하여야 한다. 이 경우 종류에 대한 최초의 경량항공기 조종사 자격증명의 한정은 실기시험을 실시하여 심사할 수 있다.

③ 국토교통부장관은 다음 각 호의 어느 하나에 해당하는 사람에게는 국토교통부령으로 정하는 바에 따라 제1항 및 제2항에 따른 시험 및 심사의 전부 또는 일부를 면제할 수 있다.
1. 제35조제1호부터 제4호까지의 자격증명 또는 외국정부로부터 경량항공기 조종사 자격증명을 받은 사람
2. 경량항공기 전문교육기관의 교육과정을 이수한 사람
3. 해당 분야에 관한 실무경험이 있는 사람

④ 국토교통부장관은 제1항에 따라 학과시험 및 실기시험에 합격한 사람에 대해서는 경량항공기 조종사 자격증명서를 발급하여야 한다.

■ 신체검사증명

- 경량항공기 조종연습을 하는 사람과 경량항공기 조종사 자격증명을 받고 경량항공기 조종업무를 하려는 사람은 항공신체검사증명 제2종 또는 자동차운전면허증을 받아야 한다.
- 경량항공기 조종사의 항공신체검사 유효기간은 제2종 항공신체검사증명을 보유하고 있는 경우에는 그 증명의 연령대별 유효기간으로 하며, 자동차운전면허증을 적용할 경우에는 그 자동차운전면허증의 유효기간으로 한다.

➲ 항공안전법 제113조(경량항공기 조종사의 항공신체검사증명)

① 경량항공기 조종사 자격증명을 받고 경량항공기 조종업무를 하려는 사람(경량항공기 조종연습을 하는 사람을 포함한다)은 국토교통부장관의 항공신체검사증명을 받아야 한다.

➲ 항공안전법 제114조(경량항공기 조종사 자격증명등·항공신체검사증명의 취소 등)

① 국토교통부장관은 경량항공기 조종사 자격증명을 받은 사람이 다음 각 호의 어느 하나에 해당하는 경우에는 그 경량항공기 조종사 자격증명이나 자격증명의 한정(자격증명등)을 취소하거나 1년 이내의 기간을 정하여 자격증명 등의 효력정지를 명할 수 있다. 다만, 제1호 또는 제17호의 어느 하나에 해당하는 경우에는 자격증명등을 취소하여야 한다.
1. 거짓이나 그 밖의 부정한 방법으로 자격증명등을 받은 경우

2. 이 법을 위반하여 벌금 이상의 형을 선고받은 경우
3. 경량항공기 조종업무를 수행할 때 고의 또는 중대한 과실로 경량항공기사고를 일으켜 인명피해나 재산피해를 발생시킨 경우
4. 경량항공기 조종업무 외의 업무에 종사한 경우
5. 경량항공기 조종사 자격증명의 한정을 받은 사람이 한정된 경량항공기 종류 외의 경량항공기를 조종한 경우
6. 항공신체검사증명을 받지 아니하고 경량항공기 조종업무를 하거나 경량항공기 조종연습을 한 경우
7. 조종교육증명을 받지 아니하고 조종교육을 한 경우
8. 국토교통부장관이 정하는 교육을 받지 아니한 경우
9. 이륙·착륙 장소가 아닌 곳 또는 「공항시설법」에 따라 사용이 중지된 이착륙장에서 경량항공기를 이륙하거나 착륙하게 한 경우
10. 주류 등의 영향으로 경량항공기 조종업무(경량항공기 조종연습을 포함한다)를 정상적으로 수행할 수 없는 상태에서 경량항공기를 사용하여 비행한 경우
11. 경량항공기 조종업무(경량항공기 조종연습을 포함한다)에 종사하는 동안에 같은 조 제1항에 따른 주류 등을 섭취하거나 사용한 경우
12. 주류 등의 섭취 및 사용 여부의 측정 요구에 따르지 아니한 경우
13. 비행규칙을 따르지 아니하고 비행한 경우
14. 국토교통부장관이 정하여 공고하는 비행의 방식 및 절차에 따르지 아니하고 비관제공역 또는 주의공역에서 비행한 경우
15. 허가를 받지 아니하거나 국토교통부장관이 정하는 비행의 방식 및 절차에 따르지 아니하고 통제공역에서 비행한 경우
16. 국토교통부장관 또는 항공교통업무증명을 받은 자가 지시하는 이동·이륙·착륙의 순서 및 시기와 비행의 방법에 따르지 아니한 경우
17. 이 조에 따른 자격증명 등의 효력정지기간에 경량항공기 조종업무에 종사한 경우

② 국토교통부장관은 경량항공기 조종업무를 하는 사람이 다음 각 호의 어느 하나에 해당하는 경우에는 그 항공신체검사증명을 취소하거나 1년 이내의 기간을 정하여 항공신체검사증명의 효력정지를 명할 수 있다. 다만, 제1호에 해당하는 경우에는 항공신체검사증명을 취소하여야 한다.

1. 거짓이나 그 밖의 부정한 방법으로 항공신체검사증명을 받은 경우
2. 자격증명의 종류별 항공신체검사증명의 기준에 맞지 아니하게 되어 경량항공기 조종업무를 수행하기에 부적합하다고 인정되는 경우
3. 제1항제10호부터 제12호까지의 어느 하나에 해당하는 경우

③ 자격증명 등의 시험에 응시하거나 심사를 받는 사람이 그 시험 또는 심사에서 부정행

위를 하거나 항공신체검사를 받는 사람이 그 검사에서 부정한 행위를 한 경우에는 그 부정행위를 한 날부터 각각 2년 동안 이 법에 따른 자격증명 등의 시험에 응시하거나 심사를 받을 수 없으며, 이 법에 따른 항공신체검사를 받을 수 없다.

④ 제1항 및 제2항에 따른 처분의 기준 및 절차와 그 밖에 필요한 사항은 국토교통부령으로 정한다.

※ 주류 등이라 함은 주세법에 따른 주류, 마약류 관리에 관한 법률에 따른 마약류 또는 화학물질관리법에 따른 환각물질 등(주류 등)을 말한다.

➲ 항공안전법 제115조(경량항공기 조종교육증명)

① 다음 각 호의 조종연습을 하는 사람에 대하여 경량항공기 조종교육을 하려는 사람은 그 경량항공기의 종류별로 국토교통부령으로 정하는 바에 따라 국토교통부장관의 조종교육증명을 받아야 한다.

1. 경량항공기 조종사 자격증명을 받지 아니한 사람이 경량항공기에 탑승하여 하는 조종연습
2. 경량항공기 조종사 자격증명을 받은 사람이 그 경량항공기 조종사 자격증명에 대하여 제111조에 따른 한정을 받은 종류 외의 경량항공기에 탑승하여 하는 조종연습

② 제1항에 따른 조종교육증명(경량항공기 조종교육증명)은 경량항공기 조종교육증명서를 발급함으로써 하며, 경량항공기 조종교육증명을 받은 자는 국토교통부장관이 정하는 바에 따라 교육을 받아야 한다.

③ 경량항공기 조종교육증명의 시험 및 취소 등에 관하여는 제112조 및 제114조제1항·제3항을 준용한다.

➲ 항공안전법 제116조(경량항공기 조종연습)

① 제115조제1항제1호의 조종연습을 하려는 사람은 그 조종연습에 관하여 국토교통부령으로 정하는 바에 따라 국토교통부장관의 허가를 받고 경량항공기 조종교육증명을 받은 사람의 감독 하에 조종연습을 하여야 한다.

② 제115조제1항제2호의 조종연습을 하려는 사람은 경량항공기 조종교육증명을 받은 사람의 감독 하에 조종연습을 하여야 한다.

③ 제1항에 따른 조종연습에 대해서는 제109조제1항을 적용하지 아니하고, 제2항에 따른 조종연습에 대해서는 제111조제2항을 적용하지 아니한다.

④ 국토교통부장관은 제1항에 따라 조종연습의 허가 신청을 받은 경우 신청인이 경량항

공기 조종연습을 하기에 필요한 능력이 있다고 인정될 때에는 국토교통부령으로 정하는 바에 따라 그 조종연습을 허가하고, 신청인에게 경량항공기 조종연습허가서를 발급한다.

⑤ 제4항에 따른 허가를 받은 사람의 항공신체검사증명 등에 관하여는 제113조 및 제114조를 준용한다.

⑥ 제4항에 따른 허가를 받은 사람이 경량항공기 조종연습을 할 때에는 경량항공기 조종연습허가서와 항공신체검사증명서를 지녀야 한다.

➲ 항공안전법 시행규칙 제77조(비행경력의 증명)

① 비행경력은 다음 각 호의 구분에 따라 증명된 것이어야 한다.

1. 자격증명을 받은 조종사의 비행경력: 비행이 끝날 때마다 해당 기장이 증명한 것
2. 조종연습 허가를 받은 사람의 비행경력: 조종연습 비행이 끝날 때마다 그 조종교관이 증명한 것
3. 제1호 및 제2호 외의 비행경력: 비행이 끝날 때마다 그 사용자, 감독자 또는 그 밖에 이에 준하는 사람이 증명한 것

➲ 항공안전법 시행규칙 제78조(비행시간의 산정)

제77조에 따른 비행경력을 증명할 때 그 비행시간은 다음 각 호의 구분에 따라 산정(算定)한다.

1. 조종사 자격증명이 없는 사람이 조종사 자격증명시험에 응시하는 경우: 조종연습 허가를 받은 사람이 단독 또는 교관과 동승하여 비행한 시간
2. 자가용 조종사 자격증명을 받은 사람이 사업용 조종사 자격증명시험에 응시하는 경우(사업용 조종사 또는 부조종사 자격증명을 받은 사람이 운송용 조종사 자격증명시험에 응시하는 경우를 포함한다): 다음 각 목의 시간을 합산한 시간
   가. 단독 또는 교관과 동승하여 비행하거나 기장으로서 비행한 시간
   나. 비행교범에 따라 항공기 운항을 위하여 2명 이상의 조종사가 필요한 항공기의 기장 외의 조종사로서 비행한 시간
   다. 기장 외의 조종사로서 기장의 지휘·감독 하에 기장의 임무를 수행한 경우 그 비행시간. 다만, 한 사람이 조종할 수 있는 항공기에 기장 외의 조종사가 탑승하여 비행하는 경우 그 기장 외의 조종사에 대해서는 그 비행시간의 2분의 1
3. 항공사 또는 항공기관사 자격증명시험에 응시하는 경우: [표 11-2]에서 정한 실제 항공기에 탑승하여 해당 항공사 또는 항공기관사에 준하는 업무를 수행한 경우 그 비행시간

| 표 11-2 | 항공종사자·경량항공기조종사 자격증명 응시경력

· 경량항공기 조종사

가. 자격증명

자격 증명의 종류	비행경력 또는 그 밖의 경력
경량항공기 조종사	다음의 어느 하나에 해당하는 사람 가) 국토교통부장관이 지정한 전문교육기관의 교육과정을 이수한 사람 나) 경량항공기에 대하여 다음의 경력을 포함한 20시간 이상의 경량항공기 비행경력이 있는 사람 (1) 5시간 이상의 단독 비행경력 (2) 타면조종형비행기, 경량헬리콥터 및 자이로플레인에 대해서는 5시간 이상의 야외 비행경력. 이 경우 120킬로미터 이상의 구간에서 1개 이상의 다른 지점에 이륙·착륙한 비행경력이 있어야 한다. 다) 자가용 조종사, 사업용 조종사, 운송용 조종사 또는 부조종사가 다음의 구분에 따른 경량항공기에 대하여 2시간 이상의 단독 비행경력을 포함한 5시간 이상의 비행경력이 있는 사람 (1) 자가용 조종사, 사업용 조종사, 운송용 조종사 또는 부조종사가 비행기에 대하여 자격증명이 한정된 경우: 경량항공기 타면조종형비행기 (2) 자가용 조종사, 사업용 조종사, 운송용 조종사 또는 부조종사가 헬리콥터에 대하여 자격증명이 한정된 경우: 경량항공기 경량헬리콥터 및 자이로플레인

나. 한정심사

심사 분야	자격별	응시경력
조종교육 증명	경량항공기 조종사	1) 항공기에 대한 조종교육증명을 받은 사람으로서 다음의 구분에 따른 경량항공기의 비행경력이 5시간 이상인 사람 가) 사업용 또는 운송용 조종사가 비행기에 대하여 자격증명이 한정된 경우: 경량항공기 타면조종형비행기 나) 사업용 또는 운송용 조종사가 헬리콥터에 대하여 자격증명이 한정된 경우: 경량항공기 경량헬리콥터 및 자이로플레인 2) 경량항공기 조종사 자격증명을 받은 사람으로서 다음의 어느 하나에 해당하는 사람 가) 제89조제1항에 따라 외국정부로부터 경량항공기 종류에 대한 조종교육증명을 받은 사람 나) 제89조제2항에 따른 전문교육기관 또는 외국정부가 인정한 교육기관(항공기제작사의 교육기관을 포함한다)에서 경량항공기 종류에 대한 조종교관과정의 전문교육훈련을 이수한 사람 다) 경량항공기의 종류별 비행경력(타면조종형 경량비행기의 경우에는 비행기 비행경력을, 경량헬리곱터의 경우에는 헬리곱터 비행경력을 각각 포함한다)이 200시간 이상이고 다음의 교육 및 훈련을 이수한 사람 (1) 조종교육에 관하여 국토교통부장관이 인정하는 소정의 지상교육 (2) 경량항공기 조종교육증명을 받은 사람으로부터 15시간 이상의 비행훈련

■ **자격증명 응시원서 첨부 서류** : 경량항공기 조종사 자격증명시험에 응시하려는 사람은 항공종사자 자격증명시험 응시원서에 다음의 서류를 첨부하여 한국교통안전공단에 제출하여야 한다.

- 자격증명시험 또는 한정심사에 응시할 수 있는 항공종사자와 경량항공기조종사 자격증명 응시경력에 따른 경력이 있음을 증명하는 서류
- 자격증명시험의 면제 또는 한정심사의 면제에 따라 자격증명시험 또는 한정심사의 일부 또는 전부를 면제받으려는 사람은 면제받을 수 있는 자격 또는 경력 등이 있음을 증명하는 서류

■ **시험과목의 합격 유효 기간**

- 경량항공기 조종사 학과시험의 일부 과목 또는 전 과목에 합격한 사람의 유효기간은 2년으로 한정된다.
- 전 과목을 합격한 경우에는 최종 과목의 합격 통보가 있는 날부터 2년 이내에 실시(자격증명시험 또는 한정심사 접수 마감일을 기준으로 한다)하는 자격증명시험 또는 한정심사에서 그 합격을 유효한 것으로 한다.

> ➲ 항공안전법 시행규칙 제85조(과목합격의 유효)
>
> 자격증명시험 또는 한정심사의 학과시험의 일부 과목 또는 전 과목에 합격한 사람이 같은 종류의 항공기에 대하여 자격증명시험 또는 한정심사에 응시하는 경우에는 시험 및 심사결과 통보가 있는 날(전 과목을 합격한 경우에는 최종 과목의 합격 통보가 있는 날)부터 2년 이내에 실시(자격증명시험 또는 한정심사 접수 마감일을 기준으로 한다)하는 자격증명시험 또는 한정심사에서 그 합격을 유효한 것으로 한다.

| 표 11-3 | 경량항공기 조종사 자격증명시험

가. 학과시험의 과목 및 범위

1) 자격증명시험

자격증명의 종류	자격증명의 한정을 하려는 경량항공기 종류	과목	범위
경량항공기 조종사	타면조종형비행기·체중이동형비행기·경량헬리콥터·자이로플레인·동력패러슈트	항공법규	해당 업무에 필요한 항공법규
		항공기상	가. 항공기상의 기초지식 나. 항공기상 통보와 기상도의 해독

		비행이론	가. 비행의 기초 원리 나. 경량항공기 구조와 기능에 관한 기초지식
		항공교통 및 항법	가. 공지통신의 기초지식 나. 조난·비상·긴급통신방법 및 절차 다. 항공정보업무 라. 지문항법·추측항법·무선항법

2) 한정심사

자격증명의 종류	한정을 받으려는 내용	과목	범위
경량항공기 조종사	조종교육증명(타면조종형비행기·체중이동형비행기·경량헬리콥터·자이로플레인·동력패러슈트)	조종교육	가. 조종교육에 관한 항공법규 나. 조종교육의 실시요령 다. 위험·사고의 방지요령 라. 구급법 마. 조종교육에 관련된 인적요소에 관한 사항 바. 비행에 관한 전문지식
	조종교육증명 (종류 변경 시)	없음	없음

나. 실기시험의 범위

1) 자격증명시험

자격증명의 종류	자격증명의 한정을 하려는 경량항공기 종류	실시범위
경량항공기 조종사	타면조종형비행기·체중이동형비행기·경량헬리콥터·자이로플레인·동력패러슈트	가. 조종기술 나. 무선기기 취급법 다. 공지통신 연락 라. 항법기술 마. 해당 자격의 수행에 필요한 기술

2) 한정심사

자격증명의 종류	자격증명의 한정을 받으려는 내용	범위
경량항공기 조종사	조종교육증명(타면조종형비행기·체중이동형비행기·경량헬리콥터·자이로플레인·동력패러슈트)	가. 조종기술 나. 비행 전·후 지상에서의 조종기술과 관련된 교육요령 다. 경량항공기에 탑승한 조종연습생에 대한 지상에서의 조종감독요령 라. 경량항공기 탑승 시의 조종교육요령

| 표 11-4 | 자격증명을 가진 사람의 학과시험 면제기준

응시자격	소지하고 있는 자격증명	학과시험 면제과목
경량항공기 조종사	운송용 조종사	항공기상, 항공교통 및 항법, 항공법규, 비행이론
	사업용 조종사	
	자가용 조종사	
	항공교통관제사	항공기상, 항공교통 및 항법
	운항관리사	

| 표 11-5 | 자격증명시험 및 한정심사의 일부 면제

자격증명의 종류	면제 대상	일부면제 범위
경량항공기 조종사	국토교통부장관이 지정한 전문교육기관에서 경량항공기조종사에게 필요한 과정을 이수한 사람	학과시험 중 항공법규만 실시

| 표 11-6 | 항공신체검사증명의 종류와 그 유효기간

자격증명의 종류	항공신체검사증명의 종류	유효기간		
		40세 미만	40세 이상 50세 미만	50세 이상
자가용 조종사 사업용 활공기 조종사 조종연습생 경량항공기 조종사	제2종(경량항공기조종사의 경우에는 제2종 또는 자동차운전면허증)	60개월	24개월	12개월

비고

1. 위 표에 따른 유효기간의 시작일은 항공신체검사를 받는 날로 하며, 종료일이 매달 말일이 아닌 경우에는 그 종료일이 속하는 달의 말일에 항공신체검사증명의 유효기간이 종료하는 것으로 본다.
2. 경량항공기 조종사의 항공신체검사 유효기간은 제2종 항공신체검사증명을 보유하고 있는 경우에는 그 증명의 연령대별 유효기간으로 하며, 자동차운전면허증을 적용할 경우에는 그 자동차운전면허증의 유효기간으로 한다.

예상문제

01 자가용 조종사 및 경량항공기 조종사 자격의 나이 제한은?

① 15세 ② 16세
③ 17세 ④ 23세

02 **항공종사자로 근무 할 수 있는 사람은?**

① 해당 항공종사자 자격증명을 받은 자
② 실기경력이 5년 이상인 자
③ 항공기 탑승시간이 20시간 이상인 자
④ 항공관련 대학 이수자

03 **자격증명 응시 연령에 관한 설명이 틀린 것은?**

① 자가용 조종사는 만 17세
② 사업용 조종사, 항공사, 부조종사 및 항공정비사는 만 18세
③ 운송용 조종사 및 운항관리사는 만 21세
④ 경량항공기 조종사는 만 18세

04 **자격증명을 취소할 수 있는 경우는?**

① 벌금 이상의 형을 선고 받았을 때
② 자격증명을 부정한 방법으로 취득한 때
③ 중대한 과실을 범했을 때
④ 법에 의한 명령을 2회 이상 위반한 때

05 **경량항공기 조종사 자격증명의 한정이 아닌 것은?**

① 타면조종형비행기 ② 체중이동형비행기
③ 경량헬리콥터 ④ 비행선

Answer

01. ③ 02. ① 03. ④ 04. ② 05. ④

CHAPTER 12 자격증명 효력, 경량항공기 종류, 한정, 조종사업무

➲ 항공안전법 제43조(자격증명·항공신체검사증명의 취소 등)

① 국토교통부장관은 항공종사자가 다음 각 호의 어느 하나에 해당하는 경우에는 그 자격증명이나 자격증명의 한정(자격증명등)을 취소하거나 1년 이내의 기간을 정하여 자격증명 등의 효력정지를 명할 수 있다. 다만, 제1호 또는 제31호에 해당하는 경우에는 해당 자격증명등을 취소하여야 한다.

1. 거짓이나 그 밖의 부정한 방법으로 자격증명등을 받은 경우
2. 이 법을 위반하여 벌금 이상의 형을 선고 받은 경우
3. 항공종사자로서 항공업무를 수행할 때 고의 또는 중대한 과실로 항공기사고를 일으켜 인명피해나 재산피해를 발생시킨 경우
4. 정비 등을 확인하는 항공종사자가 국토교통부령으로 정하는 방법에 따라 감항성을 확인하지 아니한 경우
5. 자격증명의 종류에 따른 업무범위 외의 업무에 종사한 경우
6. 자격증명의 한정을 받은 항공종사자가 한정된 종류, 등급 또는 형식 외의 항공기나 한정된 정비분야 외의 항공업무에 종사한 경우
7. 항공신체검사증명을 받지 아니하고 항공업무(항공기 조종연습 및 항공교통관제연습을 포함한다. 이하 이 항 제8호, 제13호, 제14호 및 제16호에서 같다)에 종사한 경우
8. 자격증명의 종류별 항공신체검사증명의 기준에 적합하지 아니한 운항승무원 및 항공교통관제사가 항공업무에 종사한 경으
9. 계기비행증명을 받지 아니하고 계기비행 드는 계기비행방식에 따른 비행을 한 경우
10. 조종교육증명을 받지 아니하고 조종교육을 한 경우
11. 항공영어구술능력증명을 받지 아니하고 같은 항 각 호의 어느 하나에 해당하는 업무에 종사한 경우
12. 국토교통부령으로 정하는 비행경험이 없이 같은 조 각 호의 어느 하나에 해당하는

항공기를 운항하거나 계기비행·야간비행 또는 조종교육증명 없이 조종교육의 업무에 종사한 경우

13. 주류 등의 영향으로 항공업무를 정상적으로 수행할 수 없는 상태에서 항공업무에 종사한 경우
14. 항공업무에 종사하는 동안에 주류등의 섭취·사용제한을 위반하여 주류 등을 섭취하거나 사용한 경우
15. 주류 등의 섭취 및 사용 여부의 측정 요구에 따르지 아니한 경우
16. 항공업무를 수행할 때 고의 또는 중대한 과실로 항공기준사고, 항공안전장애 또는 항공안전위해요인을 발생시킨 경우
17. 기장의 의무를 이행하지 아니한 경우
18. 조종사가 운항자격의 인정 또는 심사를 받지 아니하고 운항한 경우
19. 기장이 운항관리사의 승인을 받지 아니하고 항공기를 출발시키거나 비행계획을 변경한 경우
20. 이륙·착륙 장소가 아닌 곳에서 이륙하거나 착륙한 경우
21. 비행규칙을 따르지 아니하고 비행한 경우
22. 항공기의 비행 중 금지행위 등을 위반하여 같은 조 각 호의 어느 하나에 해당하는 비행 또는 행위를 한 경우
23. 허가를 받지 아니하고 항공기로 위험물을 운송한 경우
24. 운항승무원을 위반하여 항공업무를 수행한 경우
25. 운항기술기준을 준수하지 아니하고 비행을 하거나 업무를 수행한 경우
26. 항공기의 비행제한 등을 위반하여 국토교통부장관이 정하여 공고하는 비행의 방식 및 절차에 따르지 아니하고 비관제공역(非管制空域) 또는 주의공역(注意空域)에서 비행한 경우
27. 항공기의 비행제한 등을 위반하여 허가를 받지 아니하거나 국토교통부장관이 정하는 비행의 방식 및 절차에 따르지 아니하고 통제공역에서 비행한 경우
28. 국토교통부장관 또는 항공교통업무증명을 받은 자가 지시하는 이동·이륙·착륙의 순서 및 시기와 비행의 방법에 따르지 아니한 경우
29. 운영기준을 준수하지 아니하고 비행을 하거나 업무를 수행한 경우
30. 운항규정 또는 정비규정을 준수하지 아니하고 업무를 수행한 경우
31. 이 조에 따른 자격증명 등의 정지명령을 위반하여 정지기간에 항공업무에 종사한 경우

② 국토교통부장관은 항공종사자가 다음 각 호의 어느 하나에 해당하는 경우에는 그 항공신체검사증명을 취소하거나 1년 이내의 기간을 정하여 항공신체검사증명의 효력 정지를 명할 수 있다. 다만, 제1호에 해당하는 경우에는 항공신체검사증명을 취소하

여야 한다.

1. 거짓이나 그 밖의 부정한 방법으로 항공신체검사증명을 받은 경우
2. 제1항제13호부터 제15호까지의 어느 하나에 해당하는 경우
3. 자격증명의 종류별 항공신체검사증명의 기준에 맞지 아니하게 되어 항공업무를 수행하기에 부적합하다고 인정되는 경우
4. 항공신체검사명령에 따르지 아니한 경우
5. 항공업무 등에 종사 제한을 위반하여 항공업무에 종사한 경우
6. 항공신체검사증명서를 소지하지 아니하고 항공업무에 종사한 경우

③ 자격증명 등의 시험에 응시하거나 심사를 받는 사람 또는 항공신체검사를 받는 사람이 그 시험이나 심사 또는 검사에서 부정한 행위를 한 경우에는 그 부정한 행위를 한 날부터 각각 2년간 이 법에 따른 자격증명 등의 시험에 응시하거나 심사를 받을 수 없으며, 이 법에 따른 항공신체검사를 받을 수 없다.

④ 제1항 및 제2항에 따른 처분의 기준 및 절차와 그 밖에 필요한 사항은 국토교통부령으로 정한다.

➲ 항공안전법 시행규칙 제90조(조종사 등이 받은 자격증명의 효력)

① 자가용 조종사 자격증명을 받은 사람이 같은 종류의 항공기에 대하여 부조종사 또는 사업용 조종사의 자격증명을 받은 경우에는 종전의 자가용 조종사 자격증명에 관한 항공기 형식의 한정 또는 계기비행증명에 관한 한정은 새로 받은 자격증명에도 유효하다.

② 부조종사 또는 사업용 조종사의 자격증명을 받은 사람이 같은 종류의 항공기에 대하여 운송용 조종사 자격증명을 받은 경우에는 종전의 자격증명에 관한 항공기 형식의 한정 또는 계기비행증명·조종교육증명에 관한 한정은 새로 받은 자격증명에도 유효하다.

③ 항공정비사 자격증명을 받은 사람이 비행기 한정을 받은 경우에는 활공기에 대한 한정을 함께 받은 것으로 본다.

■ 경량항공기 조종사 업무범위 및 종류, 자격증명의 한정

• 경량항공기 조종사 자격증명을 받은 사람은 해당 종류의 경량항공기에 탑승하여 경량항공기를 조종하는 업무 외의 업무를 해서는 아니 된다. 해당 종류의 경량항공기란 아래의 5가지 종류를 말한다.

- 타면조종형비행기

- 체중이동형비행기
- 경량헬리콥터
- 자이로플레인
- 동력패러슈트

• 새로운 종류의 경량항공기에 탑승하여 시험비행 등에 대하여 국토교통부장관의 허가를 받은 경우에는 경량항공기 종류 한정에 관계없이 경량항공기 조종업무를 수행할 수 있으며, 시험비행 등에 대하여 국토교통부장관의 허가가 필요한 경우는 아래와 같다.
  - 새로운 종류의 경량항공기에 탑승하여 시험비행을 하는 경우
  - 국내에 최초로 도입되는 경량항공기에서 교관으로서 훈련을 실시하는 경우
  - 그 밖에 국토교통부장관이 필요하다고 인정하는 경우

• 경량항공기의 시험비행 등을 하려는 사람은 시험비행 등의 허가신청서를 작성하여 해당 지방항공청장에게 제출하여야 한다.

➲ 항공안전법 제110조(경량항공기 조종사 업무범위)

경량항공기 조종사 자격증명을 받은 사람은 경량항공기에 탑승하여 경량항공기를 조종하는 업무(경량항공기 조종업무) 외의 업무를 해서는 아니 된다. 다만, 새로운 종류의 경량항공기에 탑승하여 시험비행 등을 하는 경우로서 국토교통부령으로 정하는 바에 따라 국토교통부장관의 허가를 받은 경우에는 그러하지 아니하다.

➲ 항공안전법 제111조(경량항공기 조종사 자격증명의 한정)

① 국토교통부장관은 경량항공기 조종사 자격증명을 하는 경우에는 경량항공기의 종류를 한정할 수 있다.
② 제1항에 따라 경량항공기 조종사 자격증명의 한정을 받은 사람은 그 한정된 경량항공기 종류 외의 경량항공기를 조종해서는 아니 된다.
③ 제1항에 따른 경량항공기 조종사 자격증명의 한정에 필요한 세부 사항은 국토교통부령으로 정한다.

➲ 항공안전법 시행규칙 제290조(경량항공기 조종사 자격증명의 한정)

국토교통부장관은 경량항공기의 종류를 한정하는 경우에는 자격증명을 받으려는 사람이 실기심사에 사용하는 다음 각 호의 어느 하나에 해당하는 경량항공기의 종류로 한정하여야 한다.

1. 타면조종형비행기
2. 체중이동형비행기
3. 경량헬리콥터
4. 자이로플레인
5. 동력패러슈트

➲ 항공안전법 제62조(기장의 권한 등)

① 항공기의 운항 안전에 대하여 책임을 지는 사람(기장)은 그 항공기의 승무원을 지휘·감독한다.

② 기장은 국토교통부령으로 정하는 바에 따라 항공기의 운항에 필요한 준비가 끝난 것을 확인한 후가 아니면 항공기를 출발시켜서는 아니 된다.

③ 기장은 항공기나 여객에 위난(危難)이 발생하였거나 발생할 우려가 있다고 인정될 때에는 항공기에 있는 여객에게 피난방법과 그 밖에 안전에 관하여 필요한 사항을 명할 수 있다.

④ 기장은 운항 중 그 항공기에 위난이 발생하였을 때에는 여객을 구조하고, 지상 또는 수상(水上)에 있는 사람이나 물건에 대한 위난 방지에 필요한 수단을 마련하여야 하며, 여객과 그 밖에 항공기에 있는 사람을 그 항공기에서 나가게 한 후가 아니면 항공기를 떠나서는 아니 된다.

⑤ 기장은 항공기사고, 항공기준사고 또는 항공안전장애가 발생하였을 때에는 국토교통부령으로 정하는 바에 따라 국토교통부장관에게 그 사실을 보고하여야 한다. 다만, 기장이 보고할 수 없는 경우에는 그 항공기의 소유자 등이 보고를 하여야 한다.

⑥ 기장은 다른 항공기에서 항공기사고, 항공기준사고 또는 항공안전장애가 발생한 것을 알았을 때에는 국토교통부령으로 정하는 바에 따라 국토교통부장관에게 그 사실을 보고하여야 한다. 다만, 무선설비를 통하여 그 사실을 안 경우에는 그러하지 아니하다.

⑦ 항공종사자 등 이해관계인이 보고한 경우에는 제5항 본문 및 제6항 본문은 적용하지 아니한다.

➲ 항공안전법 제120조(경량항공기 조종사의 준수사항)

① 경량항공기 조종사는 경량항공기로 인하여 인명이나 재산에 피해가 발생하지 아니하

도록 국토교통부령으로 정하는 준수사항을 지켜야 한다.

② 경량항공기 조종사는 경량항공기사고가 발생하였을 때에는 지체 없이 국토교통부령으로 정하는 바에 따라 국토교통부장관에게 그 사실을 보고하여야 한다. 다만, 경량항공기 조종사가 보고할 수 없을 때에는 그 경량항공기소유자 등이 경량항공기사고를 보고하여야 한다.

➲ 항공안전법 시행규칙 제298조(경량항공기 조종사의 준수사항)

① 경량항공기 조종사는 다음 각 호의 어느 하나에 해당하는 행위를 하여서는 아니 된다.
1. 인명이나 재산에 위험을 초래할 우려가 있는 낙하물을 투하하는 행위
2. 인구가 밀집된 지역이나 그 밖에 사람이 많이 모인 장소의 상공에서 인명 또는 재산에 위험을 초래할 우려가 있는 방법으로 비행하는 행위
3. 안개 등으로 지상목표물을 육안으로 식별할 수 없는 상태에서 비행하는 행위
4. [표 5-4]에 따른 비행시정 및 구름으로부터의 거리 기준을 위반하여 비행하는 행위
5. 일몰 후부터 일출 전까지의 야간에 비행하는 행위
6. 평균해면으로부터 1,500미터(5천피트) 이상으로 비행하는 행위. 다만, 항공교통업무기관으로부터 승인을 받은 경우는 제외한다.
7. 동승한 사람의 낙하산 강하(降下)
8. 그 밖에 곡예비행 등 비정상적인 방법으로 비행하는 행위

② 경량항공기 조종사는 항공기를 육안으로 식별하여 미리 피할 수 있도록 주의하여 비행하여야 한다.

③ 경량항공기 조종사는 동력을 이용하지 아니하는 초경량비행장치에 대하여 진로를 양보하여야 한다.

④ 경량항공기의 조종사는 탑재용 항공일지를 경량항공기 안에 갖춰 두어야 하며, 경량항공기를 항공에 사용하거나 개조 또는 정비한 경우에는 지체 없이 항공일지에 다음 각 호의 사항을 적어야 한다.
1. 경량항공기의 등록부호 및 등록 연월일
2. 경량항공기의 종류 및 형식
3. 안전성인증서번호
4. 경량항공기의 제작자·제작번호 및 제작 연월일
5. 발동기 및 프로펠러의 형식
6. 비행에 관한 다음의 기록
   가. 비행 연원일
   나. 승무원의 성명

다. 비행목적

라. 비행 구간 또는 장소

마. 비행시간

바. 경량항공기의 비행안전에 영향을 미치는 사항

사. 기장의 서명

7. 제작 후의 총비행시간과 최근의 오버홀 후의 총 비행시간
8. 정비등의 실시에 관한 다음의 사항

가. 실시 연월일 및 장소

나. 실시 이유, 정비등의 위치와 교환 부품명

다. 확인 연월일 및 확인자의 서명 또는 날인

⑤ 항공레저스포츠사업에 종사하는 경량항공기 조종사는 다음 각 호의 사항을 준수하여야 한다.

1. 비행 전에 해당 경량항공기의 이상 유무를 점검하고, 항공기의 안전 운항에 지장을 주는 이상이 있을 경우에는 비행을 중단할 것
2. 비행 전에 비행안전을 위한 주의사항에 대하여 동승자에게 충분히 설명할 것
3. 이륙 시 해당 경량항공기의 제작자가 정한 최대이륙중량을 초과하지 아니하게 할 것
4. 이륙 또는 착륙 시 해당 경량항공기의 제작자가 정한 거리 기준을 충족하는 활주로를 이용할 것
5. 동승자에 관한 인적사항(성명, 생년월일 및 주소)을 기록하고 유지할 것

➲ 항공안전법 시행규칙 제4조(경량항공기의 기준)

법 제2조제2호에서 "최대이륙중량, 좌석 수 등 국토교통부령으로 정하는 기준에 해당하는 비행기, 헬리콥터, 자이로플레인(gyroplane) 및 동력패러슈트(powered parachute) 등"이란 법 제2조제3호에 따른 초경량비행장치에 해당하지 아니하는 것으로서 다음 각 호의 기준을 모두 충족하는 비행기, 헬리콥터, 자이로플레인 및 동력패러슈트를 말한다.

1. 최대이륙중량이 600킬로그램(수상비행에 사용하는 경우에는 650킬로그램) 이하일 것
2. 최대 실속속도 또는 최소 정상비행속도가 45노트 이하일 것
3. 조종사 좌석을 포함한 탑승 좌석이 2개 이하일 것
4. 단발(單發) 왕복발동기를 장착할 것
5. 조종석은 여압(與壓)이 되지 아니할 것
6. 비행 중에 프로펠러의 각도를 조정할 수 없을 것
7. 고정된 착륙장치가 있을 것. 다만, 수상비행에 사용하는 경우에는 고정된 착륙장치 외에 접을 수 있는 착륙장치를 장착할 수 있다.

| 표 12-1 | 경량항공기 종류의 정의 및 범주 요약

경량항공기		정의 및 범주
비행기	타면조종형 비행기	- 엔진으로 구동되는 공기보다 무거운 고정익 경량항공기로써 날개에 대한 공기의 반작용에 의하여 비행 중 양력을 얻는 항공기로 크게 조종면, 동체, 엔진, 착륙장치의 4가지로 구성된다. - 최대이륙중량이 600㎏(수상비행에 사용하는 경우에는 650㎏) 이하일 것 - 최대 실속속도 또는 최소 정상비행속도가 45노트 이하일 것 - 조종사 좌석을 포함한 탑승 좌석이 2개 이하일 것 - 단발(單發) 왕복발동기를 장착할 것 - 조종석은 여압(與壓)이 되지 아니할 것 - 비행 중에 프로펠러의 각도를 조정할 수 없을 것 - 고정된 착륙장치가 있을 것. 다만, 수상비행에 사용하는 경우에는 고정된 착륙장치 외에 접을 수 있는 착륙장치를 장착할 수 있다.
	체중이동형 비행기	- 행글라이더에 엔진과 착륙장치를 부착한 항공기로 체중을 이동하여 항공기의 방향을 조종한다.
헬리콥터	경량 헬리콥터	- 일반 항공기의 헬리콥터와 구조적으로 같지만 무게의 제한을 받는다. 엔진을 이용하여 동체위에 있는 주회전 날개를 회전시킴으로써 양력을 발생시키고, 주회전날개의 회전면을 기울여 양력이 발생하는 방향을 변화시켜 앞으로 전진하는 회전익 경량항공기를 말한다.
자이로플레인 (gyroplane)	자이로플레인	- 시동 시는 엔진 구동으로, 비행시에는 공기력의 작용으로 회전하는 회전익에서 양력을 얻고, 추진력은 프로펠러에서 얻는 회전익 경량항공기를 말한다.
동력 패러슈트 (powered parachute)	동력 패러슈트	- 패러글라이더에 엔진과 조종석을 장착한 동체(trike)를 연결하여 비행하는 항공기를 말한다.

예상문제

01 경량항공기의 기준이 아닌 것은?

① 최대이륙중량이 600킬로그램(수상비행에 사용하는 경우에는 650킬로그램) 이하일 것
② 최대 실속속도 또는 최소 정상비행속도가 45노트 이하일 것
③ 단발(單發) 왕복발동기를 장착해야하고 조종석은 여압(與壓)이 되지 아니할 것
④ 조종사 좌석을 포함한 탑승 좌석이 4개 이하일 것

02 항공종사자의 자격에 대한 기능증명의 한정 기준은?

① 지식수준과 능력에 의한다.
② 항공업무의 종류에 의한다.
③ 항공기의 종류, 등급, 형식에 의한다.
④ 지식수준 및 항공업무능력과 신체조건에 의한다.

03 다음 중 자격증명을 취소해야 하는 경우는?

① 벌금 이상의 형을 선고 받은 경우
② 주류 등의 섭취 및 사용 여부의 측정 요구에 따르지 아니한 경우
③ 이륙·착륙 장소가 아닌 곳에서 이륙하거나 착륙한 경우
④ 거짓이나 그 밖의 부정한 방법으로 자격증명 등을 받은 경우와 자격증명 등의 정지명령을 위반하여 정지기간에 항공업무에 종사한 경우

04 다음 중 경량항공기 조종사 자격증명 한정이 아닌 것은?

① 타면조종형비행기
② 체중이동형비행기
③ 경량헬리콥터
④ 초소형항공기

05 다음 중 경량항공기 조종사가 해도 되는 사항은?

① 평균해면으로부터 1,200미터(4천피트)에서 비행하는 행위
② 인명이나 재산에 위험을 초래할 우려가 있는 낙하물을 투하하는 행위
③ 안개 등으로 지상목표물을 육안으로 식별할 수 없는 상태에서 비행하는 행위
④ 일몰 후부터 일출 전까지의 야간에 비행하는 행위

Answer

01. ④ 02. ③ 03. ④ 04. ④ 05. ①

CHAPTER 13 응시자격, 비행경력증명, 비행시간의 산정

■ 경량항공기 조종사 자격 응시

- 경량항공기를 사용하여 비행하려는 사람은 국토교통부령으로 정하는 바에 따라 국토교통부장관의 자격증명(경량항공기 조종사 자격증명)을 받아야 하며, 경량항공기 조종사 자격증명을 받을수 없는 사람은 다음과 같다.
  - 17세 미만인 사람
  - 경량항공기 조종사 자격증명 취소처분을 받고 그 취소일로부터 2년이 지나지 아니한 사람
  - 경량항공기 조종사 항공신체검사 기준을 충족하지 못한 사람

> ➲ 항공안전법 제109조(경량항공기 조종사 자격증명)
>
> ① 경량항공기를 사용하여 비행하려는 사람은 국토교통부령으로 정하는 바에 따라 국토교통부장관의 자격증명(경량항공기 조종사 자격증명)을 받아야 한다.
>
> ② 다음 각 호의 어느 하나에 해당하는 사람은 경량항공기 조종사 자격증명을 받을 수 없다.
>
> 1. 17세 미만인 사람
> 2. 경량항공기 조종사 자격증명 취소처분을 받고 그 취소일로부터 2년이 지나지 아니한 사람

> ➲ 항공안전법 시행규칙 제286조(경량항공기 조종사 응시자격)
>
> 경량항공기 조종사 자격증명을 받으려는 사람은 '17세 미만이거나 경량항공기 조종사 자격증명 취소처분을 받고 2년이 지나지 아니한 사람'에 해당되지 않은 사람으로서 [표 11-2]에 따른 경력을 가진 사람이어야 한다.

■ 자격증명시험의 면제(전문교육기관 이수 및 외국 자격증)

- 국토교통부장관이 지정한 전문교육기관에서 경량항공기조종사에게 필요한 과정을 이수한 사람은 항공법규를 제외한 학과시험을 면제
- 새로운 형식의 경량항공기 또는 장비를 도입하여 시험비행 또는 훈련을 실시할 경우의 교관요원 또는 운용요원이 외국정부로부터 자격증명을 획득한 사람은 항공법규를 제외한 학과시험 및 실기시험을 면제
- 대한민국에 등록된 경량항공기 또는 장비를 이용하여 교육훈련을 받으려는 사람이 외국정부로부터 자격증명을 획득한 사람은 항공법규를 제외한 학과시험 및 실기시험을 면제
- 대한민국에 등록된 경량항공기를 수출하거나 수입하는 경우에 국외 또는 국내로 승객·화물을 싣지 아니하고 비행하려는 조종사가 외국정부로부터 자격증명을 획득한 사람은 항공법규를 제외한 학과시험 및 실기시험을 면제

➲ 항공안전법 제112조(경량항공기 조종사 자격증명 시험의 실시 및 면제)

① 경량항공기 조종사 자격증명을 받으려는 사람은 국토교통부령으로 정하는 바에 따라 경량항공기 조종업무에 종사하는 데 필요한 지식 및 능력에 관하여 국토교통부장관이 실시하는 학과시험 및 실기시험에 합격하여야 한다.

② 국토교통부장관은 경량항공기 조종사 자격증명의 한정에 따라 경량항공기 조종사 자격증명(경량항공기 조종교육증명을 포함한다)을 경량항공기의 종류별로 한정하는 경우에는 경량항공기 탑승경력 등을 심사하여야 한다. 이 경우 종류에 대한 최초의 경량항공기 조종사 자격증명의 한정은 실기시험을 실시하여 심사할 수 있다.

③ 국토교통부장관은 다음 각 호의 어느 하나에 해당하는 사람에게는 국토교통부령으로 정하는 바에 따라 제1항 및 제2항에 따른 시험 및 심사의 전부 또는 일부를 면제할 수 있다.

1. 운송용 조종사, 사업용 조종사, 자가용 조종사, 부조종사의 자격증명 또는 외국정부로부터 경량항공기 조종사 자격증명을 받은 사람
2. 경량항공기 전문교육기관의 교육과정을 이수한 사람
3. 해당 분야에 관한 실무경험이 있는 사람

④ 국토교통부장관은 제1항에 따라 학과시험 및 실기시험에 합격한 사람에 대해서는 경량항공기 조종사 자격증명서를 발급하여야 한다.

| 표 13-1 | 자격증명을 가진 사람의 학과시험 면제기준

응시자격	소지하고 있는 자격증명	학과시험 면제과목
경량항공기 조종사	운송용 조종사	항공기상, 항공교통 및 항법, 항공법규, 비행이론
	사업용 조종사	
	자가용 조종사	
	항공교통관제사	항공기상, 항공교통 및 항법
	운항관리사	항공기상, 항공교통 및 항법

| 표 13-2 | 자격증명시험 및 한정심사의 일부 면제

자격증명의 종류	면제 대상	일부면제 범위
경량항공기조종사	국토교통부장관이 지정한 전문교육기관에서 경량항공기조종사에게 필요한 과정을 이수한 사람	학과시험 중 항공법규만 실시

➲ 항공안전법 제115조(경량항공기 조종교육증명)

① 다음 각 호의 조종연습을 하는 사람에 대하여 경량항공기 조종교육을 하려는 사람은 그 경량항공기의 종류별로 국토교통부령으로 정하는 바에 따라 국토교통부장관의 조종교육증명을 받아야 한다.

1. 경량항공기 조종사 자격증명을 받지 아니한 사람이 경량항공기에 탑승하여 하는 조종연습
2. 경량항공기 조종사 자격증명을 받은 사람이 그 경량항공기 조종사 자격증명에 대하여 한정을 받은 종류 외의 경량항공기에 탑승하여 하는 조종연습

② 제1항에 따른 조종교육증명(경량항공기 조종교육증명)은 경량항공기 조종교육증명서를 발급함으로써 하며, 경량항공기 조종교육증명을 받은 자는 국토교통부장관이 정하는 바에 따라 교육을 받아야 한다.

➲ 항공안전법 시행규칙 제77조(비행경력의 증명)

① 비행경력은 다음 각 호의 구분에 따라 증명된 것이어야 한다.

1. 자격증명을 받은 조종사의 비행경력: 비행이 끝날 때마다 해당 기장이 증명한 것
2. 조종교육증명을 받은 사람의 감독으로 이루어지는 조종연습 허가를 받은 사람의 비행경력: 조종연습 비행이 끝날 때마다 그 조종교관이 증명한 것
3. 제1호 및 제2호 외의 비행경력: 비행이 끝날 때마다 그 사용자, 감독자 또는 그 밖에 이에 준하는 사람이 증명한 것

➲ 항공안전법 시행규칙 제78조(비행시간의 산정)

제77조에 따른 비행경력을 증명할 때 그 비행시간은 다음 각 호의 구분에 따라 산정(算定)한다.

1. 조종사 자격증명이 없는 사람이 조종사 자격증명시험에 응시하는 경우: 허가를 받은 사람이 단독 또는 교관과 동승하여 비행한 시간
2. 자가용 조종사 자격증명을 받은 사람이 사업용 조종사 자격증명시험에 응시하는 경우(사업용 조종사 또는 부조종사 자격증명을 받은 사람이 운송용 조종사 자격증명시험에 응시하는 경우를 포함한다): 다음 각 목의 시간을 합산한 시간
   가. 단독 또는 교관과 동승하여 비행하거나 기장으로서 비행한 시간
   나. 비행교범에 따라 항공기 운항을 위하여 2명 이상의 조종사가 필요한 항공기의 기장 외의 조종사로서 비행한 시간
   다. 기장 외의 조종사로서 기장의 지휘·감독 하에 기장의 임무를 수행한 경우 그 비행시간. 다만, 한 사람이 조종할 수 있는 항공기에 기장 외의 조종사가 탑승하여 비행하는 경우 그 기장 외의 조종사에 대해서는 그 비행시간의 2분의 1
3. 항공사 또는 항공기관사 자격증명시험에 응시하는 경우: 실제 항공기에 탑승하여 해당 항공사 또는 항공기관사에 준하는 업무를 수행한 경우 그 비행시간

예상문제

01 항공종사자 자격시험 및 심사의 전부 또는 일부를 면제받을 수 없는 경우는?

① 전문교육기관의 교육과정을 이수한 사람
② 외국정부로부터 자격증명을 받은 사람
③ 국가기술자격법에 따른 항공기술 분야의 자격을 가진 사람
④ 항공기 탑승시간이 100시간 이상인 사람

02 자격시험 응시 연령제한 중 틀린 것은?

① 항공사 18세 이상
② 운송용조종사 21세 이상
③ 자가용조종사 17세 이상
④ 경량항공기조종사 18세 이상

03 항공종사자 자격시험의 일부 또는 전부를 면제 받을 수 없는 경우는?

① 항공회사에서 10년 이상 근무 자
② 지정 전문교육기관에서 교육과정을 이수한 자
③ 국가기술자격법에 의한 관련분야 자격을 가진 자
④ 외국정부로부터 자격증을 받은 자

04 비행경력 인정방법 중 틀린 것은?

① 조종연습생은 연습비행이 끝날 때마다 담당 비행교관에게 증명을 받는다
② 조종연습생이 혼자 또는 교관과 동승하여 비행한 시간
③ 자격증명을 받은 사람은 본인이 기록한다
④ 자격증명을 받은 사람은 비행 종료시 해당 기장에게 증명을 받는다

05 항공종사자 자격증명시험 또는 한정심사의 일부과목에 합격한 자의 유효기간은?

① 2년　② 1년
③ 3년　④ 무기한

Answer

01. ④　02. ④　03. ①　04. ③　05. ①

CHAPTER 14 항공신체검사증명, 자격증명 취소

■ 신체검사증명

- 경량항공기 조종연습을 하는 사람과 경량항공기 조종사 자격증명을 받고 경량항공기 조종업무를 하려는 사람은 항공신체검사증명 제2종 또는 자동차운전면허증을 받아야 한다.
- 경량항공기 조종사의 항공신체검사 유효기간은 제2종 항공신체검사증명을 보유하고 있는 경우에는 그 증명의 연령대별 유효기간으로 하며, 자동차운전면허증을 적용할 경우에는 그 자동차운전면허증의 유효기간으로 한다.

➲ 항공안전법 제40조(항공신체검사증명)

① 다음 각 호의 어느 하나에 해당하는 사람은 자격증명의 종류별로 국토교통부장관의 항공신체검사증명을 받아야 한다.
1. 운항승무원
2. 자격증명을 받고 항공교통관제 업무를 하는 사람

② 제1항에 따른 자격증명의 종류별 항공신체검사증명의 기준, 방법, 유효기간 등에 필요한 사항은 국토교통부령으로 정한다.

③ 국토교통부장관은 제1항에 따른 자격증명의 종류별 항공신체검사증명을 받으려는 사람이 제2항에 따른 자격증명의 종류별 항공신체검사증명의 기준에 적합한 경우에는 항공신체검사증명서를 발급하여야 한다.

④ 국토교통부장관은 제1항에 따른 자격증명의 종류별 항공신체검사증명을 받으려는 사람이 제2항에 따른 자격증명의 종류별 항공신체검사증명의 기준에 일부 미달한 경우에도 국토교통부령으로 정하는 바에 따라 항공신체검사를 받은 사람의 경험 및 능력을 고려하여 필요하다고 인정하는 경우에는 해당 항공업무의 범위를 한정하여 항공신체검사증명서를 발급할 수 있다.

⑤ 제1항에 따른 자격증명의 종류별 항공신체검사증명 결과에 불복하는 사람은 국토교

통부령으로 정하는 바에 따라 국토교통부장관에게 이의신청을 할 수 있다.
⑥ 국토교통부장관은 제5항에 따른 이의신청에 대한 결정을 한 경우에는 지체 없이 신청인에게 그 결정 내용을 알려야 한다.

➲ 항공안전법 제41조(항공신체검사명령)

국토교통부장관은 특히 필요하다고 인정하는 경우에는 항공신체검사증명의 유효기간이 지나지 아니한 운항승무원 및 항공교통관제사에게 제40조에 따른 항공신체검사를 받을 것을 명할 수 있다.

➲ 항공안전법 제42조(항공업무 등에 종사 제한)

제40조제2항에 따른 자격증명의 종류별 항공신체검사증명의 기준에 적합하지 아니한 운항승무원 및 항공교통관제사는 종전 항공신체검사증명의 유효기간이 남아 있는 경우에도 항공업무(항공기 조종연습 및 항공교통관제연습을 포함한다)에 종사해서는 아니 된다.

■ **경량항공기 조종사 자격증명의 취소** : 경량항공기 조종사 자격증명을 받은 사람이 아래에 해당하는 경우에 국토교통부장관은 경량항공기 조종사 자격증명을 취소하여야 한다.

- 거짓이나 그 밖의 부정한 방법으로 자격증명 등을 받은 경우
- 자격증명 등의 효력정지기간에 경량항공기 조종업무에 종사한 경우

■ 국토교통부장관은 경량항공기 조종사 자격증명을 받은 사람이 아래의 어느 하나에 해당하는 경우에는 그 경량항공기 조종사 자격증명이나 자격증명의 한정을 취소하거나 1년 이내의 기간을 정하여 자격증명 등의 효력정지를 명할 수 있다.

- 항공안전법을 위반하여 벌금 이상의 형을 선고받은 경우
- 경량항공기 조종업무를 수행할 때 고의 또는 중대한 과실로 경량항공기사고를 일으켜 인명피해나 재산피해를 발생시킨 경우
- 경량항공기 조종업무 범위 외의 업무에 종사한 경우
- 경량항공기 조종사 자격증명의 한정을 받은 사람이 한정된 경량항공기 종류 외의 경량항공기를 조종한 경우
- 항공신체검사증명 또는 자동차운전면허증을 받지 아니하고 경량항공기 조종업무

를 하거나 경량항공기 조종연습을 한 경우

- 경량항공기 조종교육증명을 받지 아니하고 조종교육을 한 경우
- 한국교통안전공단 이사장이 실시하는 정기적(조종교육증명 드는 안전교육을 받은 해의 말일부터 2년 내) 안전교육을 받지 아니하고 조종교육을 한 경우
- 경량항공기 이륙·착륙 장소(비행장 또는 이착륙장)가 아닌 곳 또는 공항시설법에 따라 사용이 중지된 이착륙장에서 경량항공기를 이륙하거나 착륙하게 한경우
- 주류 등의 영향으로 경량항공기 조종연습을 포함하여, 경량항공기 조종업무를 정상적으로 수행할 수 없는 상태에서 경량항공기를 사용하여 비행한 경우
- 경량항공기 조종연습을 포함하여, 경량항공기 조종업무에 종사하는 동안에 주류 등을 섭취하거나 사용한 경우
- 주류 등의 섭취 및 사용 여부의 측정 요구에 따르지 아니한 경우
- 비행규칙을 따르지 아니하고 비행한 경우
- 국토교통부장관이 정하여 공고하는 비행의 방식 및 절차에 따르지 아니하고 비관제공역 또는 주의공역에서 비행한 경우
- 허가를 받지 아니하거나 국토교통부장관이 정하는 비행의 방식 및 절차에 따르지 아니하고 통제공역에서 비행한 경우
- 국토교통부장관 또는 항공교통업무증명을 받은 자가 지시하는 이동·이륙·착륙의 순서 및 시기와 비행의 방법에 따르지 아니한 경우

➲ 항공안전법 제43조(자격증명·항공신체검사증명의 취소 등)

① 국토교통부장관은 항공종사자가 다음 각 호의 어느 하나에 해당하는 경우에는 그 자격증명이나 자격증명의 한정(자격증명등)을 취소하거나 1년 이내의 기간을 정하여 자격증명 등의 효력정지를 명할 수 있다. 다만, 제1호 또는 제31호에 해당하는 경우에는 해당 자격증명등을 취소하여야 한다.

1. 거짓이나 그 밖의 부정한 방법으로 자격증명등을 받은 경우
2. 이 법을 위반하여 벌금 이상의 형을 선고 받은 경우
3. 항공종사자로서 항공업무를 수행할 때 고의 또는 중대한 과실로 항공기사고를 일으켜 인명피해나 재산피해를 발생시킨 경우
4. 정비 등을 확인하는 항공종사자가 국토교통부령으로 정하는 방법에 따라 감항성을 확인하지 아니한 경우

5. 자격증명의 종류에 따른 업무범위 외의 업무에 종사한 경우
6. 자격증명의 한정을 받은 항공종사자가 한정된 종류, 등급 또는 형식 외의 항공기나 한정된 정비분야 외의 항공업무에 종사한 경우
7. 항공신체검사증명을 받지 아니하고 항공업무(항공기 조종연습 및 항공교통관제연습을 포함한다. 이하 이 항 제8호, 제13호, 제14호 및 제16호에서 같다)에 종사한 경우
8. 자격증명의 종류별 항공신체검사증명의 기준에 적합하지 아니한 운항승무원 및 항공교통관제사가 항공업무에 종사한 경우
9. 계기비행증명을 받지 아니하고 계기비행 또는 계기비행방식에 따른 비행을 한 경우
10. 조종교육증명을 받지 아니하고 조종교육을 한 경우
11. 항공영어구술능력증명을 받지 아니하고 같은 항 각 호의 어느 하나에 해당하는 업무에 종사한 경우
12. 국토교통부령으로 정하는 비행경험이 없이 같은 조 각 호의 어느 하나에 해당하는 항공기를 운항하거나 계기비행·야간비행 또는 조종교육의 업무에 종사한 경우
13. 주류 등의 영향으로 항공업무를 정상적으로 수행할 수 없는 상태에서 항공업무에 종사한 경우
14. 항공업무에 종사하는 동안에 주류 등의 섭취·사용제한을 위반하여 주류 등을 섭취하거나 사용한 경우
15. 주류 등의 섭취 및 사용 여부의 측정 요구에 따르지 아니한 경우
16. 항공업무를 수행할 때 고의 또는 중대한 과실로 항공기준사고, 항공안전장애 또는 항공안전위해요인을 발생시킨 경우
17. 기장의 의무를 이행하지 아니한 경우
18. 조종사가 운항자격의 인정 또는 심사를 받지 아니하고 운항한 경우
19. 기장이 운항관리사의 승인을 받지 아니하고 항공기를 출발시키거나 비행계획을 변경한 경우
20. 이륙·착륙 장소가 아닌 곳에서 이륙하거나 착륙한 경우
21. 비행규칙을 따르지 아니하고 비행한 경우
22. 항공기의 비행 중 금지행위 등을 위반하여 비행 또는 행위를 한 경우
23. 허가를 받지 아니하고 항공기로 위험물을 운송한 경우
24. 승무원 등의 탑승 등을 위반하여 항공업무를 수행한 경우
25. 운항기술기준을 준수하지 아니하고 비행을 하거나 업무를 수행한 경우
26. 국토교통부장관이 정하여 공고하는 비행의 방식 및 절차에 따르지 아니하고 비관제공역(非管制空域) 또는 주의공역(注意空域)에서 비행한 경우
27. 허가를 받지 아니하거나 국토교통부장관이 정하는 비행의 방식 및 절차에 따르지 아니하고 통제공역에서 비행한 경우

28. 국토교통부장관 또는 항공교통업무증명을 받은 자가 지시하는 이동·이륙·착륙의 순서 및 시기와 비행의 방법에 따르지 아니한 경우
29. 운영기준을 준수하지 아니하고 비행을 하거나 업무를 수행한 경우
30. 운항규정 또는 정비규정을 준수하지 아니하고 업무를 수행한 경우
31. 자격증명 등의 정지명령을 위반하여 정지기간에 항공업무에 종사한 경우

② 국토교통부장관은 항공종사자가 다음 각 호의 어느 하나에 해당하는 경우에는 그 항공신체검사증명을 취소하거나 1년 이내의 기간을 정하여 항공신체검사증명의 효력 정지를 명할 수 있다. 다만, 제1호에 해당하는 경우에는 항공신체검사증명을 취소하여야 한다.

1. 거짓이나 그 밖의 부정한 방법으로 항공신체검사증명을 받은 경우
2. 제1항제13호부터 제15호까지의 어느 하나에 해당하는 경우
3. 제40조제2항에 따른 자격증명의 종류별 항공신체검사증명의 기준에 맞지 아니하게 되어 항공업무를 수행하기에 부적합하다고 인정되는 경우
4. 제41조에 따른 항공신체검사명령에 따르지 아니한 경우
5. 제42조를 위반하여 항공업무에 종사한 경우
6. 항공신체검사증명서를 소지하지 아니하고 항공업무에 종사한 경우

③ 자격증명 등의 시험에 응시하거나 심사를 받는 사람 또는 항공신체검사를 받는 사람이 그 시험이나 심사 또는 검사에서 부정한 행위를 한 경우에는 그 부정한 행위를 한 날부터 각각 2년간 이 법에 따른 자격증명 등의 시험에 응시하거나 심사를 받을 수 없으며, 이 법에 따른 항공신체검사를 받을 수 없다.

④ 제1항 및 제2항에 따른 처분의 기준 및 절차와 그 밖에 필요한 사항은 국토교통부령으로 정한다.

➲ 항공안전법 제110조(경량항공기 조종사 업무범위)

경량항공기 조종사 자격증명을 받은 사람은 경량항공기에 탑승하여 경량항공기를 조종하는 업무(경량항공기 조종업무) 외의 업무를 해서는 아니 된다. 다만, 새로운 종류의 경량항공기에 탑승하여 시험비행 등을 하는 경우로서 국토교통부령으로 정하는 바에 따라 국토교통부장관의 허가를 받은 경우에는 그러하지 아니하다.

➲ 항공안전법 제113조(경량항공기 조종사의 항공신체검사증명)

① 경량항공기 조종사 자격증명을 받고 경량항공기 조종업무를 하려는 사람(경량항공기 조종연습을 하는 사람을 포함한다)은 국토교통부장관의 항공신체검사증명을 받아야 한다.

② 제1항에 따른 항공신체검사증명에 관하여는 항공신체검사 규정을 준용한다.

■ 항공신체검사증명의 취소

- 경량항공기 조종업무를 하는 사람이 거짓이나 그 밖의 부정한 방법으로 항공신체검사증명을 받은 경우에 국토교통부장관은 항공신체검사증명을 취소하여야 한다.
- 국토교통부장관은 경량항공기 조종업무를 하는 사람이 다음의 어느 하나에 해당하는 경우에는 그 항공신체검사증명을 취소하거나 1년 이내의 기간을 정하여 항공신체검사증명의 효력정지를 명할 수 있다.
  - 항공신체검사증명의 기준에 맞지 아니한 상태에서 경량항공기 조종업무를 수행하기에 부적합하다고 인정되는 경우
  - 주류 등의 영향으로 경량항공기 조종연습을 포함하여, 경량항공기 조종업무를 정상적으로 수행할 수 없는 상태에서 경량항공기를 사용하여 비행한 경우
  - 경량항공기 조종연습을 포함하여, 경량항공기 조종업무에 종사하는 동안에 주류 등을 섭취하거나 사용한 경우
  - 주류 등의 섭취 및 사용 여부의 측정 요구에 따르지 아니한 경우

➲ 항공안전법 제114조(경량항공기 조종사 자격증명등·항공신체검사증명의 취소 등)

① 국토교통부장관은 경량항공기 조종사 자격증명을 받은 사람이 다음 각 호의 어느 하나에 해당하는 경우에는 그 경량항공기 조종사 자격증명이나 자격증명의 한정(자격증명등)을 취소하거나 1년 이내의 기간을 정하여 자격증명등의 효력정지를 명할 수 있다. 다만, 제1호 또는 제17호의 어느 하나에 해당하는 경우에는 자격증명등을 취소하여야 한다.

1. 거짓이나 그 밖의 부정한 방법으로 자격증명등을 받은 경우
2. 이 법을 위반하여 벌금 이상의 형을 선고받은 경우
3. 경량항공기 조종업무를 수행할 때 고의 또는 중대한 과실로 경량항공기사고를 일으켜 인명피해나 재산피해를 발생시킨 경우
4. 제110조 본문을 위반하여 경량항공기 조종업무 외의 업무에 종사한 경우
5. 경량항공기 조종사 자격증명의 한정을 받은 사람이 한정된 경량항공기 종류 외의 경량항공기를 조종한 경우
6. 제113조를 위반하여 항공신체검사증명을 받지 아니하고 경량항공기 조종업무를 하거나 경량항공기 조종연습을 한 경우
7. 조종교육증명을 받지 아니하고 조종교육을 한 경우
8. 국토교통부장관이 정하는 교육을 받지 아니한 경우

9. 이륙·착륙 장소가 아닌 곳 또는 「공항시설법」에 따라 사용이 중지된 이착륙장에서 경량항공기를 이륙하거나 착륙하게 한 경우
10. 주류 등의 영향으로 경량항공기 조종업무(경량항공기 조종연습을 포함한다)를 정상적으로 수행할 수 없는 상태에서 경량항공기를 사용하여 비행한 경우
11. 경량항공기 조종업무(경량항공기 조종연습을 포함한다)에 종사하는 동안에 같은 조 제1항에 따른 주류 등을 섭취하거나 사용한 경우
12. 주류 등의 섭취 및 사용 여부의 측정 요구에 따르지 아니한 경우
13. 비행규칙을 따르지 아니하고 비행한 경우
14. 국토교통부장관이 정하여 공고하는 비행의 방식 및 절차에 따르지 아니하고 비관제공역 또는 주의공역에서 비행한 경우
15. 허가를 받지 아니하거나 국토교통부장관이 정하는 비행의 방식 및 절차에 따르지 아니하고 통제공역에서 비행한 경우
16. 국토교통부장관 또는 항공교통업무증명을 받은 자가 지시하는 이동·이륙·착륙의 순서 및 시기와 비행의 방법에 따르지 아니한 경우
17. 이 조에 따른 자격증명등의 효력정지기간에 경량항공기 조종업무에 종사한 경우

② 국토교통부장관은 경량항공기 조종업무를 하는 사람이 다음 각 호의 어느 하나에 해당하는 경우에는 그 항공신체검사증명을 취소하거나 1년 이내의 기간을 정하여 항공신체검사증명의 효력정지를 명할 수 있다. 다만, 제1호에 해당하는 경우에는 항공신체검사증명을 취소하여야한다.
1. 거짓이나 그 밖의 부정한 방법으로 항공신체검사증명을 받은 경우
2. 항공신체검사증명의 기준에 맞지 아니하게 되어 경량항공기 조종업무를 수행하기에 부적합하다고 인정되는 경우
3. 제1항제10호부터 제12호까지의 어느 하나에 해당하는 경우

③ 자격증명등의 시험에 응시하거나 심사를 받는 사람이 그 시험 또는 심사에서 부정행위를 하거나 항공신체검사를 받는 사람이 그 검사에서 부정한 행위를 한 경우에는 그 부정행위를 한 날부터 각각 2년 동안 이 법에 따른 자격증명등의 시험에 응시하거나 심사를 받을 수 없으며, 이 법에 따른 항공신체검사를 받을 수 없다.

④ 제1항 및 제2항에 따른 처분의 기준 및 절차와 그 밖에 필요한 사항은 국토교통부령으로 정한다.

■ **부정행위에 대한 정지기간** : 자격증명 등의 시험에 응시하거나 심사를 받는 사람이 그 시험 또는 심사에서 부정행위를 하거나 항공신체검사를 받는 사람이 그 검사에서 부정한 행위를 한 경우에는 부정행위를 한 날부터 각각 2년 동안 항공안전법에 따른

자격증명 등의 시험에 응시하거나 심사를 받을 수 없으며, 항공안전법에 따른 항공신체검사를 받을 수 없다.

➲ 항공안전법 시행규칙 제92조(항공신체검사증명의 기준 및 유효기간 등)

① 자격증명의 종류별 항공신체검사증명의 종류와 그 유효기간은 [표 14-1]과 같다.
② 항공신체검사증명의 종류별 항공신체검사기준에 적합해야 한다.
③ 지정된 항공전문의사는 항공신체검사증명을 받으려는 사람이 자격증명별 항공신체검사기준에 일부 미달한 경우에도 [표 14-1]에 따른 유효기간을 단축하여 항공신체검사증명서를 발급할 수 있다. 다만, 단축되는 유효기간은 [표 14-1]에 따른 유효기간의 2분의 1을 초과할 수 없다.
④ 자격증명시험을 면제받은 사람이 외국정부 또는 외국정부가 지정한 민간의료기관이 발급한 항공신체검사증명을 받은 경우에는 그 항공신체검사증명의 남은 유효기간까지는 항공신체검사증명을 받은 것으로 본다.
⑤ [표 14-1]에 따른 제1종의 항공신체검사증명을 받은 사람은 같은 표에 따른 제2종 및 제3종의 항공신체검사증명을 함께 받은 것으로 본다.
⑥ 자가용 조종사 자격증명을 받은 사람이 계기비행증명을 받으려는 경우에는 제1종 신체검사기준을 충족하여야 한다.
⑦ 이 규칙에서 정한 사항 외에 항공신체검사증명의 기준에 관한 세부적인 사항은 국토교통부장관이 정하여 고시한다.

| 표 14-1 | 항공신체검사증명의 종류와 그 유효기간

자격증명의 종류	항공신체검사의 종류	유효기간		
		40세 미만	40세 이상 50세 미만	50세 이상
조종연습생 경량항공기조종사	경량항공기조종사의 경우에는 제2종 또는 자동차운전면허증	60개월	24개월	12개월

1. 위 표에 따른 유효기간의 시작일은 항공신체검사를 받는 날로 하며, 종료일이 매달 말일이 아닌 경우에는 그 종료일이 속하는 달의 말일에 항공신체검사증명의 유효기간이 종료하는 것으로 본다.
2. 경량항공기조종사의 항공신체검사 유효기간은 제2종 항공신체검사증명을 보유하고 있는 경우에는 그 증명의 연령대별 유효기간으로 하며, 자동차운전면허증을 적용할 경우에는 그 자동차운전면허증의 유효기간으로 한다.

| 표 14-2 | 항공종사자 등에 대한 행정처분기준

위반행위 또는 사유	처분내용
1. 거짓이나 그 밖의 부정한 방법으로 자격증명등을 받은 경우	자격증명 취소
2. 자격증명등의 정지명령을 위반하여 정지 기간에 항공업무에 종사한 경우	자격증명 취소
3. 이 법을 위반하여 벌금이상의 형을 선고 받은 경우	효력 정지 30일 이상 또는 자격증명 취소
4. 고의 또는 중대한 과실로 항공기사고를 일으켜 다음 각 목의 인명피해를 발생한 경우 가. 사망자가 발생한 경우 나. 중상자가 발생한 경우 다. 중상자 외의 부상자가 발생한 경우	 효력 정지 180일 이상 또는 자격증명 취소 효력 정지 90일 이상 또는 자격증명 취소 효력 정지 30일 이상 또는 자격증명 취소
5. 고의 또는 중대한 과실로 항공기사고를 일으켜 다음 각 목의 재산피해를 발생하게 한 경우 가. 항공기 또는 제3자의 재산피해가 100억원 이상인 경우 나. 항공기 또는 제3자의 재산피해가 10억원 이상 100억원 미만인 경우 다. 항공기 또는 제3자의 재산피해가 10억원 미만인 경우	 효력 정지 180일 이상 또는 자격증명 취소 효력 정지 90일 이상 또는 자격증명 취소 효력 정지 30일 이상 또는 자격증명 취소
6. 자격증명의 종류에 따른 업무범위 외의 업무에 종사한 경우	1차 위반: 효력 정지 150일 2차 위반: 효력 정지 1년 또는 자격증명 취소
7. 자격증명의 한정을 받은 항공종사자가 한정된 항공기의 종류·등급 또는 형식 외의 항공기나 한정된 정비업무 외의 항공업무에 종사한 경우	1차 위반: 효력 정지 30일 2차 위반: 효력 정지 60일 3차 위반: 효력 정지 180일
8. 항공신체검사증명을 받지 아니하고 항공업무(항공기 조종연습 및 항공교통관제연습을 포함한다. 이하 이 호에서 같다)에 종사한 경우	1차 위반: 효력 정지 30일 2차 위반: 효력 정지 60일 3차 위반: 효력 정지 150일
9. 조종교육증명을 받지 아니하고 조종교육을 한 경우	1차 위반: 효력 정지 30일 2차 위반: 효력 정지 60일 3차 위반: 효력 정지 180일
10. 주류 등의 영향으로 항공업무를 정상적으로 수행할 수 없는 상태에서 항공업무에 종사한 경우	가. 주류의 경우 - 혈중알콜농도 0.02퍼센트 이상 0.06퍼센트 미만: 효력 정지 60일 - 혈중알콜농도 0.06퍼센트 이상 0.09퍼센트 미만: 효력 정지 120일 - 혈중알콜농도 0.09퍼센트 이상: 효력 정지 180일 또는 자격증명 취소 나. 마약류 또는 환각물질의 경우 - 1차 위반: 효력 정지 60일 - 2차 위반: 효력 정지 120일 - 3차 위반: 효력 정지 180일 또는 자격증명 취소
11. 항공업무에 종사하는 동안에 주류 등을 섭취하거나 사용한 경우	가. 주류의 경우 - 혈중알콜농도 0.02퍼센트 이상 0.06퍼센

위반행위 또는 사유	처분내용
	트 미만: 효력 정지 60일 - 혈중알콜농도 0.06퍼센트 이상 0.09퍼센트 미만: 효력 정지 120일 - 혈중알콜농도 0.09퍼센트 이상: 효력 정지 180일 또는 자격증명 취소 나. 마약류 또는 환각물질의 경우 - 1차 위반: 효력 정지 60일 - 2차 위반: 효력 정지 120일 - 3차 위반: 효력 정지 180일 또는 자격증명 취소
12. 주류 등의 섭취 및 사용여부의 측정요구에 따르지 아니한 경우	- 1차 위반: 효력 정지 60일 - 2차 위반: 효력 정지 120일 - 3차 위반: 효력 정지 180일 또는 자격증명 취소
13. 항공업무를 수행할 때 고의 또는 중대한 과실로 항공기준사고, 항공안전장애 또는 항공안전위해요인을 발생시킨 경우	1차 위반: 효력 정지 30일 2차 위반: 효력 정지 60일 3차 위반: 효력 정지 150일 *경미한 항공안전장애는 위반처분의 2분의 1로 줄여 처분한다.
14. 기장이 다음 각 목의 의무를 이행하지 아니한 경우	
가. 항공기의 운항에 필요한 준비완료 확인의 의무	1차 위반: 효력 정지 30일 2차 위반: 효력 정지 60일 3차 위반: 효력 정지 90일
나. 여객구조 등의 의무	1차 위반: 효력 정지 30일 2차 위반: 자격증명 취소
다. 항공기사고, 항공기준사고, 항공기고장 및 항행안전시설의 기능장애 등의 보고의무	1차 위반: 효력 정지 30일 2차 위반: 효력 정지 60일 3차 위반: 효력 정지 150일
15. 조종사가 운항자격의 인정 또는 심사를 받지 아니하고 운항한 경우	1차 위반: 효력 정지 30일 2차 위반: 효력 정지 60일 3차 위반: 효력 정지 150일
16. 기장이 운항관리사의 승인을 받지 아니하고 항공기를 출발시키거나 비행계획을 변경한 경우	1차 위반: 효력 정지 30일 2차 위반: 효력 정지 60일 3차 위반: 효력 정지 1년 또는 자격증명 취소
17. 이착륙 장소가 아닌 곳에서 이륙하거나 착륙한 경우	1차 위반: 효력 정지 30일 2차 위반: 효력 정지 150일 3차 위반: 효력 정지 1년 또는 자격증명 취소
18. 비행규칙을 따르지 아니하고 비행한 경우	1차 위반: 효력 정지 30일 2차 위반: 효력 정지 60일 3차 위반: 효력 정지 180일
19. 항공기의 비행 중 금지행위에 해당하는 비행 또는 행위를 한 경우	1차 위반: 효력 정지 30일 2차 위반: 효력 정지 60일 3차 위반: 효력 정지 1년

위반행위 또는 사유	처분내용
20. 허가를 받지 아니하고 항공기로 위험물을 운송한 경우	1차 위반: 효력 정지 30일 2차 위반: 효력 정지 90일 3차 위반: 효력 정지 1년 또는 자격증명 취소
21. 항공종사자가 자격증명서 및 항공신체검사증명서 또는 국토교통부령으로 정하는 자격증명서를 지니지 아니하고 항공업무를 수행한 경우	1차 위반: 효력 정지 10일 2차 위반: 효력 정지 30일 3차 위반: 효력 정지 90일
22. 운항기술기준을 준수하지 아니하고 비행하거나 업무를 수행한 경우	1차 위반: 효력 정지 30일 2차 위반: 효력 정지 60일 3차 위반: 효력 정지 90일
23. 국토교통부장관이 정하여 공고하는 비행의 방식 및 절차에 따르지 아니하고 비관제공역(非管制空域) 또는 주의공역(注意空域)에서 비행한 경우	1차 위반: 효력정지 30일 2차 위반: 효력정지 60일 3차 위반: 효력정지 150일
24. 허가를 받지 아니하거나 국토교통부장관이 정하는 비행의 방식 및 절차에 따르지 아니하고 통제공역에서 비행한 경우	1차 위반: 효력정지 30일 2차 위반: 효력정지 90일 3차 위반: 효력정지 1년 또는 자격증명 취소
25. 국토교통부장관 또는 항공교통업무증명을 받은 자가 지시하는 이동·이륙·착륙의 순서 및 시기와 비행의 방법에 따르지 아니한 경우	1차 위반: 효력정지 30일 2차 위반: 효력정지 90일 3차 위반: 효력정지 1년 또는 자격증명 취소
26. 운영기준을 준수하지 아니하고 비행을 하거나 업무를 수행한 경우	1차 위반: 효력 정지 30일 2차 위반: 효력 정지 180일 3차 위반: 효력 정지 1년
27. 운항규정 또는 정비규정을 준수하지 아니하고 업무를 수행한 경우	1차 위반: 효력 정지 30일 2차 위반: 효력 정지 60일 3차 위반: 효력 정지 90일

비고

1. 처분의 구분
   가. 자격증명의 취소: 항공종사자자격증명, 자격증명의 한정, 계기비행증명, 조종교육증명, 항공기 조종연습허가 또는 항공영어구술능력증명을 취소하는 것을 말한다.
   나. 효력의 정지: 일정기간 항공업무(조종연습 및 경량항공기를 조종할 수 있는 자격을 포함한다)에 종사할 수 있는 자격을 정지하는 것을 말한다.
2. 1개의 위반행위나 사유가 2개 이상의 처분기준에 해당되는 경우와 고의 또는 중대한 과실로 인명 및 재산피해가 동시에 발생한 경우에는 그 중 무거운 처분기준을 적용한다.
3. 위반행위가 기장을 보조하는 운항승무원의 잘못으로 발생한 경우에는 기장에 대한 처분 외에 그 운항승무원에 대해서도 처분할 수 있다. 이 경우 그 운항승무원에 대한 처분은 처분기준의 2분의 1의 범위에서 줄여 처분할 수 있다.
4. 위반행위의 차수에 따른 행정처분의 기준은 최근 1년간 같은 위반행위로 행정처분을 받은 경우에 적용한다. 이 경우 행정처분 기준의 적용은 같은 위반행위에 대하여 최초로 행정처분을 한 날을 기준으로 한다.
5. 위반행위의 정도 및 횟수 등을 고려하여 행정처분의 2분의 1의 범위에서 늘리거나 줄일 수 있다.

➲ 항공안전법 제49조(항공전문의사의 지정 등)

① 국토교통부장관은 자격증명의 종류별 항공신체검사증명을 효율적이고 전문적으로 하기 위하여 국토교통부령으로 정하는 바에 따라 항공의학에 관한 전문교육을 받은 전문의사(항공전문의사)를 지정하여 항공신체검사증명에 관한 업무를 대행하게 할 수 있다.

② 교육이수실적, 경력 등 항공전문의사의 지정기준은 국토교통부령으로 정한다.

③ 항공전문의사는 국토교통부령으로 정하는 바에 따라 국토교통부장관이 정기적으로 실시하는 전문교육을 받아야 한다.

➲ 항공안전법 시행규칙 제93조(항공신체검사증명 신청 등)

① 항공신체검사증명을 받으려는 사람은 항공신체검사증명 신청서에 자기의 병력(病歷), 최근 복용 약품 및 과거에 부적합 판정을 받은 경우 그 사유와 날짜 등을 적어 항공전문의사에게 제출하여야 한다.

② 제1항에 따라 신청서를 제출받은 항공전문의사는 운항승무원 또는 항공교통관제사에 대한 항공신체검사의 결과가 기준에 적합하다고 인정하는 경우에는 항공신체검사증명서를 발급하여야 한다.

③ 항공전문의사는 제2항에 따라 항공신체검사증명서를 발급한 경우 항공신체검사증명서 발급대장을 작성·관리하되, 전자적 처리가 불가능한 특별한 사유가 없으면 전자적 처리가 가능한 방법으로 작성·관리하여야 한다.

④ 항공전문의사는 매월 항공신체검사증명서 발급한 결과를 다음 달 5일까지 항공신체검사증명에 관한 업무를 위탁받은 사단법인 한국항공우주의학협회에 통지하여야 한다.

⑤ 항공전문의사는 판단을 하는 데에 필요하다고 인정하는 경우에는 한국항공우주의학협회에 자문을 할 수 있다.

➲ 항공안전법 시행규칙 제94조(항공신체검사증명의 유효기간 연장)

① 항공신체검사증명을 받은 운항승무원이 외국에 연속하여 6개월 이상 체류하면서 외국정부 또는 외국정부가 지정한 민간의료기관의 항공신체검사증명을 받은 경우에는 다음 각 호의 구분에 따른 기간을 넘지 아니하는 범위에서 외국에서 받은 해당 항공신체검사증명의 유효기간까지 그 유효기간을 연장 받을 수 있다.

1. 항공운송사업·항공기사용사업에 사용되는 항공기 및 비사업용으로 사용되는 항공기의 운항승무원은 6개월
2. 자가용 조종사는 24개월

② 제1항에 따라 항공신체검사증명의 유효기간을 연장 받으려는 사람은 항공신체검사증명 유효기간 연장신청서에 다음 각 호의 서류를 첨부하여 항공전문의사에게 제출하여야 한다.

1. 항공신체검사증명서
2. 외국정부 또는 외국정부가 지정한 민간의료기관이 발급한 항공신체검사증명서

③ 제2항에 따라 항공신체검사증명의 유효기간 연장신청을 받은 항공전문의사는 신청서에 첨부된 외국정부 또는 외국정부가 지정한 민간의료기관이 발급한 항공신체검사증명서를 확인한 후 그 사실이 인정되는 경우에는 유효기간을 연장하여 항공신체검사증명서를 발급하여야 한다.

예상문제

01 자가용 조종사 및 경량항공기 조종사의 항공신체검사 증명 유효기간 중 틀린 것은?

① 40세 미만은 60개월이다
② 제2종 또는 자동차운전면허증으로 가름할 수 있다
③ 40세 미만은 24개월이다
④ 50세 이상은 12개월이다

02 자격증명을 받은 사람 중 항공신체검사증명을 받지 않아도 되는 사람은?

① 자격증명을 받고 경량항공기에 탑승하여 조종을 하는 사람
② 자격증명을 받은 사람 중 항공기에 탑승하여 항공업무에 종사하는 사람
③ 자격증명을 받고 항공교통관제사로서 항공업무를 하려는 사람
④ 자격증명을 받고 교육기관 교관으로 종사하는 사람

03 해당 자격증명 등을 취소하여야 하는 경우는?

① 부정한 방법으로 자격증명 등을 받은 경우
② 비행규칙을 따르지 아니하고 비행한 경우
③ 기장의 의무를 이행하지 아니한 경우
④ 고의 또는 중대한 과실로 항공안전장애 또는 경미한 항공안전장애를 발생시킨 경우

04 신체검사 유효기간이 틀린 것은?

① 유효기간은 나이와 상관없이 동일하다
② 유효기간 시작일은 신체검사를 받는 날부터이다
③ 유효기간의 끝은 종료일이 속하는 달의 말일까지이다
④ 외국의 신체검사증명서는 해당기간에 대해서 유효하다

05 신체검사 유효기간 중 맞는 것은?

① 유효기간은 나이와 상관없이 동일하다
② 유효기간 시작일은 신체검사를 받는 날부터이다
③ 유효기간이 경과 후 15일 이내에 신체검사를 받으면 된다
④ 외국의 신체검사증명서는 기간에 관계없이 국내 신체검사를 다시 받아야 한다

Answer

01. ③ 02. ④ 03. ① 04. ① 05. ②

CHAPTER 15 공역의 구분, 관리, 항공교통관제

■ **공역**(空域) : 항공기와 경량항공기, 초경량비행장치 등의 안전한 활동을 보장하기 위하여 지표면 또는 해수면에서 일정 높이의 특정 범위로 정해진 공간이며, 국가의 무형자원 중 하나로서 항공기의 비행안전과 우리나라 주권보호 및 방위목적으로 지정하여 사용되며, 공역은 항공법에서 제공하는 항공교통업무와 사용목적에 따라 구분된다.

- 공역 설정기준 : 국가안전보장과 항공안전을 고려하여 항공교통에 관한 서비스의 제공 여부를 고려하고, 이용자의 편의에 적합하게 공역을 구분하여 공역이 효율적이고 경제적으로 활용될 수 있어야한다.

| 그림 15-1 | 공역

공역지정 내용은 항공정보간행물(AIP) 또는 항공고시보(NOTAM)에서 확인 가능하며, 공역은 크게 영공과 비행정보구역(FIR)으로 구분된다.

영공은 우리나라 주권이 미치는 공역이고, 영토와 영해의 상공으로서 완전하고 배타적인 주권을 행사할 수 있는 공간을 말하며, 비헝정보구역이란 비행중인 항공기의 안전하고 효율적인 운항에 필요한 각종 정보를 제공하고 항공기 사고가 발생할 때는 수색과 구조 업무를 제공할 목적으로 국제민간항공기구(ICAO)에서 분할 설정한 공역을 말한다.

➲ 항공안전법 제78조(공역 등의 지정)

① 국토교통부장관은 공역을 체계적이고 효율적으로 관리하기 위하여 필요하다고 인정할 때에는 비행정보구역을 다음 각 호의 공역으로 구분하여 지정·공고할 수 있다.

1. 관제공역: 항공교통의 안전을 위하여 항공기의 비행 순서·시기 및 방법 등에 관하여 제84조제1항에 따라 국토교통부장관 또는 항공교통업무증명을 받은 자의 지시를 받아야 할 필요가 있는 공역으로서 관제권 및 관제구를 포함하는 공역
2. 비관제공역: 관제공역 외의 공역으로서 항공기의 조종사에게 비행에 관한 조언·비행정보 등을 제공할 필요가 있는 공역
3. 통제공역: 항공교통의 안전을 위하여 항공기의 비행을 금지하거나 제한할 필요가 있는 공역
4. 주의공역: 항공기의 조종사가 비행 시 특별한 주의·경계·식별 등이 필요한 공역

② 국토교통부장관은 필요하다고 인정할 때에는 국토교통부령으로 정하는 바에 따라 제1항에 따른 공역을 세분하여 지정·공고할 수 있다.

③ 제1항 및 제2항에 따른 공역의 설정기준 및 지정절차 등 그 밖에 필요한 사항은 국토교통부령으로 정한다.

➲ 항공안전법 제79조(항공기의 비행제한 등)

① 제78조제1항에 따른 비관제공역 또는 주의공역에서 항공기를 운항하려는 사람은 그 공역에 대하여 국토교통부장관이 정하여 공고하는 비행의 방식 및 절차에 따라야 한다.

② 항공기를 운항하려는 사람은 제78조제1항에 따른 통제공역에서 비행해서는 아니 된다. 다만, 국토교통부령으로 정하는 바에 따라 국토교통부장관의 허가를 받아 그 공역에 대하여 국토교통부장관이 정하는 비행의 방식 및 절차에 따라 비행하는 경우에는 그러하지 아니하다.

➲ 항공안전법 제83조(항공교통업무의 제공 등)

① 국토교통부장관 또는 항공교통업무증명을 받은 자는 비행장, 공항, 관제권 또는 관제구에서 항공기 또는 경량항공기 등에 항공교통관제 업무를 제공할 수 있다.

② 국토교통부장관 또는 항공교통업무증명을 받은 자는 비행정보구역에서 항공기 또는 경량 항공기의 안전하고 효율적인 운항을 위하여 비행장, 공항 및 항행안전시설의

운용 상태 등 항공기 또는 경량항공기의 운항과 관련된 조언 및 정보를 조종사 또는 관련 기관 등에 제공할 수 있다.

③ 국토교통부장관 또는 항공교통업무증명을 받은 자는 비행정보구역에서 수색·구조를 필요로 하는 항공기 또는 경량항공기에 관한 정보를 조종사 드는 관련 기관 등에 제공할 수 있다.

■ 경량항공기의 항공교통관제 업무 지시 준수

- 경량항공기에 대한 항공교통관제 업무 지시의 준수에 대하여 항공안전법 제84조(항공교통관제 업무 지시의 준수)를 준용하도록 항공안전법(경량항공기에 대한 준용규정)에서 명시하고 있다.
- 비행장(또는 이착륙장), 공항, 관제권 또는 관제구에서 경량항공기를 이동·이륙·착륙시키거나 비행하려는 자는 국토교통부장관 또는 항공고통업무증명을 받은 자가 지시하는 이동·이륙·착륙의 순서 및 시기와 비행의 방법에 따라야 한다.
- 비행장 또는 공항의 이동지역에서 차량의 운행, 비행장 또는 공항의 유지·보수, 그 밖의 업무를 수행하는 자는 항공교통의 안전을 위하여 국토교통부장관 또는 항공교통업무증명을 받은 자의 지시에 따라야 한다.

➲ 항공안전법 제84조(항공교통관제 업무 지시의 준수)

① 비행장, 공항, 관제권 또는 관제구에서 항공기를 이동·이륙·착륙시키거나 비행하려는 자는 국토교통부장관 또는 항공교통업무증명을 받은 자가 지시하는 이동·이륙·착륙의 순서 및 시기와 비행의 방법에 따라야 한다.

② 비행장 또는 공항의 이동지역에서 차량의 운행, 비행장 또는 공항의 유지·보수, 그 밖의 업무를 수행하는 자는 항공교통의 안전을 위하여 국토교통부장관 또는 항공교통업무증명을 받은 자의 지시에 따라야 한다.

➲ 항공안전법 시행규칙 제192조(항공교통관제허가)

① 관제비행을 하려는 자는 관할 항공교통관제기관으로부터 항공교통관제허가(관제허가)를 받고 운항을 시작하여야 한다.

② 관제허가의 우선권을 받으려는 자는 그 이유를 관할 항공교통관제기관에 통보하여야 한다.

③ 관제비행장에서 비행하는 항공기는 관제지시를 준수하여야 하며, 관제허가를 받지 아니하고 기동지역을 이동하여서는 아니 된다.
④ 항공교통관제기관의 관제지시와 항공기에 장착된 공중충돌경고장치의 지시가 서로 다를 경우에는 공중충돌경고장치의 지시에 따라야 한다.

➲ 항공안전법 시행규칙 제193조(관제의 종결)

관제비행을 하는 항공기는 항공교통관제업무를 제공받아야 할 상황이 끝나는 즉시 그 사실을 관할 항공교통관제기관에 통보하여야 한다. 다만, 관제비행장에 착륙하는 경우에는 그러하지 아니하다.

■ **항공교통업무에 따른 공역 구분** : 제공하는 항공교통업무 측면에서 관제공역과 비관제공역으로 공역을 구분하고 있으며, A, B, C, D, E등급을 관제공역으로 하고 F, G등급을 비관제공역으로 분리하여 운용된다.

■ **사용목적에 따른 공역 구분** : 국토교통부장관은 공역을 체계적이고 효율적으로 관리하기 위하여 비행정보구역을 다음의 공역으로 구분한다.

- 관제공역 : 항공교통의 안전을 위하여 항공기의 비행 순서와 시기 및 방법 등에 관하여 국토교통부장관 또는 항공교통업무증명을 받은자의 지시를 받아야 할 필요가 있는 공역으로서 관제권 및 관제구를 포함하는 공역
- 비관제공역 : 관제공역 외의 공역으로서 항공기의 조종사에게 비행에 관한 조언과 비행정보 등을 제공할 필요가 있는 공역
- 통제공역 : 항공교통의 안전을 위하여 항공기의 비행을 금지하거나 제한할 필요가 있는 공역
- 주의공역 : 항공기의 조종사가 비행시 특별한 주의와 경계, 식별 등이 필요한 공역

➲ 항공안전법 시행규칙 제221조(공역의 구분·관리 등)

① 국토교통부장관이 세분하여 지정·공고하는 공역의 구분은 [표 15-1]과 같다.
② 공역의 설정기준은 다음 각 호와 같다.
1. 국가안전보장과 항공안전을 고려할 것

2. 항공교통에 관한 서비스의 제공 여부를 고려할 것
3. 이용자의 편의에 적합하게 공역을 구분할 것
4. 공역이 효율적이고 경제적으로 활용될 수 있을 것

③ 제1항에 따른 공역 지정 내용의 공고는 항공정보간행물 또는 항공고시보에 따른다.

④ 공역 구분의 세부적인 설정기준과 지정절차, 항공기의 표준 출발·도착 및 접근 절차, 항공로 등의 설정에 필요한 세부 사항은 국토교통부장관이 정하여 고시한다.

| 표 15-1 | 공역의 구분

1. 제공하는 항공교통업무에 따른 구분

구분		내용
관제공역	A등급 공역	모든 항공기가 계기비행을 해야 하는 공역
	B등급 공역	계기비행 및 시계비행을 하는 항공기가 비행 가능하고, 모든 항공기에 분리를 포함한 항공교통관제업무가 제공되는 공역
	C등급 공역	모든 항공기에 항공교통관제업무가 제공되나, 시계비행을 하는 항공기 간에는 교통정보만 제공되는 공역
	D등급 공역	모든 항공기에 항공교통관제업무가 제공되나, 계기비행을 하는 항공기와 시계비행을 하는 항공기 및 시계비행을 하는 항공기 간에는 교통정보만 제공되는 공역
	E등급 공역	계기비행을 하는 항공기에 항공교통관제업무가 제공되고, 시계비행을 하는 항공기에 교통정보가 제공되는 공역
비관제공역	F등급 공역	계기비행을 하는 항공기에 비행정보업무와 항공교통조언업무가 제공되고, 시계비행항공기에 비행정보업무가 제공되는 공역
	G등급 공역	모든 항공기에 비행정보업무만 제공되는 공역

2. 공역의 사용목적에 따른 구분

구분		내용
관제공역	관제권	항공안전법에 따른 공역으로서 비행정보구역 내의 B, C 또는 D등급 공역 중에서 시계 및 계기비행을 하는 항공기에 대하여 항공교통관제업무를 제공하는 공역
	관제구	항공안전법에 따른 공역(항공로 및 접근관제구역을 포함한다)으로서 비행정보구역 내의 A, B, C, D 및 E등급 공역에서 시계 및 계기비행을 하는 항공기에 대하여 항공교통관제업무를 제공하는 공역
	비행장 교통구역	항공안전법에 따른 공역 외의 공역으로서 비행정보구역 내의 D등급에서 시계비행을 하는 항공기 간에 교통정보를 제공하는 공역
비관제공역	조언구역	항공교통조언업무가 제공되도록 지정된 비관제공역
	정보구역	비행정보업무가 제공되도록 지정된 비관제공역

통제공역	비행금지구역	안전, 국방상, 그 밖의 이유로 항공기의 비행을 금지하는 공역
	비행제한구역	항공사격·대공사격 등으로 인한 위험으로부터 항공기의 안전을 보호하거나 그 밖의 이유로 비행허가를 받지 않은 항공기의 비행을 제한하는 공역
	초경량비행장치 비행제한구역	초경량비행장치의 비행안전을 확보하기 위하여 초경량비행장치의 비행활동에 대한 제한이 필요한 공역
주의공역	훈련구역	민간항공기의 훈련공역으로서 계기비행항공기로부터 분리를 유지할 필요가 있는 공역
	군작전구역	군사작전을 위하여 설정된 공역으로서 계기비행항공기로부터 분리를 유지할 필요가 있는 공역
	위험구역	항공기의 비행시 항공기 또는 지상시설물에 대한 위험이 예상되는 공역
	경계구역	대규모 조종사의 훈련이나 비정상 형태의 항공활동이 수행되는 공역

➲ 항공안전법 시행규칙 제222조(통제공역에서의 비행허가)

통제공역에서 비행하려는 자는 통제공역 비행허가 신청서를 지방항공청장에게 제출하여야 한다. 다만, 비행 중인 경우에는 무선통신 등의 방법을 사용하여 지방항공청장에게 제출할 수 있다.

➲ 항공안전법 시행규칙 제245조(비상항공기의 주변에서 운항하는 항공기에 대한 통보)

항공교통업무기관은 항공기가 경보업무의 수행절차에 따른 비상상황에 처하였다고 판단되는 경우에는 그 항공기의 주변에서 비행하고 있는 다른 항공기에 대하여 가능한 한 신속하게 비상상황이 있다는 사실을 알려 주어야 한다.

➲ 항공안전법 시행규칙 제246조(항공교통업무에 필요한 정보 등)

① 항공교통업무기관은 항공기에 대하여 최신의 기상상태 및 기상예보에 관한 정보를 제공할 수 있어야 한다.

② 항공교통업무기관은 비행장 주변에 관한 정보, 항공기의 이륙상승 및 강하지역에 관한 정보, 접근관제지역 내의 돌풍 등 항공기 운항에 지장을 주는 기상현상의 종류, 위치, 수직 범위, 이동방향, 속도 등에 관한 상세한 정보를 항공기에 제공할 수 있도록 관계 기상관측기관·항공운송사업자 등과 긴밀한 협조체제를 유지하여야 한다.

③ 항공교통업무기관은 항공교통의 안전 확보를 위하여 비행장설치자, 항행안전시설관리자, 무인자유기구의 운영자, 방사능·독성 물질의 제조자·사용자와 협의하여 다음 각 호의 소관사항을 지체 없이 통보받을 수 있도록 조치하여야 한다.

1. 비행장 내 기동지역에서의 항공기 이륙·착륙에 지장을 주는 시설물 또는 장애물의 설치·운영 상태에 관한 사항

2. 항공기의 지상이동, 이륙, 접근 및 착륙에 필요한 항공등화 등 항행안전시설의 운영 상태에 관한 사항
3. 무인자유기구의 비행에 관한 사항
4. 관할 구역 내의 비행로에 영향을 줄 수 있는 폭발 전 화산활동, 화산폭발 및 화산재에 관한 사항
5. 관할 공역에 영향을 미치는 방사선물질 또는 독성화학물질의 대기 방출에 관한 사항
6. 그 밖에 항공교통의 안전에 지장을 주는 사항

■ **항공교통관제업무**(ATS, Air Traffic Service) : 공중과 지상에서 항공기의 안전운항을 보장하고 원활한 항공교통 흐름을 유지하는 업무로서, 비행단계별로 업무범위 및 특성을 달리하여 접근관제업무, 비행장관제업무, 지역관제업무로 구분된다.

가. 접근관제업무 : 관제공역 안에서 이륙이나 착륙으로 연결되는 관제비행을 하는 항공기에 제공하는 항공교통관제업무

나. 비행장관제업무 : 비행장 안의 기동지역 및 비행장 주위에서 비행하는 항공기에 제공하는 항공교통관제업무로서 접근관제업무 외의 항공교통관제업무(이동지역 내의 계류장에서 항공기에 대한 지상유도를 담당하는 계류장관제업무를 포함한다)

다. 지역관제업무 : 관제공역 안에서 관제비행을 하는 항공기에 제공하는 항공교통관제업무로서 접근관제업무 및 비행장관제업무 외의 항공교통관제업무

이러한 광범위한 구역에서 이루어지는 각종 항공기 활동의 감시에는 레이더 장비가 사용되며, 관제 중인 항공기의 조종사와 관제사간 통신에는 초단파(VHF) 및 극초단파(UHF) 무선통신이 사용된다.

➲ 항공안전법 시행규칙 제228조(항공교통업무의 목적 등)

① 항공교통업무는 다음 각 호의 사항을 주된 목적으로 한다.
1. 항공기 간의 충돌 방지
2. 기동지역 안에서 항공기와 장애물 간의 충돌 방지
3. 항공교통흐름의 질서유지 및 촉진
4. 항공기의 안전하고 효율적인 운항을 위하여 필요한 조언 및 정보의 제공
5. 수색·구조를 필요로 하는 항공기에 대한 관계기관에의 정보 제공 및 협조

② 제1항에 따른 항공교통업무는 다음 각 호와 같이 구분한다.

1. 항공교통관제업무: 제1항제1호부터 제3호까지의 목적을 수행하기 위한 다음 각 목의 업무
   가. 접근관제업무: 관제공역 안에서 이륙이나 착륙으로 연결되는 관제비행을 하는 항공기에 제공하는 항공교통관제업무
   나. 비행장관제업무: 비행장 안의 기동지역 및 비행장 주위에서 비행하는 항공기에 제공하는 항공교통관제업무로서 접근관제업무 외의 항공교통관제업무(이동지역 내의 계류장에서 항공기에 대한 지상유도를 담당하는 계류장관제업무를 포함한다)
   다. 지역관제업무: 관제공역 안에서 관제비행을 하는 항공기에 제공하는 항공교통관제업무로서 접근관제업무 및 비행장관제업무 외의 항공교통관제업무
2. 비행정보업무: 비행정보구역 안에서 비행하는 항공기에 대하여 제1항제4호의 목적을 수행하기 위하여 제공하는 업무
3. 경보업무: 제1항제5호의 목적을 수행하기 위하여 제공하는 업무

➲ 항공안전법 시행규칙 제229조(항공교통업무기관의 구분)

항공교통업무기관은 다음 각 호와 같이 구분한다.

1. 비행정보기관: 비행정보구역 안에서 비행정보업무 및 경보업무를 제공하는 기관
2. 항공교통관제기관: 관제구·관제권 및 관제비행장에서 항공교통관제업무, 비행정보업무 및 경보업무를 제공하는 기관

➲ 항공안전법 시행규칙 제230조(항공교통관제업무의 수행)

① 항공교통관제기관은 다음 각 호의 항공교통관제 업무를 수행한다.

1. 항공기의 이동예정 정보, 실제 이동사항 및 변경 정보 등의 접수
2. 접수한 정보에 따른 각각의 항공기 위치 확인
3. 관제하고 있는 항공기 간의 충돌 방지와 항공교통흐름의 촉진 및 질서유지를 위한 허가와 정보 제공
4. 관제하고 있는 항공기와 다른 항공교통관제기관이 관제하고 있는 항공기 간에 충돌이 예상되는 경우에 또는 다른 항공교통관제기관으로 항공기의 관제를 이양하기 전에 그 기관의 필요한 관제허가에 대한 협조

② 항공교통관제 업무를 수행하는 자는 항공기 간의 적절한 분리와 효율적인 항공교통흐름의 유지를 위하여 관제하는 항공기에 대한 지시사항과 그 항공기의 이동에 관한

정보를 기록하여야 한다.

③ 항공교통관제기관은 다음 각 호에 따른 항공기 간의 분리가 유지될 수 있도록 항공교통관제허가를 하여야 한다.

1. A 또는 B등급 공역 내에서 비행하는 항공기
2. C, D 또는 E등급 공역 내에서 계기비행방식으로 비행하는 항공기
3. C등급 공역 내에서 계기비행방식으로 비행하는 항공기와 시계비행방식으로 비행하는 항공기
4. 관제권 안에서 특별시계비행방식으로 비행하는 항공기와 계기비행방식으로 비행하는 항공기
5. 관제권 안에서 특별시계비행방식으로 비행하는 항공기

④ 항공교통관제기관이 제3항에 따라 항공기 간의 분리를 위한 관제를 하는 경우에는 수직적·종적·횡적 및 혼합분리방법으로 관제한다. 이 경우 혼합분리방법으로 관제업무를 수행하는 경우에는 지역항행협정을 따를 수 있다.

⑤ 제1항부터 제4항까지의 규정에 따른 항공교통관제 업무의 내용, 방법, 절차 및 항공기 간 분리최저치 등에 관하여 필요한 세부 사항은 국토교통부장관이 정하여 고시한다.

■ 항공안전 관련 정보의 복창

• 경량항공기 조종사는 항공교통업무증명을 받은 자가 지시하는 이동·이륙·착륙의 순서 및 시기와 비행의 방법에 따라 관할 항공교통관제기관에서 음성으로 전달된 항공안전 관련 항공교통관제의 허가 또는 지시사항을 복창하여야 한다. 이 경우에 다음 사항은 반드시 복창하여야 한다.

- 항공로의 허가사항
- 활주로의 진입, 착륙, 이륙, 대기, 횡단 및 역방향 주행에 대한 허가 또는 지시사항
- 사용 활주로, 고도계 수정치, 2차 감시 항공교통관제 레이더용 트랜스폰더의 배정부호, 고도지시, 기수지시, 속도지시 및 전이고도

• 경량항공기 조종사는 반드시 복창하여야 하는 사항에 대하여 해당 항공교통관제기관의 허가 또는 지시사항을 이해하고 있고 그에 따르겠다는 것을 명확한 방법으로 복창하거나 응답하여야 한다.

• 항공교통관제사는 경량항공기 조종사가 반드시 복창하여야 하는 사항에 따른 항공교통관제의 허가 또는 지시사항에 대하여 항공기의 조종사가 정확하게 인지하

였는지 여부를 확인하기 위하여 복창을 경청하여야 하며, 그 복창에 틀린 사항이 있을 때에는 즉시 시정조치를 하여야 한다.

• 경량항공기 조종사가 반드시 복창하여야 하는 사항을 항공교통관제사와 조종사간 데이터통신에 의하여 항공교통관제의 허가 또는 지시사항이 전달되는 경우에는 음성으로 복창을 하지 아니할 수 있다.

➲ 항공안전법 시행규칙 제247조(항공안전 관련 정보의 복창)

① 항공기의 조종사는 법 제84조제1항에 따라 관할 항공교통관제기관에서 음성으로 전달된 항공안전 관련 항공교통관제의 허가 또는 지시사항을 복창하여야 한다. 이 경우 다음 각 호의 사항은 반드시 복창하여야 한다.

1. 항공로의 허가사항
2. 활주로의 진입, 착륙, 이륙, 대기, 횡단 및 역방향 주행에 대한 허가 또는 지시사항
3. 사용 활주로, 고도계 수정치, 2차 감시 항공교통관제 레이더용 트랜스폰더(Mode 3/A 및 Mode C SSR transponder)의 배정부호, 고도지시, 기수지시, 속도지시 및 전이고도

② 항공기의 조종사는 제1항에 따른 관할 항공교통관제기관의 허가 또는 지시사항을 이해하고 있고 그에 따르겠다는 것을 명확한 방법으로 복창하거나 응답하여야 한다.

③ 항공교통관제사는 제1항에 따른 항공교통관제의 허가 또는 지시사항에 대하여 항공기의 조종사가 정확하게 인지하였는지 여부를 확인하기 위하여 복창을 경청하여야 하며, 그 복창에 틀린 사항이 있을 때에는 즉시 시정조치를 하여야 한다.

④ 제1항을 적용할 때에 관할 항공교통관제기관에서 달리 정하고 있지 아니하면 항공교통관제사와 조종사간 데이터통신(CPDLC)에 의하여 항공교통관제의 허가 또는 지시사항이 전달되는 경우에는 음성으로 복창을 하지 아니할 수 있다.

• 영공(領空) : 대한민국의 영토와 영해 및 접속수역법에 따른 내수 및 영해의 상공을 말한다.

• 한국방공식별구역(KADIZ, Korea Air Defence Identification Zone) : 안보 목적상 비행물체의 조기식별을 위하여 영공 외곽에 설정하여 운영하는 공중식별구역이다.

• 한국제한식별구역(KLIZ, Korea Limited Identification Zone) : 한국방공식별구역 내에서 민간과 군용항공기의 자유로운 비행활동을 보장하기 위하여 설정된 공역이다.

• 항공로 : 국토교통부장관이 항공기, 경량항공기 또는 초경량비행장치의 항행에 적합하다고 지정한 지구 표면상에 표시한 공간의 길을 의미한다.

• 방공식별구역 : 국가방위를 위하여 지정된 육지 및 해상의 피아식별구역으로서 국제관습법에 의하여 설정한다.

• 관제권(管制圈) : 비행장 또는 공항과 그 주변의 공역으로서 항공교통의 안전을 위하여 국토교통부장관이 지정하여 공고한 공역을 말한다.

• 관제구(管制區) : 지표면 또는 수면에서 200미터 이상 높이의 공역으로서 항공교통의 안전을 위하여 국토교통부장관이 지정하여 공고한 공역을 말한다.

• 비행장 : 항공기와 경량항공기 및 초경량비행장치의 이륙과 착륙을 위하여 사용되는 육지 또는 수면(水面)의 일정한 구역으로서 대통령령으로 정하는 것을 말한다.

• 공항 : 공항시설을 갖춘 공공용 비행장으로서 국토교통부장관이 그 명칭과 위치 및 구역을 지정하여 고시한 것을 말한다.

• 이착륙장 : 비행장 외에 경량항공기 또는 초경량비행장치의 이륙 또는 착륙을 위하여 사용되는 육지 또는 수면의 일정한 구역으로서 대통령령으로 정하는 것을 말한다.

• 비행장 교통구역 : 항공안전법에 따른 공역 외의 공역으로서 비행정보구역 내의 D등급에서 시계비행을 하는 항공기 간에 교통정보를 제공하는 공역이다.

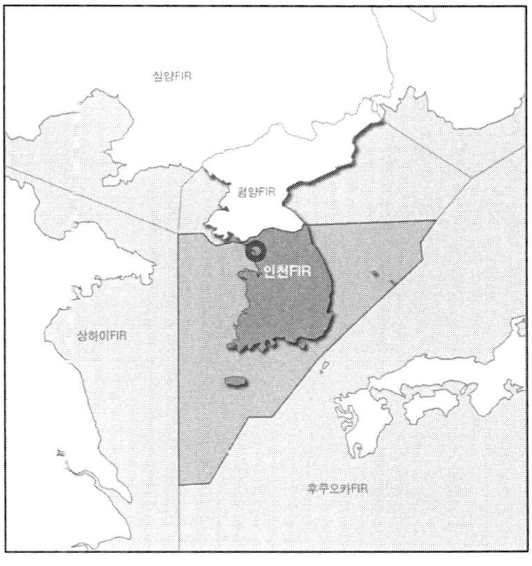

| 그림 15-2 | 비행정보구역도

• 공역등급 : 항공기 안전운항을 확보하기 위하여 공역을 7개 등급(Class A, B, C, D, E, F, G)으로 분류한 것을 말하며, 각 등급별로 제공업무 및 비행요건이 정해져 있다. 공역은 일반적으로 제공하는 항공교통업무와 사용목적에 따라서 구분되기도 한다.

• 비행정보구역(飛行情報區域, FIR, Flight Information Region) : 항공기, 경량항공기 또는 초경량비행장치의 안전하고 효율적인 비행과 수색 또는 구조에 필요한

정보를 제공하기 위한 공역(空域)으로서 국제민간항공협약 및 같은 협약 부속서에 따라 국토교통부장관이 그 명칭, 수직 및 수평 범위를 지정하여 공고한 공역을 말한다. 각 권역을 국가별 영토 및 항행지원능력을 감안하여 비행정보구역으로 지정하고, 자국 FIR내에서 비행정보업무 및 조난항공기에 대한 경보업무를 제공한다.

항공기의 안전하고 효율적인 비행을 위하여 항공교통관제업무와 비행정보업무 및 경보업무를 제공하는 구역으로서 인천 비행정보구역과 인접국 비행정보구역은 후쿠오카, 상하이, 평양비행정보구역이 있으며, 지역 항공교통 관제업무와 비행정보업무, 경보업무 등에 관하여 상호 협조체제를 구축하고 있다.

우리나라 비행정보구역의 정식 명칭은 인천FIR 이며, 관제탑이 운용되고 있는 공항에 착륙을 위하여 진입시에 최초무선 호출은 공항에서 15마일 밖에서 이루어져야한다.

- 지역관제업무 : 대구와 인천 지역관제센터(ACC)는 우리나라 비행정보구역 내에서 운항하는 모든 계기비행항공기의 항로관제업무를 제공하고 있으며, 비행경로와 비행고도, 속도 등 항공로 비행을 위한 계기비행 허가 발부와 항공기 사이의 공중충돌방지를 위한 표준분리 확보, 교통, 기상 및 항행안전시설정보 제공, 피아식별을 위한 군 관계기관과의 비행정보 교환, 인접 ACC 및 국내 항공교통관제기관과의 비행정보 및 항공기 관제권 인수와 인계업무이다.
- 관제섹터(Control Sector) : 인천비행정보구역은 11개의 국제 항공로와 37개의 국내 항공로 및 특수사용공역 등으로 구성되어있다. 이러한 광범위한 관할 공역을 효율적으로 관리하기 위하여 대구관제구역을 5개 섹터(강릉지역, 동해지역, 포항지역, 대구지역, 남해지역)와 인천관제구역을 7개 섹터(인천북부, 인천남부, 군산동부, 군산서부, 광주동부, 광주서부, 제주지역)로 분할 운영하고 있다.

각 섹터에는 레이더관제사, 비행자료관제사 및 조정관제사가 관제업무를 담당하고 있다.

- 레이더관제사 : 항공기 분리유지, 교통정보제공 등 항로교통관제

- 비행자료관제사 : 관련 관제기관과의 비행정보 교환 및 항공교통관제 및 허가 발부
- 조정관제사 : 관제권 인계인수, 관제섹터간 업무 조정 및 교통상황 감독

■ 시간과 고도, 거리표기

- 시간 : 국제표준시(UTC)를 사용하여야 하며, 자정에 시작되는 하루 24시간(0000-2359)을 '시분(필요시 초까지)' 으로 표시한다. 우리나라 시간은 UTC에 9시간을 더하고, 우리나라 표준시간을 사용할 경우에는 시간 뒤에 'KST'를 표시한다.
- 고도 : 미터(m) 또는 피트(feet)를 사용하며, 비행고도가 14,000피트 이상일 때는 비행고도(FL: Flight Level)로 표기한다. 고도표기는 평균해수면(MSL, Mean Sea Level)을 기준으로 하고 필요시 지면고도(AGL, Above Ground Level)로 표기할 수 있으며, 반드시 고도에 'AGL'을 명시해야한다.
- 거리 : 해리(NM)를 사용하며 필요한 경우에 킬로미터를 해리의 뒤에 병행 사용할 수 있다.

예상문제

01 다음 중 항공교통관제가 아닌 것은?

① 비행장내 이동구역의 항공기 이동
② 비행장내 이동구역의 차량의 이동
③ 격납고내의 항공기의 이동
④ 주기장내의 항공기의 이동

02 항공교통관제업무의 종류가 아닌 것은?

① 비행장관제
② 지역관제
③ 접근관제
④ 경사로관제

03 다음 중 관제공역이 아닌 것은?

① A등급 공역
② B등급 공역
③ G등급 공역
④ D등급 공역

04 계기비행 및 시계비행을 하는 항공기가 비행 가능하고, 모든 항공기에 분리를 포함한 항공교통관제업무가 제공되는 공역은?

① A등급 공역　② B등급 공역
③ G등급 공역　④ D등급 공역

05 항공교통의 안전을 위하여 항공기의 비행을 금지하거나 제한할 필요가 있는 공역은?

① 통제공역　② 주의공역
③ 관제공역　④ 비관제공역

06 공역 설정 기준이 아닌 것은?

① 항공기 이동의 복잡성과 과밀도　② 안전수준
③ 국가와 공공의 이익　④ 항공사의 항공기 보유량

07 공항 착륙을 위한 진입시 최초 무선 호출은 공항에서 몇 마일 밖에서 이루어져야 하는가?

① 15마일　② 25마일
③ 50마일　④ 150마일

08 항공안전법에 의한 공역지정이 아닌 것은?

① 관제공역　② 비관제공역　③ 통제공역　④ 시계비행공역

09 항공교통의 안전을 위하여 비행순서, 시기 및 방법에 관하여 지시를 받아야하는 공역은?

① 통제공역　② 지시공역　③ 관제공역　④ 주의공역

10 다음 중 틀린 것은?

① A등급 공역은 모든 항공기가 계기비행을 해야 한다
② 국가의 안전과 국방상의 이유로 항공기 비행을 금지하는 공역은 금지공역이다
③ 비행정보구역은 국토교통부장관이 지정한다
④ 통제공역을 비행시는 시계비행을 해야 한다

11 비관제공역이란?

① 항공교통의 안전을 위하여 국토교통부장관의 지시를 받아야 할 필요가 있는 공역으로서 관제권 및 관제구를 포함하는 공역

② 관제공역 외의 공역으로서 항공기에 탑승하고 있는 조종사에게 비행에 필요한 조언·비행정보 등을 제공하는 공역
③ 항공기의 비행을 금지하거나 제한할 필요가 있는 공역
④ 항공기의 비행시 조종사의 특별한 주의·경계·식별 등이 필요한 공역

12 **공역을 사용 목적에 따라 구분할 때, 주의공역이 아닌 것은?**

① 위험구역 ② 군작전구역 ③ 훈련구역 ④ 제한구역

13 **관제공역이란?**

① 항공교통의 안전을 위하여 항공기의 비행 순서·시기 및 방법 등에 관하여 국토교통부장관의 지시를 받아야 할 필요가 있는 공역으로서 관제권 및 관제구를 포함하는 공역
② 항공기의 비행 시 조종사의 특별한 주의·경계·식별 등이 필요한 공역
③ 항공교통의 안전을 위하여 항공기의 비행을 금지하거나 제한할 필요가 있는 공역
④ 관제공역 외의 공역으로서 항공기에 탑승하고 있는 조종사에게 비행에 필요한 조언·비행정보 등을 제공하는 공역

Answer

01. ③ 02. ④ 03. ③ 04. ② 05. ① 06. ④ 07. ① 08. ④ 09. ③ 10. ④
11. ② 12. ④ 13. ①

CHAPTER 16 표시

➲ 항공안전법 제17조(항공기 등록기호표의 부착)

① 소유자등은 항공기를 등록한 경우에는 그 항공기 등록기호표를 국토교통부령으로 정하는 형식·위치 및 방법 등에 따라 항공기에 붙여야 한다.

② 누구든지 제1항에 따라 항공기에 붙인 등록기호표를 훼손해서는 아니 된다.

➲ 항공안전법 시행규칙 제12조(등록기호표의 부착)

① 항공기를 소유하거나 임차하여 사용할 수 있는 권리가 있는 자(소유자등)가 항공기를 등록한 경우에는 법 제17조제1항에 따라 강철 등 내화금속(耐火金屬)으로 된 등록기호표(가로 7센티미터 세로 5센티미터의 직사각형)를 다음 각 호의 구분에 따라 보기 쉬운 곳에 붙여야 한다.

1. 항공기에 출입구가 있는 경우: 항공기 주(主)출입구 윗부분의 안쪽
2. 항공기에 출입구가 없는 경우: 항공기 동체의 외부 표면

② 제1항의 등록기호표에는 국적기호 및 등록기호(등록부호)와 소유자등의 명칭을 적어야 한다.

➲ 항공안전법 시행규칙 제13조(국적 등의 표시)

① 법 제18조제1항 단서에서 "신규로 제작한 항공기 등 국토교통부령으로 정하는 항공기"란 다음 각 호의 어느 하나에 해당하는 항공기를 말한다.

1. 제36조제2호 또는 제3호에 해당하는 항공기
2. 항공기 제작자, 연구기관 등에서 연구 및 개발 중인 경우에 해당하는 항공기

② 법 제18조제2항에 따른 국적 등의 표시는 국적기호, 등록기호 순으로 표시하고, 장식체를 사용해서는 아니 되며, 국적기호는 로마자의 대문자 "HL"로 표시하여야 한다.

③ 등록기호의 첫 글자가 문자인 경우 국적기호와 등록기호 사이에 붙임표(-)를 삽입하여

야 한다.

④ 항공기에 표시하는 등록부호는 지워지지 아니하고 배경과 선명하게 대조되는 색으로 표시하여야 한다.

⑤ 등록기호의 구성 등에 필요한 세부사항은 국토교통부장관이 정하여 고시한다.

➲ 항공안전법 제18조(항공기 국적 등의 표시)

① 누구든지 국적, 등록기호 및 소유자등의 성명 또는 명칭을 표시하지 아니한 항공기를 운항해서는 아니 된다. 다만, 신규로 제작한 항공기 등 국토교통부령으로 정하는 항공기의 경우에는 그러하지 아니하다.

② 제1항에 따른 국적 등의 표시에 관한 사항과 등록기호의 구성 등에 필요한 사항은 국토교통부령으로 정한다.

➲ 항공안전법 시행규칙 제36조(예외적으로 감항증명을 받을 수 있는 항공기)

예외적으로 감항증명을 받을 수 있는 "국토교통부령으로 정하는 항공기"란 다음 각 호의 어느 하나에 해당하는 항공기를 말한다.

1. 외국항공기의 국내 사용 단서에 따라 허가를 받은 항공기
2. 국내에서 수리·개조 또는 제작한 후 수출할 항공기
3. 국내에서 제작되거나 외국으로부터 수입하는 항공기로서 대한민국의 국적을 취득하기 전에 감항증명을 신청한 항공기

➲ 항공안전법 시행규칙 제14조(등록부호의 표시위치 등)

등록부호의 표시위치 및 방법은 다음 각 호의 구분에 따른다.

1. 비행기와 활공기의 경우에는 주 날개와 꼬리 날개 또는 주 날개와 동체에 다음 각 목의 구분에 따라 표시하여야 한다.
   가. 주 날개에 표시하는 경우: 오른쪽 날개 윗면과 왼쪽 날개 아랫면에 주 날개의 앞 끝과 뒤 끝에서 같은 거리에 위치하도록 하고, 등록부호의 윗부분이 주 날개의 앞 끝을 향하게 표시할 것. 다만, 각 기호는 보조 날개와 플랩에 걸쳐서는 아니 된다.
   나. 꼬리 날개에 표시하는 경우: 수직 꼬리 날개의 양쪽 면에, 꼬리 날개의 앞 끝과 뒤 끝에서 5센티미터 이상 떨어지도록 수평 또는 수직으로 표시할 것
   다. 동체에 표시하는 경우: 주 날개와 꼬리 날개 사이에 있는 동체의 양쪽 면의 수평안정판 바로 앞에 수평 또는 수직으로 표시할 것

2. 헬리콥터의 경우에는 동체 아랫면과 동체 옆면에 다음 각 목의 구분에 따라 표시하여야 한다.
   가. 동체 아랫면에 표시하는 경우: 동체의 최대 횡단면 부근에 등록부호의 윗부분이 동체좌측을 향하게 표시할 것
   나. 동체 옆면에 표시하는 경우: 주 회전익 축과 보조 회전익 축 사이의 동체 또는 동력장치가 있는 부근의 양 측면에 수평 또는 수직으로 표시할 것
3. 비행선의 경우에는 선체 또는 수평안정판과 수직안정판에 다음 각 목의 구분에 따라 표시하여야 한다.
   가. 선체에 표시하는 경우: 대칭축과 직교하는 최대 횡단면 부근의 윗면과 양 옆면에 표시할 것
   나. 수평안정판에 표시하는 경우: 오른쪽 윗면과 왼쪽 아랫면에 등록부호의 윗부분이 수평안정판의 앞 끝을 향하게 표시할 것
   다. 수직안정판에 표시하는 경우: 수직안정판의 양쪽면 아랫부분에 수평으로 표시할 것

➲ 항공안전법 시행규칙 제15조(등록부호의 높이)

등록부호에 사용하는 각 문자와 숫자의 높이는 같아야 하고, 항공기의 종류와 위치에 따른 높이는 다음 각 호의 구분에 따른다.

1. 비행기와 활공기에 표시하는 경우
   가. 주 날개에 표시하는 경우에는 50센티미터 이상
   나. 수직 꼬리 날개 또는 동체에 표시하는 경우에는 30센티미터 이상
2. 헬리콥터에 표시하는 경우
   가. 동체 아랫면에 표시하는 경우에는 50센티미터 이상
   나. 동체 옆면에 표시하는 경우에는 30센티미터 이상
3. 비행선에 표시하는 경우
   가. 선체에 표시하는 경우에는 50센티미터 이상
   나. 수평안정판과 수직안정판에 표시하는 경우에는 15센티미터 이상

➲ 항공안전법 시행규칙 제16조(등록부호의 폭·선 등)

등록부호에 사용하는 각 문자와 숫자의 폭, 선의 굵기 및 간격은 다음 각 호와 같다.

1. 폭과 붙임표(-)의 길이: 문자 및 숫자의 높이의 3분의 2. 다만 영문자 I와 아라비아 숫자 1은 제외한다.
2. 선의 굵기: 문자 및 숫자의 높이의 6분의 1

3. 간격: 문자 및 숫자의 폭의 4분의 1 이상 2분의 1 이하

➲ 항공안전법 시행규칙 제17조(등록부호 표시의 예외)

① 국토교통부장관은 제14조부터 제16조까지의 규정에도 불구하고 부득이한 사유가 있다고 인정하는 경우에는 등록부호의 표시위치, 높이, 폭 등을 따로 정할 수 있다.
② 법 제2조제4호에 따른 국가기관등항공기에 대해서는 제14조부터 제16조까지의 규정에도 불구하고 관계 중앙행정기관의 장이 국토교통부장관과 협의하여 등록부호의 표시위치, 높이, 폭 등을 따로 정할 수 있다.

➲ 항공안전법 제150조(무표시 등의 죄)

제18조에 따른 표시를 하지 아니하거나 거짓 표시를 한 항공기를 운항한 소유자등은 1년 이하의 징역 또는 1천만원 이하의 벌금에 처한다.

예상문제

01 등록부호의 표시 방법 중 틀린 것은?

① 등록부호의 표시 글씨는 가로 세로 50센티디터 이상으로 해야 한다
② 비행선의 경우에는 선체 또는 수평안정판과 수직안정판에 표시하여야 한다
③ 헬리콥터의 경우에는 동체 아랫면과 동체 옆면에 표시하여야 한다
④ 비행기와 활공기의 경우에는 주 날개와 꼬리 날개 또는 주 날개와 동체에 표시하여야 한다

02 등록부호의 표시방법 중 틀린 것은?

① 비행기 주날개의 양쪽 위아래에 표시한다
② 등록기호는 국적기호 HL 다음에 4개의 아라비아 숫자로 표시한다
③ 우리나라 국적기호는 HL 이다
④ 등록부호 높이는 주날개에 50센티미터 이상, 수직 꼬리날개 30센티미터 이상이다

03 등록부호에 사용하는 문자와 숫자, 선의 표시에서 틀린 것은?

① 간격과 폭은 1,500미터 거리에서 확인 가능해야 한다
② 폭은 문자 및 숫자의 높이의 3분의 2. 다만, 아라비아 숫자 중 1은 그러하지 아니하다
③ 선의 굵기는 문자 및 숫자 높이의 6분의 1이다
④ 간격은 각 기호의 폭의 4분의 1 이상 2분의 1 이하이다

04 다음 중 틀린 것은?

① 누구든지 항공기에 붙인 등록기호표를 훼손하여서는 아니 된다
② 소유자등은 항공기를 등록한 경우에는 그 항공기의 등록기호표를 국토교통부령으로 정하는 형식·위치 및 방법 등에 따라 항공기에 붙여야 한다
③ 국적, 등록기호 및 소유자등의 성명 또는 명칭을 표시하지 아니한 항공기를 항공에 사용하여서는 아니 된다. 다만, 신규로 제작한 항공기 등 국토교통부령으로 정하는 항공기의 경우에는 그러하지 아니하다
④ 우리나라 국적기호의 표시는 KOREA 이다

05 다음 중 틀린 것은?

① 등록기호의 구성 등에 필요한 세부 사항은 국제항공기구에서 정하여 고시한다
② 등록기호의 구성 등에 필요한 세부 사항은 국토교통부장관이 정하여 고시한다
③ 항공기에 표시하는 등록부호는 지워지지 아니하도록 선명하게 표시하여야 한다
④ 국적 등의 표시는 국적기호, 등록기호 순으로 표시하고, 장식체를 사용해서는 안 되며, 국적기호는 로마자의 대문자 'HL'로 표시하여야 한다

Answer

01. ① 02. ① 03. ① 04. ④ 05. ①

CHAPTER 17 비행 중 금지행위, 최저비행고도

■ **경량항공기 운항 관련 비행규칙** : 경량항공기의 비행규칙에 대하여 항공기의 비행규칙을 준용하도록 항공안전법 경량항공기에 대한 준용규정에서 명시하고 있으며, 경량항공기 운항과 관계되는 비행규칙 부분들은 아래와 같다.

- 재산 및 인명을 보호하기 위한 비행절차 등 일반적인 사항에 관한 규칙
- 시계비행에 관한 규칙
- 비행계획의 작성·제출·접수 및 통보 등에 관한 규칙
- 그 밖에 비행안전을 위하여 필요한 사항에 관한 규칙

➲ 항공안전법 제68조(항공기의 비행 중 금지행위 등)

항공기를 운항하려는 사람은 생명과 재산을 보호하기 위하여 다음 각 호의 어느 하나에 해당하는 비행 또는 행위를 해서는 아니 된다. 다만, 국토교통부령으로 정하는 바에 따라 국토교통부장관의 허가를 받은 경우에는 그러하지 아니하다.

1. 국토교통부령으로 정하는 최저비행고도(最低飛行高度) 아래에서의 비행
2. 물건의 투하(投下) 또는 살포
3. 낙하산 강하(降下)
4. 국토교통부령으로 정하는 구역에서 뒤집어서 비행하거나 옆으로 세워서 비행하는 등의 곡예비행
5. 무인항공기의 비행
6. 그 밖에 생명과 재산에 위해를 끼치거나 위해를 끼칠 우려가 있는 비행 또는 행위로서 국토교통부령으로 정하는 비행 또는 행위

➲ 항공안전법 제160조(경량항공기 불법 사용 등의 죄)

① 다음 각 호의 어느 하나에 해당하는 자는 3년 이하의 징역 또는 3천만원 이하의 벌금

에 처한다.

1. 주류 등의 영향으로 경량항공기를 사용하여 비행을 정상적으로 수행할 수 없는 상태에서 경량항공기를 사용하여 비행을 한 사람
2. 주류등의 섭취·사용제한을 위반하여 경량항공기를 사용하여 비행하는 동안에 주류 등을 섭취하거나 사용한 사람
3. 국토교통부장관의 측정 요구에 따르지 아니한 사람

② 경량항공기 조종사 업무범위를 위반하여 경량항공기 조종업무 외의 업무를 한 사람은 2년 이하의 징역 또는 2천만원 이하의 벌금에 처한다.

③ 안전성인증을 받지 아니한 경량항공기를 사용하여 비행을 한 자 또는 비행을 하게 한 자는 1년 이하의 징역 또는 1천만원 이하의 벌금에 처한다.

④ 다음 각 호의 어느 하나에 해당하는 자는 6개월 이하의 징역 또는 500만원 이하의 벌금에 처한다.

1. 경량항공기 조종사 자격증명을 받지 아니하고 경량항공기를 사용하여 비행을 한 사람
2. 등록을 하지 아니한 경량항공기를 사용하여 비행을 한 자
3. 국적 및 등록기호를 표시하지 아니하거나 거짓으로 표시한 경량항공기를 사용하여 비행을 한 사람

■ 경량항공기 조종사의 비행규칙의 준수

- 경량항공기 조종사는 비행규칙에 따라 비행하여야 한다. 다만, 안전을 위하여 불가피한 경우에는 그러하지 아니하다.
- 경량항공기 조종사는 비행을 하기 전에 현재의 기상관측보고, 기상예보, 소요 연료량, 대체 비행경로 및 그 밖에 비행에 필요한 정보를 숙지하여야 한다.
- 경량항공기 조종사는 인명이나 재산에 피해가 발생하지 아니하도록 주의하여 비행하여야 한다.
- 경량항공기 조종사는 다른 항공기 또는 그 밖의 물체와 충돌하지 아니하도록 비행하여야 하며, 충돌을 예방하기 위한 조치를 하여야 한다.

➲ 항공안전법 시행규칙 제163조(비행장 또는 그 주변에서의 비행)

① 비행장 또는 그 주변을 비행하는 항공기의 조종사는 다음 각 호의 기준에 따라야 한다.

1. 이륙하려는 항공기는 안전고도 미만의 고도 또는 안전속도 미만의 속도에서 선회하지 말 것
2. 해당 비행장의 이륙기상최저치 미만의 기상상태에서는 이륙하지 말 것
3. 해당 비행장의 시계비행 착륙기상최저치 미만의 기상상태에서는 시계비행방식으로 착륙을 시도하지 말 것
4. 터빈발동기를 장착한 이륙항공기는 지표 또는 수면으로부터 450미터(1,500피트)의 고도까지 가능한 한 신속히 상승할 것. 다만, 소음 감소를 위하여 국토교통부장관이 달리 비행방법을 정한 경우에는 그러하지 아니하다.
5. 해당 비행장을 관할하는 항공교통관제기관과 무선통신을 유지할 것
6. 비행로, 교통장주(交通長周), 그 밖에 해당 비행장에 대하여 정하여진 비행 방식 및 절차에 따를 것
7. 다른 항공기 다음에 이륙하려는 항공기는 그 다른 항공기가 이륙하여 활주로의 종단을 통과하기 전에는 이륙을 위한 활주를 시작하지 말 것
8. 다른 항공기 다음에 착륙하려는 항공기는 그 다른 항공기가 착륙하여 활주로 밖으로 나가기 전에는 착륙하기 위하여 그 활주로 시단을 통과하지 말 것
9. 이륙하는 다른 항공기 다음에 착륙하려는 항공기는 그 다른 항공기가 이륙하여 활주로의 종단을 통과하기 전에는 착륙하기 위하여 해당 활주로의 시단을 통과하지 말 것
10. 착륙하는 다른 항공기 다음에 이륙하려는 항공기는 그 다른 항공기가 착륙하여 활주로 밖으로 나가기 전에 이륙하기 위한 활주를 시작하지 말 것
11. 기동지역 및 비행장 주변에서 비행하는 항공기를 관찰할 것
12. 다른 항공기가 사용하고 있는 교통장주를 회피하거나 지시에 따라 비행할 것
13. 비행장에 착륙하기 위하여 접근하거나 이륙 중 선회가 필요할 경우에는 달리 지시를 받은 경우를 제외하고는 좌선회할 것
14. 비행안전, 활주로의 배치 및 항공교통상황 등을 고려하여 필요한 경우를 제외하고는 바람이 불어오는 방향으로 이륙 및 착륙할 것

② 제1항제6호부터 제14호까지의 규정에도 불구하고 항공교통관제기관으로부터 다른 지시를 받은 경우에는 그 지시에 따라야 한다.

➲ 항공안전법 시행규칙 제199조(최저비행고도)

"국토교통부령으로 정하는 최저비행고도"란 다음 각 호와 같다.

1. 시계비행방식으로 비행하는 항공기

가. 사람 또는 건축물이 밀집된 지역의 상공에서는 해당 항공기를 중심으로 수평거리

600미터 범위 안의 지역에 있는 가장 높은 장애물의 상단에서 300미터(1천피트)의 고도

나. 가목 외의 지역에서는 지표면·수면 또는 물건의 상단에서 150미터(500피트)의 고도

2. 계기비행방식으로 비행하는 항공기

가. 산악지역에서는 항공기를 중심으로 반지름 8킬로미터 이내에 위치한 가장 높은 장애물로부터 600미터의 고도

나. 가목 외의 지역에서는 항공기를 중심으로 반지름 8킬로미터 이내에 위치한 가장 높은 장애물로부터 300미터의 고도

| 그림 17-1 | 최저비행고도

➲ 항공안전법 시행규칙 제200조(최저비행고도 아래에서의 비행허가)

법 제68조 각 호 외의 부분 단서에 따라 최저비행고도 아래에서 비행하려는 자는 최저비행고도 아래에서의 비행허가 신청서를 지방항공청장에게 제출하여야 한다.

예상문제

01 비행 중 금지행위가 아닌 것은?

① 국토교통부령으로 정하는 구역에서 곡예비행

② 물건의 투하 또는 살포 및 낙하산 강하

③ 사진촬영

④ 국토교통부령으로 정하는 최저비행고도 아래에서의 비행

02 기장의 의무가 아닌 것은?

① 항공기 출발 전에 항공기 외부를 점검한다
② 항공기 위급시 가장 먼저 탈출하여 승객의 탈출을 도운다
③ 항공기 출발을 위한 운항점검을 마친 후에 출발한다
④ 항공기 위급시 마지막으로 항공기를 이탈한다

03 기장이 비행 중 다른 항공기의 사고소식을 무선으로 알았을 경우의 조치는?

① 보고 할 필요가 없다
② 지방항공청장에게 보고한다
③ 국토교통부장관에게 보고한다
④ 즉시 관제소에 알린다

04 일반비행 중 금지사항이 아닌 것은?

① 국토교통부령으로 정하는 최저 비행고도 아래에서의 비행
② 낙하산 강하
③ 국토교통부장관의 허가를 받고 곡예비행
④ 물건의 투하 또는 살포

05 다음 중 틀린 것은?

① 기장은 인명이나 재산에 피해가 발생하지 아니하도록 주의하여 비행하여야 한다
② 기장은 비행을 하기 전에 현재의 기상관측보고, 기상예보, 소요 연료량, 대체 비행경로, 그 밖에 비행에 필요한 정보를 숙지하여야 한다
③ 기장은 비행규칙에 따라 비행하여야 한다. 다만, 안전을 위하여 불가피한 경우에는 그러하지 아니하다
④ 기장은 다른 항공기 또는 그 밖의 물체와 충돌하지 아니하도록 비행하여야 하며, 공중충돌경고장치의 회피지시가 발생한 경우에는 계기비행을 하여야 한다

06 인구밀집이 드문 지역에서 시계비행방식의 최저 비행고도는?

① 지상 또는 수상의 사람 또는 물건으로부터 100미터 이상
② 지상 또는 수상의 사람 또는 물건으로부터 120미터 이상
③ 지상 또는 수상의 사람 또는 물건으로부터 150미터 이상
④ 지상 또는 수상의 사람 또는 물건으로부터 300미터 이상

Answer

01. ③ 02. ② 03. ① 04. ③ 05. ④ 06. ③

CHAPTER 18 최저운고, 정보측정 단위

➲ 항공안전법 시행규칙 제172조(시계비행의 금지)

① 시계비행방식으로 비행하는 항공기는 해당 비행장의 운고(Ceiling)가 450미터(1,500피트) 미만 또는 지상시정이 5킬로미터 미만인 경우에는 관제권 안의 비행장에서 이륙 또는 착륙을 하거나 관제권 안으로 진입할 수 없다. 다만, 관할 항공교통관제기관의 허가를 받은 경우에는 그러하지 아니하다.

② 야간에 시계비행방식으로 비행하는 항공기는 지방항공청장 또는 해당 비행장의 운영자가 정하는 바에 따라야 한다.

③ 항공기는 다음 각 호의 어느 하나에 해당되는 경우에는 기상상태에 관계없이 계기비행방식에 따라 비행하여야 한다. 다만, 관할 항공교통관제기관의 허가를 받은 경우에는 그러하지 아니하다.

1. 평균해면으로부터 6,100미터(2만피트)를 초과하는 고도로 비행하는 경우
2. 천음속(遷音速) 또는 초음속(超音速)으로 비행하는 경우

④ 항공기를 운항하려는 사람은 300미터(1천피트) 수직분리최저치가 적용되는 8,850미터(2만9천피트) 이상 1만2,500미터(4만1천피트) 이하의 수직분리축소공역에서는 시계비행방식으로 운항하여서는 아니 된다.

⑤ 시계비행방식으로 비행하는 항공기는 최저비행고도 미만의 고도로 비행하여서는 아니 된다. 다만, 다음 각 호의 어느 하나에 해당하는 경우에는 그러하지 아니하다.

1. 이륙하거나 착륙하는 경우
2. 항공교통업무기관의 허가를 받은 경우
3. 비상상황의 경우로서 지상의 사람이나 재산에 위해를 주지 아니하고 착륙할 수 있는 고도인 경우

➲ 항공안전법 시행규칙 제173조(시계비행방식에 의한 비행)

① 시계비행방식으로 비행하는 항공기는 지표면 또는 수면상공 900미터(3천피트) 이상

을 비행할 경우에는 [표 5-3]에 따른 순항고도에 다라 비행하여야 한다. 다만, 관할 항공교통업무기관의 허가를 받은 경우에는 그러하지 아니하다.

② 시계비행방식으로 비행하는 항공기는 다음 각 호의 어느 하나에 해당하는 경우에는 항공교통관제기관의 지시에 따라 비행하여야 한다.

1. [표 15-1] 제1호에 따른 B, C 또는 D등급의 공역 내에서 비행하는 경우
2. 관제비행장의 부근 또는 기동지역에서 운항하는 경우
3. 특별시계비행방식에 따라 비행하는 경우

③ 관제권 안에서 시계비행방식으로 비행하는 항공기는 비행정보를 제공하는 관할 항공교통업무기관과 공대지통신(空對地通信)을 유지·경청하고, 필요한 경우에는 위치보고를 하여야 한다.

④ 시계비행방식으로 비행 중인 항공기가 계기비행방식으로 변경하여 비행하려는 경우에는 그 비행계획의 변경 사항을 관할 항공교통관제기관에 통보하여야 한다.

➲ 항공안전법 시행규칙 제174조(특별시계비행)

① 예측할 수 없는 급격한 기상의 악화 등 부득이한 사유로 관할 항공교통관제기관으로부터 특별시계비행허가를 받은 항공기의 조종사는 '해당 비행장의 시계비행 착륙기상최저치 미만의 기상상태에서는 시계비행방식으로 착륙을 시도하지 말 것'에도 불구하고 다음 각 호의 기준에 따라 비행하여야 한다.

1. 허가받은 관제권 안을 비행할 것
2. 구름을 피하여 비행할 것
3. 비행시정을 1,500미터 이상 유지하며 비행할 것
4. 지표 또는 수면을 계속하여 볼 수 있는 상태로 비행할 것
5. 조종사가 계기비행을 할 수 있는 자격이 없거나 항공기에 갖추어야 할 항공계기 등에 따른 항공계기를 갖추지 아니한 항공기로 비행하는 경우에는 주간에만 비행할 것. 다만, 헬리콥터는 야간에도 비행할 수 있다.

② 특별시계비행을 하는 경우에는 다음 각 호의 조건에서만 제1항에 따른 기준에 따라 이륙하거나 착륙할 수 있다.

1. 지상시정이 1,500미터 이상일 것
2. 지상시정이 보고되지 아니한 경우에는 비행시정이 1,500미터 이상일 것

➲ 항공안전법 시행규칙 제175조(비행시정 및 구름으로부터의 거리)

시계비행방식으로 비행하는 항공기는 [표 5-4]에 따른 비행시정 및 구름으로부터의 거리

미만인 기상상태에서 비행하여서는 아니 된다. 다만, 특별시계비행방식에 따라 비행하는 항공기는 그러하지 아니하다.

➲ 항공안전법 시행규칙 제255조(항공정보)

항공정보에 사용되는 측정단위는 다음 각 호의 어느 하나의 방법에 따라 사용한다.

1. 고도(Altitude): 미터(m) 또는 피트(ft)
2. 시정(Visibility): 킬로미터(㎞) 또는 마일(SM). 이 경우 5킬로미터 미만의 시정은 미터(m) 단위를 사용한다.
3. 주파수(Frequency): 헤르쯔(㎐)
4. 속도(Velocity Speed): 초당 미터(㎧)
5. 온도(Temperature): 섭씨도(℃)

예상문제

01 시계비행방식으로 비행하는 항공기가 관제권 내의 비행장에서 이륙 또는 착륙을 하거나 관제권 안으로 진입할 수 없는 기준은?

① 운고 1500미터 미만, 지상시정 5킬로미터 미만
② 운고 150미터 미만, 지상시정 2킬로미터 미만
③ 운고 450미터 미만, 지상시정 5킬로미터 미만
④ 운고 450미터 미만, 지상시정 2킬로미터 미만

02 시계비행방식으로 비행하는 항공기가 최저비행고도 미만의 고도로 비행하여서는 안되는 경우는?

① 날씨가 안좋은 지역을 통과하는 경우
② 이륙하거나 착륙하는 경우
③ 항공교통업무기관의 허가를 받은 경우
④ 비상상황의 경우로서 지상의 사람이나 재산에 위해를 주지 아니하고 착륙할 수 있는 고도인 경우

03 항공정보에 사용되는 측정단위 중 틀린 것은?

① 고도 : 미터(m) 또는 피트(ft)

② 시정 : 킬로미터(km) 또는 마일(SM)

③ 주파수 : 헤르쯔(Hz)

④ 온도 : 절대온도(k)

Answer

01. ③ 02. ① 03. ④

CHAPTER 19 통행 우선순위, 진로와 속도

➲ 항공안전법 시행규칙 제166조(통행의 우선순위)

① 교차하거나 그와 유사하게 접근하는 고도의 항공기 상호간에는 다음 각 호에 따라 진로를 양보하여야 한다.

1. 비행기·헬리콥터는 비행선, 활공기 및 기구류에 진로를 양보할 것
2. 비행기·헬리콥터·비행선은 항공기 또는 그 밖의 물건을 예항(曳航)하는 다른 항공기에 진로를 양보할 것
3. 비행선은 활공기 및 기구류에 진로를 양보할 것
4. 활공기는 기구류에 진로를 양보할 것
5. 제1호부터 제4호까지의 경우를 제외하고는 다른 항공기를 우측으로 보는 항공기가 진로를 양보할 것

② 비행 중이거나 지상 또는 수상에서 운항 중인 항공기는 착륙 중이거나 착륙하기 위하여 최종접근 중인 항공기에 진로를 양보하여야 한다.

③ 착륙을 위하여 비행장에 접근하는 항공기 상호간에는 높은 고도에 있는 항공기가 낮은 고도에 있는 항공기에 진로를 양보하여야 한다. 이 경우 낮은 고도에 있는 항공기는 최종 접근단계에 있는 다른 항공기의 전방에 끼어들거나 그 항공기를 추월해서는 아니 된다.

④ 제3항에도 불구하고 비행기, 헬리콥터 또는 비행선은 활공기에 진로를 양보하여야 한다.

⑤ 비상착륙하는 항공기를 인지한 항공기는 그 항공기에 진로를 양보하여야 한다.

⑥ 비행장 안의 기동지역에서 운항하는 항공기는 이륙 중이거나 이륙하려는 항공기에 진로를 양보하여야 한다.

※ 항공안전법 시행규칙 제166조와 제167조, 제168조에서 항공기는 경량항공기, 비행장은 이착륙장과 준용한다. 즉, 항공기(또는 경량항공기), 비행장(또는 이착륙장)으로 적용한다.

➲ 항공안전법 시행규칙 제167조(진로와 속도 등)

① 통행의 우선순위를 가진 항공기는 그 진로와 속도를 유지하여야 한다.

② 다른 항공기에 진로를 양보하는 항공기는 그 다른 항공기의 상하 또는 전방을 통과해서는 아니 된다. 다만, 충분한 거리 및 항적난기류(航跡亂氣流)의 영향을 고려하여 통과하는 경우에는 그러하지 아니하다.

③ 두 항공기가 충돌할 위험이 있을 정도로 정면 또는 이와 유사하게 접근하는 경우에는 서로 기수(機首)를 오른쪽으로 돌려야 한다.

④ 다른 항공기의 후방 좌·우 70도 미만의 각도에서 그 항공기를 추월(상승 또는 강하에 의한 추월을 포함한다)하려는 항공기는 추월당하는 항공기의 오른쪽을 통과하여야 한다. 이 경우 추월하는 항공기는 추월당하는 항공기와 간격을 유지하며, 추월당하는 항공기의 진로를 방해해서는 아니 된다.

➲ 항공안전법 시행규칙 제168조(수상에서의 충돌예방)

수상에서 항공기를 운항하려는 자는 「해사안전법」에서 달리 정한 것이 없으면 다음 각 호의 기준에 따라 운항하거나 이동하여야 한다.

1. 항공기와 다른 항공기 또는 선박이 근접하는 경우에는 주변 상황과 그 다른 항공기 또는 선박의 이동상황을 고려하여 운항할 것
2. 항공기와 다른 항공기 또는 선박이 교차하거나 이와 유사하게 접근하는 경우에는 그 다른 항공기 또는 선박을 오른쪽으로 보는 항공기가 진로를 양보하고 충분한 간격을 유지할 것
3. 항공기와 다른 항공기 또는 선박이 정면 또는 이와 유사하게 접근하는 경우에는 서로 기수를 오른쪽으로 돌리고 충분한 간격을 유지할 것
4. 추월하려는 항공기는 충돌을 피할 수 있도록 진로를 변경하여 추월할 것
5. 수상에서 이륙하거나 착륙하는 항공기는 수상의 모든 항공기 또는 선박으로부터 충분한 간격을 유지하여 선박의 항해를 방해하지 말 것
6. 수상에서 야간에 이동, 견인 및 정박하는 항공기는 항공안전법 시행규칙(수상에서의 항공기 등불)에서 정하는 등불을 작동시킬 것. 다만, 부득이한 경우에는 수상에서의 항공기 등불에서 정하는 위치와 형태 등과 유사하게 등불을 작동시켜야 한다.

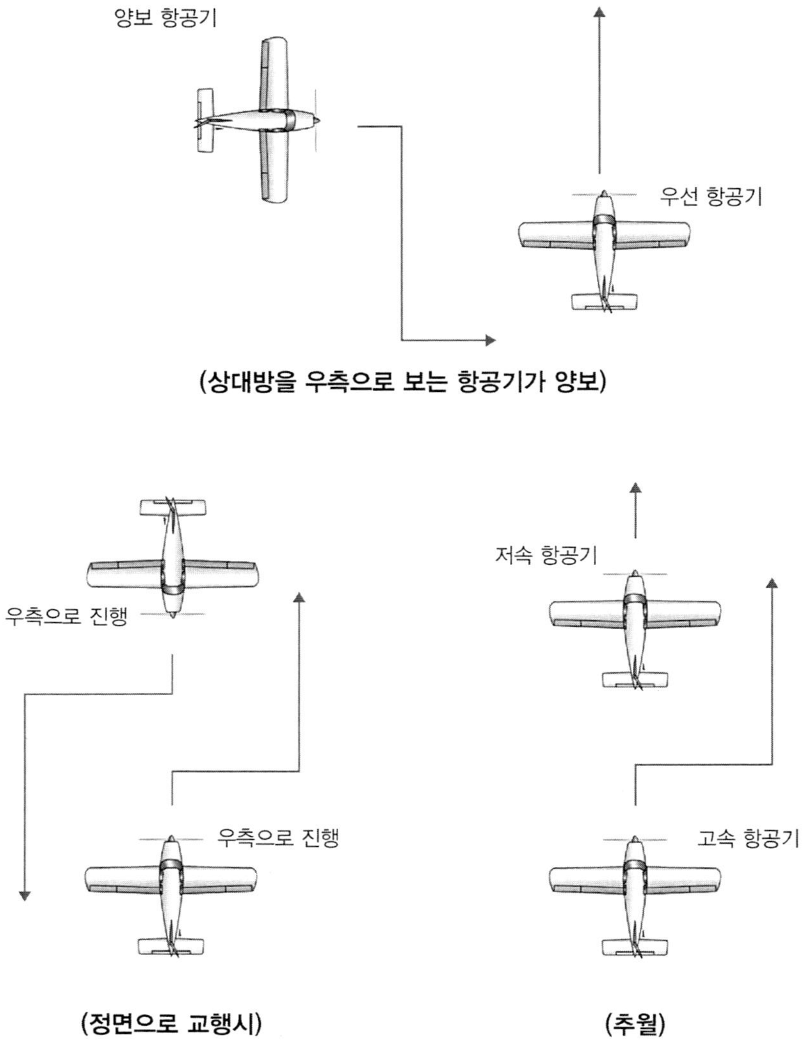

| 그림 19-1 | 교행방법

➲ 항공안전법 시행규칙 제185조(고도·항공로 등의 변경)

비행계획에 포함된 순항고도, 순항속도 및 항공로에 관한 사항을 변경하려는 항공기는 다음 각 호의 구분에 따른 정보를 관할 항공교통관제기관에 통보하여야 한다.

1. 순항고도의 변경: 항공기의 식별부호, 변경하려는 순항고도 및 순항속도(마하 수 또는 진대기속도를 말한다. 이하 이 조에서 같다.), 다음 보고지점 또는 비행정보구역 경계 도착 예정시간

2. 순항속도의 변경: 항공기의 식별부호, 변경하려는 속도
3. 항공로의 변경
   가. 목적비행장 변경이 없을 경우: 항공기의 식별부호, 비행의 방식, 변경 항공로, 변경 예정시간, 그 밖에 항공로의 변경에 필요한 정보
   나. 목적비행장 변경이 있을 경우: 항공기의 식별부호, 비행의 방식, 목적비행장까지의 변경 항공로, 변경 예정시간, 교체비행장, 그 밖에 비행장·항공로의 변경에 필요한 정보

■ 편대비행

• 2대 이상의 경량항공기로 편대비행(編隊飛行)을 하려는 기장은 미리 다음의 사항에 관하여 다른 기장과 협의하여야 한다.
  - 편대비행의 실시계획
  - 편대의 형(形)
  - 선회 및 그 밖의 행동 요령
  - 신호 및 그 의미
  - 그 밖에 필요한 사항

• 관제공역 내에서 편대비행을 하려는 경량항공기의 기장은 다음의 사항을 준수하여야 한다.
  - 편대 책임기장은 편대비행 경량항공기들을 단일 경량항공기로 취급하여 관할 항공교통관제기관에 비행 위치를 보고할 것
  - 편대 책임기장은 편대 내의 경량항공기들을 집결 또는 분산 시 적절하게 분리할 것
  - 편대를 책임지는 경량항공기로부터 편대 내의 경량항공기들을 종적 및 횡적으로는 1km, 수직으로는 30m 이내의 분리를 할 것

예상문제

01 통행의 우선순위가 맞는 것은?

① 활공기 - 물건 예항 항공기 - 비행선 - 비행기
② 비행선 - 활공기 - 물건 예항 항공기 - 동력항공기
③ 비행선 - 물건 예항 항공기 - 동력항공기 - 활공기
④ 동력항공기 - 활공기 - 비행선 - 물건 예항 항공기

02 통행의 우선순위가 틀린 것은?

① 정면 또는 유사하게 접근시는 서로 기수를 우측으로 바꾼다
② 교차시는 다른 항공기를 좌측으로 보는 항공기가 진로를 양보한다
③ 비행장 안의 기동지역에서 운항하는 항공기는 이륙 중이거나 이륙하려는 항공기에 진로를 양보하여야 한다
④ 비행중인 항공기는 착륙 중 또는 착륙 최종접근 중인 항공기에게 진로를 양보한다

03 항공기의 통행방법 중 틀린 것은?

① 속도가 빠른 항공기가 느린 항공기에 진로를 양보한다
② 항공기가 정면으로 접근시에는 상호 우측으로 회피한다
③ 비행중인 항공기는 착륙중인 항공기에게 진로를 양보한다
④ 동력항공기는 활공기에게 진로를 양보한다

04 통행 우선순위가 가장 빠른 것은?

① 경비행기
② 활공기
③ 비행선
④ 예항중인 항공기

05 항공기가 정면으로 접근할 때 진행방향은?

① 상호 우측으로 진행한다
② 상호 좌측으로 진행한다
③ 우선순위가 빠른 항공기가 우측으로 진행한다
④ 우선순위가 늦은 항공기가 우측으로 진행한다

Answer

01. ① 02. ② 03. ① 04. ② 05. ①

CHAPTER 20 충돌예방 및 경량항공기 준수사항

■ **경량항공기 운항 관련 비행규칙** : 경량항공기의 비행규칙에 대하여 항공안전법(항공기의 비행규칙)을 준용하도록 항공안전법(경량항공기에 대한 준용규정)에서 명시하고 있으며, 경량항공기 운항과 관계되는 비행규칙 부분들은 다음과 같다.

- 재산 및 인명을 보호하기 위한 비행절차 등 일반적인 사항에 관한 규칙
- 시계비행에 관한 규칙
- 비행계획의 작성·제출·접수 및 통보 등에 관한 규칙
- 그 밖에 비행안전을 위하여 필요한 사항에 관한 규칙

■ **비행규칙의 준수**

- 경량항공기조종사는 비행규칙에 따라 비행하여야 한다. 다만, 안전을 위하여 불가피한 경우에는 그러하지 아니하다.
- 경량항공기조종사는 비행을 하기 전에 현재의 기상관측보고, 기상예보, 소요 연료량, 대체 비행경로 및 그 밖에 비행에 필요한 정보를 숙지하여야 한다.
- 경량항공기조종사는 인명이나 재산에 피해가 발생하지 아니하도록 주의하여 비행하여야 한다.
- 경량항공기조종사는 다른 항공기 또는 그 밖의 물체와 충돌하지 아니하도록 비행하여야 하며, 공중충돌경고장치의 회피지시가 발생한 경우에는 그 지시에 따라 회피기동을 하는 등 충돌을 예방하기 위한 조치를 하여야 한다.
- 표준 고도계 설정이란 29.92inHg 또는 1013.25hPa을 말하며, 표준대기 조건하에서 해수면에서의 고도이다. 고도계 설정은 항공기가 비행하는 고도를 표준화하여 항공기간 충돌 및 지상 충돌 등을 예방하기 위하여 사용된다.

➲ 항공안전법 제118조(경량항공기 이륙·착륙의 장소)

① 누구든지 경량항공기를 비행장(군 비행장은 제외한다) 또는 이착륙장이 아닌 곳에서 이륙하거나 착륙하여서는 아니 된다. 다만, 안전과 관련한 비상상황 등 불가피한 사유가 있는 경우로서 국토교통부장관의 허가를 받은 경우에는 그러하지 아니한다.

② 제1항 단서에 따른 허가에 필요한 세부기준 및 절차와 그 밖에 필요한 사항은 대통령령으로 정한다.

➲ 항공안전법 제119조(경량항공기 무선설비 등의 설치·운용 의무)

국토교통부령으로 정하는 경량항공기를 항공에 사용하려는 사람 또는 소유자등은 해당 경량항공기에 무선교신용 장비, 항공기 식별용 트랜스폰더 등 국토교통부령으로 정하는 무선설비를 설치·운용하여야 한다.

➲ 항공안전법 제120조(경량항공기 조종사의 준수사항)

① 경량항공기 조종사는 경량항공기로 인하여 인명이나 재산에 피해가 발생하지 아니하도록 국토교통부령으로 정하는 준수사항을 지켜야 한다.

② 경량항공기 조종사는 경량항공기사고가 발생하였을 때에는 지체 없이 국토교통부령으로 정하는 바에 따라 국토교통부장관에게 그 사실을 보고하여야 한다. 다만, 경량항공기 조종사가 보고할 수 없을 때에는 그 경량항공기소유자 등이 경량항공기사고를 보고하여야 한다.

➲ 항공안전법 시행규칙 제298조(경량항공기 조종사의 준수사항)

① 법 제120조제1항에 따라 경량항공기 조종사는 다음 각 호의 어느 하나에 해당하는 행위를 하여서는 아니 된다.

1. 인명이나 재산에 위험을 초래할 우려가 있는 낙하물을 투하하는 행위
2. 인구가 밀집된 지역이나 그 밖에 사람이 많이 모인 장소의 상공에서 인명 또는 재산에 위험을 초래할 우려가 있는 방법으로 비행하는 행위
3. 안개 등으로 지상목표물을 육안으로 식별할 수 없는 상태에서 비행하는 행위
4. [표 5-4]에 따른 비행시정 및 구름으로부터의 거리 기준을 위반하여 비행하는 행위
5. 일몰 후부터 일출 전까지의 야간에 비행하는 행위
6. 평균해면으로부터 1,500미터(5천피트) 이상으로 비행하는 행위. 다만, 항공교통업무기관으로부터 승인을 받은 경우는 제외한다.

7. 동승한 사람의 낙하산 강하(降下)
8. 그 밖에 곡예비행 등 비정상적인 방법으로 비행하는 행위

② 경량항공기 조종사는 항공기를 육안으로 식별하여 미리 피할 수 있도록 주의하여 비행하여야 한다.

③ 경량항공기 조종사는 동력을 이용하지 아니하는 초경량비행장치에 대하여 진로를 양보하여야 한다.

④ 경량항공기의 조종사는 탑재용 항공일지를 경량항공기 안에 갖춰 두어야 하며, 경량항공기를 항공에 사용하거나 개조 또는 정비한 경우에는 지체 없이 항공일지에 다음 각 호의 사항을 적어야 한다.

1. 경량항공기의 등록부호 및 등록 연월일
2. 경량항공기의 종류 및 형식
3. 안전성인증서번호
4. 경량항공기의 제작자·제작번호 및 제작 연월일
5. 발동기 및 프로펠러의 형식
6. 비행에 관한 다음의 기록
   가. 비행 연월일
   나. 승무원의 성명
   다. 비행목적
   라. 비행 구간 또는 장소
   마. 비행시간
   바. 경량항공기의 비행안전에 영향을 미치는 사항
   사. 기장의 서명
7. 제작 후의 총비행시간과 최근의 오버홀 후의 총 비행시간
8. 정비등의 실시에 관한 다음의 사항
   가. 실시 연월일 및 장소
   나. 실시 이유, 정비등의 위치와 교환 부품명
   다. 확인 연월일 및 확인자의 서명 또는 날인

⑤ 항공레저스포츠사업에 종사하는 경량항공기 조종사는 다음 각 호의 사항을 준수하여야 한다.

1. 비행 전에 해당 경량항공기의 이상 유무를 점검하고, 항공기의 안전 운항에 지장을 주는 이상이 있을 경우에는 비행을 중단할 것
2. 비행 전에 비행안전을 위한 주의사항에 대하여 동승자에게 충분히 설명할 것
3. 이륙 시 해당 경량항공기의 제작자가 정한 최대이륙중량을 초과하지 아니하게 할 것
4. 이륙 또는 착륙 시 해당 경량항공기의 제작자가 정한 거리 기준을 충족하는 활주로

를 이용할 것
5. 동승자에 관한 인적사항(성명, 생년월일 및 주소)을 기록하고 유지할 것

■ **경량항공기의 비행제한** : 경량항공기의 비행제한에 대하여 항공안전법에서 항공기의 비행제한 등을 준용하도록 경량항공기에 대한 준용규정에서 명시하고 있으며, 경량항공기 운항과 관계되는 비행제한 부분들은 아래와 같다.

- 비관제공역 또는 주의공역에서 경량항공기를 운항하려는 사람은 그 공역에 대하여 국토교통부장관이 정하여 공고하는 비행의 방식 및 절차에 따라야 한다.
  - 비관제공역 : 관제공역 외의 공역으로서 항공기의 조종사에게 비행에 관한 조언·비행정보 등을 제공할 필요가 있는 공역
  - 주의공역 : 항공기의 조종사가 비행 시 특별한 주의·경계·식별 등이 필요한 공역
- 경량항공기를 운항하려는 사람은 통제공역을 비행해서는 아니 된다. 다만, 국토교통부령으로 정하는 바에 따라 국토교통부장관의 허가를 받아 그 공역에 대하여 국토교통부장관이 정하는 비행의 방식 및 절차에 따라 비행하는 경우에는 그러하지 아니하다.
  - 통제공역 : 항공교통의 안전을 위하여 항공기의 비행을 금지하거나 제한할 필요가 있는 공역
- 통제공역에서의 비행허가 : 통제공역에서 비행하려는 자는 통제공역 비행허가 신청서를 지방항공청장에게 제출하여야 한다. 다만, 비행 중인 경우에는 무선통신 등의 방법을 사용하여 지방항공청장에게 제출할 수 있다.

예상문제

01 야간이나 악천후로 날이 어두울 때 비행하는 항공기가 자기의 소재를 알리기 위하여 켜는 표지등이며, 항공기의 비행 방향을 나타내기 위해서 사용되는 항공기 조명등으로서 적색은 왼쪽 날개 끝, 녹색은 오른쪽 날개 끝, 백색은 항공기 꼬리에 장착되는 등은?

① 비행등 ② 항공장애등
③ 항로등 ④ 착륙접근등

02 다음중 틀린 것은?

① 항공기가 야간에 공중·지상 또는 수상을 비행하는 경우와 비행장의 이동지역 안에서 이동하거나 엔진이 작동 중인 경우에는 우현등, 좌현등 및 미등과 충돌 방지등에 의하여 그 항공기의 위치를 나타내야한다
② 항공기를 야간에 사용되는 비행장에 주기(駐機) 또는 정박시키는 경우에는 해당 항공기의 비행등을 이용하여 항공기의 위치를 나타내야한다
③ 조종사는 섬광등이 업무를 수행하는 데 장애를 주거나 외부에 있는 사람에게 눈부심을 주어 위험을 유발할 수 있는 경우에는 섬광등을 끄거나 빛의 강도를 줄여야한다
④ 비행장에 항공기를 조명하는 시설이 있는 경우에도 반드시 비행등을 켜야한다

03 경량항공기 조종사의 준수사항이 아닌 것은?

① 경량항공기 조종사는 경량항공기로 인하여 인명이나 재산에 피해가 발생하지 아니하도록 국토교통부령으로 정하는 준수사항을 지켜야 한다.
② 경량항공기 조종사는 경량항공기사고가 발생하였을 때에는 지체 없이 국토교통부령으로 정하는 바에 따라 국토교통부장관에게 그 사실을 보고하여야 한다.
③ 경량항공기 조종사가 보고할 수 없을 때에는 그 경량항공기소유자 등이 경량항공기사고를 보고하여야 한다.
④ 통상적으로 평균해면으로부터 1,500미터(5천피트) 이상으로 비행해야 한다.

Answer
01. ① 02. ④ 03. ④

CHAPTER 21 지상이동, 비행장 또는 주변비행

■ 경량항공기 이륙·착륙 활주로

- 항공레저스포츠사업에 종사하는 경량항공기 조종사는 이륙 또는 착륙 시 해당 경량항공기의 제작자가 정한 거리 기준을 충족하는 활주로를 이용해야 한다.
- 누구든지 경량항공기를 비행장(군 비행장은 제외한다) 또는 이착륙장이 아닌 곳에서 이륙하거나 착륙하여서는 아니 된다. 다만, 안전과 관련한 비상상황 등 불가피한 사유가 있는 경우로서 국토교통부장관의 허가를 받은 경우에는 그러하지 아니한다.
- 경량항공기 이착륙 장소 예외에 대한 국토교통부장관의 허가를 받은 안전과 관련한 비상상황 등 불가피한 사유가 있는 경우는 다음의 어느 하나에 해당하는 경우로 한다.
  - 경량항공기의 비행 중 계기의 고장, 연료부족 등의 비상상황이 발생하여 신속하게 착륙해야 하는 경우
  - 항공기의 운항 등으로 비행장을 사용할 수 없는 경우
  - 경량항공기가 이륙·착륙하려는 장소 주변 30km 이내에 비행장 또는 이착륙장이 없는 경우
- 경량항공기의 비행 중 계기고장, 연료 부족 등의 비상상황이 발생하여 신속하게 착륙하여야 하는 경우에 착륙 허가를 받으려는 자는 무선통신 등을 사용하여 국토교통부장관에게 착륙 허가를 신청하여야 한다. 이 경우 국토교통부장관은 특별한 사유가 없으면 허가해야 한다.
- 경량항공기 이착륙 장소 예외에 대한 이륙 또는 착륙의 허가를 받으려는 자는 국토교통부령으로 정하는 허가신청서를 국토교통부장관에게 제출하여야 한다. 이

경우 국토교통부장관은 그 내용을 검토하여 안전에 지장이 없다고 인정되는 경우에는 6개월 이내의 기간을 정하여 허가해야 한다.

- 경량항공기의 이륙·착륙 장소 외에서의 이륙·착륙 허가 신청에 대하여 국토교통부장관 또는 지방항공청장의 허가를 받으려는 자는 이륙·착륙 장소 외에서의 이륙·착륙 허가 신청서에 다음 사항을 적은 서류를 첨부하여 국토교통부장관 또는 지방항공청장에게 제출하여야 한다.
  - 이륙·착륙하려는 장소(해당 장소의 약도를 포함한다)
  - 이륙·착륙의 절차 및 방향의 선정
  - 이륙·착륙 장소의 지형 적합성 및 우천·강설 등에 따른 지반 약화 가능성
  - 이륙·착륙 장소에 적합한 용량의 소화기 비치계획 및 풍향을 지시할 수 있는 장치의 설치 여부
  - 이륙·착륙 장소의 주변 장애물(급격한 경사, 전선 및 건물 등을 말한다)
  - 이륙·착륙 장소에 사람의 접근통제 및 안전요원 배치 계획
  - 경량항공기사고를 방지하기 위한 조치
  - 경량항공기의 급유 시 안전대책
  - 국유지 및 사유지에 이륙·착륙 시 관계기관 또는 관계인과의 토지사용에 대한 사전협의 사항
  - 경량항공기의 소음 등으로 인한 민원발생 예방대책
  - 그 밖에 경량항공기의 안전한 이륙·착륙을 위하여 국토교통부장관이 정하여 고시하는 사항

■ 이착륙장 설치 및 관리

- 국토교통부장관은 이착륙장을 설치할 수 있으며, 국토교통부장관 외의 자가 이착륙장을 설치하려는 경우에는 대통령령으로 정하는 바에 따라 국토교통부장관으로부터 허가를 받아야 한다. 국토교통부장관이 이착륙장의 설치를 허가하려는 경우에는 관계 중앙행정기관의 장 및 관할 시장·군수·구청장과 사전에 협의하여야 한다.
- 이착륙장을 설치한 자는 이착륙장 설치 및 관리기준에 따른 기준에 적합하도록 이착륙장을 설치하고 관리하여야 한다.

■ 이착륙장 사용 중지

- 국토교통부장관은 다음의 어느 하나에 해당하는 경우에는 이착륙장을 설치 또는 관리하는 자에게 적합한 조치를 하도록 명령할 수 있다. 이 경우 국토교통부장관은 명령을 받은 자가 국토교통부장관이 정하는 상당한 기간 내에 적합한 조치를 하지 아니하는 경우에는 해당 허가를 취소할 수 있다.
  - 정당한 사유 없이 이착륙장 설치허가서에 적힌 공사 착수 예정일부터 1년 이내에 착공하지 아니하거나 정당한 사유 없이 공사 완료 예정일까지 공사를 끝내지 아니한 경우
  - 허가에 붙인 조건을 위반한 경우
- 국토교통부장관은 이착륙장 설치자가 다음의 어느 하나에 해당하는 경우에는 그 사업의 시행 및 관리에 관한 허가 또는 승인을 취소하거나 그 효력의 정지, 공사의 중지 명령 등의 필요한 처분을 할 수 있다.
  - 거짓이나 그 밖의 부정한 방법으로 허가를 받은 경우
  - 국토교통부장관 외의 자가 허가를 받지 아니하고 이착륙장을 설치하거나 허가 받은 사항을 위반한 경우
  - 사정 변경으로 이착륙장 설치를 계속 시행하는 것이 불가능하다고 인정되는 경우
- 국토교통부장관은 다음의 어느 하나에 해당하는 경우에는 이착륙장 사용의 중지를 명할 수 있다.
  - 이착륙장의 위치·구조 등이 설치허가서에 적힌 사실과 다른 경우
  - 이착륙장 설치 및 관리기준(국토교통부 고시)에 따른 기준에 맞지 아니하게 된 경우

➲ 항공안전법 시행규칙 제161조(비행규칙의 준수 등)

① 기장은 비행규칙에 따라 비행하여야 한다. 다만, 안전을 위하여 불가피한 경우에는 그러하지 아니하다.

② 기장은 비행을 하기 전에 현재의 기상관측보고, 기상예보, 소요 연료량, 대체 비행경로 및 그 밖에 비행에 필요한 정보를 숙지하여야 한다.

③ 기장은 인명이나 재산에 피해가 발생하지 아니하도록 주의하여 비행하여야 한다.

④ 기장은 다른 항공기 또는 그 밖의 물체와 충돌하지 아니하도록 비행하여야 하며, 공중

충돌경고장치의 회피지시가 발생한 경우에는 그 지시에 따라 회피기동을 하는 등 충돌을 예방하기 위한 조치를 하여야 한다.

※ 항공안전법 시행규칙 제161조와 제162조, 제163조에서 항공기는 경량항공기, 비행장은 이착륙장과 준용한다. 즉, 항공기(또는 경량항공기), 비행장(또는 이착륙장)으로 적용한다.

➲ 항공안전법 시행규칙 제162조(항공기의 지상이동)

비행장 안의 이동지역에서 이동하는 항공기는 충돌예방을 위하여 다음 각 호의 기준에 따라야 한다.

1. 정면 또는 이와 유사하게 접근하는 항공기 상호간에는 모두 정지하거나 가능한 경우에는 충분한 간격이 유지되도록 각각 오른쪽으로 진로를 바꿀 것
2. 교차하거나 이와 유사하게 접근하는 항공기 상호간에는 다른 항공기를 우측으로 보는 항공기가 진로를 양보할 것
3. 추월하는 항공기는 다른 항공기의 통행에 지장을 주지 아니하도록 충분한 분리 간격을 유지할 것
4. 기동지역에서 지상이동 하는 항공기는 관제탑의 지시가 없는 경우에는 활주로진입전대기지점(Runway Holding Position)에서 정지·대기할 것
5. 기동지역에서 지상이동하는 항공기는 정지선등(Stop Bar Lights)이 켜져 있는 경우에는 정지·대기하고, 정지선등이 꺼질 때에 이동할 것

➲ 항공안전법 시행규칙 제163조(비행장 또는 그 주변에서의 비행)

① 비행장 또는 그 주변을 비행하는 항공기의 조종사는 다음 각 호의 기준에 따라야 한다.

1. 이륙하려는 항공기는 안전고도 미만의 고도 또는 안전속도 미만의 속도에서 선회하지 말 것
2. 해당 비행장의 이륙기상최저치 미만의 기상상태에서는 이륙하지 말 것
3. 해당 비행장의 시계비행 착륙기상최저치 미만의 기상상태에서는 시계비행방식으로 착륙을 시도하지 말 것
4. 터빈발동기를 장착한 이륙항공기는 지표 또는 수면으로부터 450미터(1,500피트)의 고도까지 가능한 한 신속히 상승할 것. 다만, 소음 감소를 위하여 국토교통부장관이 달리 비행방법을 정한 경우에는 그러하지 아니하다.

5. 해당 비행장을 관할하는 항공교통관제기관과 무선통신을 유지할 것
6. 비행로, 교통장주(交通長周), 그 밖에 해당 비행장에 대하여 정하여진 비행 방식 및 절차에 따를 것
7. 다른 항공기 다음에 이륙하려는 항공기는 그 다른 항공기가 이륙하여 활주로의 종단을 통과하기 전에는 이륙을 위한 활주를 시작하지 말 것
8. 다른 항공기 다음에 착륙하려는 항공기는 그 다른 항공기가 착륙하여 활주로 밖으로 나가기 전에는 착륙하기 위하여 그 활주로 시단을 통과하지 말 것
9. 이륙하는 다른 항공기 다음에 착륙하려는 항공기는 그 다른 항공기가 이륙하여 활주로의 종단을 통과하기 전에는 착륙하기 위하여 해당 활주로의 시단을 통과하지 말 것
10. 착륙하는 다른 항공기 다음에 이륙하려는 항공기는 그 다른 항공기가 착륙하여 활주로 밖으로 나가기 전에 이륙하기 위한 활주를 시작하지 말 것
11. 기동지역 및 비행장 주변에서 비행하는 항공기를 관찰할 것
12. 다른 항공기가 사용하고 있는 교통장주를 회피하거나 지시에 따라 비행할 것
13. 비행장에 착륙하기 위하여 접근하거나 이륙 중 선회가 필요할 경우에는 달리 지시를 받은 경우를 제외하고는 좌선회할 것
14. 비행안전, 활주로의 배치 및 항공교통상황 등을 고려하여 필요한 경우를 제외하고는 바람이 불어오는 방향으로 이륙 및 착륙할 것

② 제1항제6호부터 제14호까지의 규정에도 불구하고 항공교통관제기관으로부터 다른 지시를 받은 경우에는 그 지시에 따라야 한다.

➲ 항공안전법 시행규칙 제247조(항공안전 관련 정보의 복창)

① 항공기의 조종사는 관할 항공교통관제기관에서 음성으로 전달된 항공안전 관련 항공교통관제의 허가 또는 지시사항을 복창하여야 한다. 이 경우 다음 각 호의 사항은 반드시 복창하여야 한다.

1. 항공로의 허가사항
2. 활주로의 진입, 착륙, 이륙, 대기, 횡단 및 역방향 주행에 대한 허가 또는 지시사항
3. 사용 활주로, 고도계 수정치, 2차 감시 항공교통관제 레이더용 트랜스폰더(Mode 3/A 및 Mode C SSR transponder)의 배정부호, 고도지시, 기수지시, 속도지시 및 전이고도

② 항공기의 조종사는 제1항에 따른 관할 항공교통관제기관의 허가 또는 지시사항을 이해하고 있고 그에 따르겠다는 것을 명확한 방법으로 복창하거나 응답하여야 한다.

③ 항공교통관제사는 제1항에 따른 항공교통관제의 허가 또는 지시사항에 대하여 항공

기의 조종사가 정확하게 인지하였는지 여부를 확인하기 위하여 복창을 경청하여야 하며, 그 복창에 틀린 사항이 있을 때에는 즉시 시정조치를 하여야 한다.

④ 제1항을 적용할 때에 관할 항공교통관제기관에서 달리 정하고 있지 아니하면 항공교통관제사와 조종사간 데이터통신(CPDLC)에 의하여 항공교통관제의 허가 또는 지시사항이 전달되는 경우에는 음성으로 복창을 하지 아니할 수 있다.

➲ 항공안전법 시행규칙 제248조(비행장 내에서의 사람 및 차량에 대한 통제 등)

① 관제탑은 지상이동 중이거나 이륙·착륙 중인 항공기에 대한 안전을 확보하기 위하여 비행장의 기동지역 내를 이동하는 사람 또는 차량을 통제하여야 한다.

② 저시정 기상상태에서 제2종(Category Ⅱ) 또는 제3종(Category Ⅲ)의 정밀계기운항이 진행 중일 때에는 계기착륙시설(ILS)의 방위각제공시설(Localizer) 및 활공각제공시설(Glide Slope)의 전파를 보호하기 위하여 기동지역을 이동하는 사람 및 차량에 대하여 제한을 하여야 한다.

③ 관제탑은 조난항공기의 구조를 위하여 이동하는 비상차량에 우선권을 부여하여야 한다. 이 경우 차량과 지상이동 하는 항공기 간의 분리최저치는 지방항공청장이 정하는 바에 따른다.

④ 제2항에 따라 비행장의 기동지역 내를 이동하는 차량은 다음 각 호의 사항을 준수하여야 한다. 다만, 관제탑의 다른 지시가 있는 경우에는 그 지시를 우선적으로 준수하여야 한다.

1. 지상이동·이륙·착륙 중인 항공기에 진로를 양보할 것
2. 차량은 항공기를 견인하는 차량에게 진로를 양보할 것
3. 차량은 관제지시에 따라 이동 중인 다른 차량에게 진로를 양보할 것

⑤ 비행장 내의 이동지역에 출입하는 사람 또는 차량(건설기계 및 장비를 포함한다)의 관리·통제 및 안전관리 등에 대한 세부 사항은 국토교통부장관이 정하여 고시한다.

예상문제

01 항공기의 지상이동 사항이 아닌 것은?

① 정면 또는 이와 유사하게 접근하는 항공기 상호간에는 모두 정지하거나 가능한 경우에는 충분한 간격이 유지되도록 각각 오른쪽으로 진로를 바꿔야한다

② 추월하는 항공기는 다른 항공기의 통행에 지장을 주지 아니하도록 충분한 분리 간격을 유지해야한다
③ 기동지역에서 지상이동 하는 항공기는 관제탑의 지시가 없는 경우에는 유도로에서 정지하여 대기해야 한다
④ 교차하거나 이와 유사하게 접근하는 항공기 상호간에는 다른 항공기를 우측으로 보는 항공기가 진로를 양보해야한다

02 기동지역에서 관제탑의 지시가 없을 때 기장의 조치는?

① 먼저 도착한 순서대로 진행한다
② 활주로 진입 전 대기지점에서 정지 또는 대기한 후 다음 지시를 요청한다
③ 점멸등을 켜고 지시가 있을 때까지 기다린다
④ 파랑 등화를 켜고 진행한다

03 항공기가 활주로를 이탈할 경우에 안전지대는?

① 활주로 우측 ② 활주로 중앙
③ 활주로 좌측 ④ 착륙대

04 비행장의 기동지역 내를 이동하는 차량의 조치에서 틀린 것은?

① 차량은 지상이동·이륙·착륙 중인 항공기에 진로를 양보해야한다
② 차량은 항공기를 견인하는 차량에게 진로를 양보해야한다
③ 차량은 관제지시에 따라 이동 중인 다른 차량에게 진로를 양보해야한다
④ 직진하는 대형차가 우선이다

05 비행장 또는 그 주변을 비행하는 항공기 조종사의 조치에서 틀린 것은?

① 이륙하려는 항공기는 안전고도 미만의 고도 또는 안전속도 미만의 속도에서 선회하지 말 것
② 해당 비행장의 이륙기상최저치 미만의 기상상태에서는 이륙하지 말 것
③ 해당 비행장의 시계비행 착륙기상최저치 미만의 기상상태에서는 시계비행방식으로 착륙을 시도하지 말 것
④ 해당 비행장의 기상상태와 무관하게 반드시 시계비행방식으로 착륙을 할 것

06 터빈발동기를 장착한 이륙항공기가 지표 또는 수면으로부터 가능한 한 신속하게 상승해야 하는 고도는?

① 450미터
② 1,500미터
③ 150미터
④ 3,000미터

Answer

01. ③ 02. ② 03. ④ 04. ④ 05. ④ 06. ①

CHAPTER 22 비행승인, 인증

➲ 항공안전법 제23조(감항증명 및 감항성 유지)

① 항공기가 감항성이 있다는 증명(감항증명)을 받으려는 자는 국토교통부령으로 정하는 바에 따라 국토교통부장관에게 감항증명을 신청하여야 한다.

② 감항증명은 대한민국 국적을 가진 항공기가 아니면 받을 수 없다. 다만, 국토교통부령으로 정하는 항공기의 경우에는 그러하지 아니하다.

③ 누구든지 다음 각 호의 어느 하나에 해당하는 감항증명을 받지 아니한 항공기를 운항하여서는 아니 된다.

1. 표준감항증명: 해당 항공기가 형식증명 또는 형식증명승인에 따라 인가된 설계에 일치하게 제작되고 안전하게 운항할 수 있다고 판단되는 경우에 발급하는 증명
2. 특별감항증명: 해당 항공기가 제한형식증명을 받았거나 항공기의 연구, 개발 등 국토교통부령으로 정하는 경우로서 항공기 제작자 또는 소유자등이 제시한 운용범위를 검토하여 안전하게 운항할 수 있다고 판단되는 경우에 발급하는 증명

④ 국토교통부장관은 제3항 각 호의 어느 하나에 해당하는 감항증명을 하는 경우 국토교통부령으로 정하는 바에 따라 해당 항공기의 설계, 제작과정, 완성 후의 상태와 비행성능에 대하여 검사하고 해당 항공기의 운용한계(運用限界)를 지정하여야 한다. 다만, 다음 각 호의 어느 하나에 해당하는 항공기의 경우에는 국토교통부령으로 정하는 바에 따라 검사의 일부를 생략할 수 있다.

1. 형식증명, 제한형식증명 또는 형식증명승인을 받은 항공기
2. 제작증명을 받은 자가 제작한 항공기
3. 항공기를 수출하는 외국정부로부터 감항성이 있다는 승인을 받아 수입하는 항공기

⑤ 감항증명의 유효기간은 1년으로 한다. 다만, 항공기의 형식 및 소유자등(제32조제2항에 따른 위탁을 받은 자를 포함한다)의 감항성 유지능력 등을 고려하여 국토교통부령으로 정하는바에 따라 유효기간을 연장할 수 있다.

⑥ 국토교통부장관은 제4항에 따른 검사 결과 항공기가 감항성이 있다고 판단되는 경우 국토교통부령으로 정하는 바에 따라 감항증명서를 발급하여야 한다.

⑦ 국토교통부장관은 다음 각 호의 어느 하나에 해당하는 경우에는 해당 항공기에 대한 감항증명을 취소하거나 6개월 이내의 기간을 정하여 그 효력의 정지를 명할 수 있다. 다만, 제1호에 해당하는 경우에는 감항증명을 취소하여야 한다.

1. 거짓이나 그 밖의 부정한 방법으로 감항증명을 받은 경우
2. 항공기가 감항증명 당시의 항공기기술기준에 적합하지 아니하게 된 경우

⑧ 항공기를 운항하려는 소유자등은 국토교통부령으로 정하는 바에 따라 그 항공기의 감항성을 유지하여야 한다.

⑨ 국토교통부장관은 제8항에 따라 소유자등이 해당 항공기의 감항성을 유지하는지를 수시로 검사하여야 하며, 항공기의 감항성 유지를 위하여 소유자등에게 항공기등, 장비품 또는 부품에 대한 정비등에 관한 감항성개선 또는 그 밖의 검사·정비 등을 명할 수 있다.

➲ 항공안전법 제30조(수리·개조승인)

① 감항증명을 받은 항공기의 소유자등은 해당 항공기등, 장비품 또는 부품을 국토교통부령으로 정하는 범위에서 수리하거나 개조하려면 국토교통부령으로 정하는바에 따라 그 수리·개조가 항공기기술기준에 적합한지에 대하여 국토교통부장관의 승인(수리·개조승인)을 받아야 한다.

② 소유자등은 수리·개조승인을 받지 아니한 항공기등, 장비품 또는 부품을 운항 또는 항공기 등에 사용해서는 아니 된다.

③ 제1항에도 불구하고 다음 각 호의 어느 하나에 해당하는 경우로서 항공기기술기준에 적합한 경우에는 수리·개조승인을 받은 것으로 본다.

1. 기술표준품형식승인을 받은 자가 제작한 기술표준품을 그가 수리·개조하는 경우
2. 부품등제작자증명을 받은 자가 제작한 장비품 또는 부품을 그가 수리·개조하는 경우
3. 정비조직인증을 받은 자가 항공기등, 장비품 또는 부품을 수리·개조하는 경우

➲ 항공안전법 제31조(항공기등의 검사 등)

① 국토교통부장관은 증명·승인 또는 정비조직인증을 할 때에는 국토교통부장관이 정하는바에 따라 미리 해당 항공기등 및 장비품을 검사하거나 이를 제작 또는 정비하려는 조직, 시설 및 인력 등을 검사하여야 한다.

② 국토교통부장관은 제1항에 따른 검사를 하기 위하여 다음 각 호의 어느 하나에 해당하는 사람 중에서 항공기등 및 장비품을 검사할 사람(검사관)을 임명 또는 위촉한다.

1. 항공정비사 자격증명을 받은 사람

2. 「국가기술자격법」에 따른 항공분야의 기사 이상의 자격을 취득한 사람
3. 항공기술 관련 분야에서 학사 이상의 학위를 취득한 후 3년 이상 항공기의 설계, 제작, 정비 또는 품질보증 업무에 종사한 경력이 있는 사람
4. 국가기관등항공기의 설계, 제작, 정비 또는 품질보증 업무에 5년 이상 종사한 경력이 있는 사람

③ 국토교통부장관은 국토교통부 소속 공무원이 아닌 검사관이 제1항에 따른 검사를 한 경우에는 예산의 범위에서 수당을 지급할 수 있다.

➲ 항공안전법 제32조(항공기등의 정비등의 확인)

① 소유자등은 항공기등, 장비품 또는 부품에 대하여 정비 등(국토교통부령으로 정하는 경미한 정비 및 수리·개조는 제외한다. 이하 이 조에서 같다)을 한 경우에는 항공정비사 자격증명을 받은 사람으로서 국토교통부령으로 정하는 자격요건을 갖춘 사람으로부터 그 항공기등, 장비품 또는 부품에 대하여 국토교통부령으로 정하는 방법에 따라 감항성을 확인받지 아니하면 이를 운항 또는 항공기 등에 사용해서는 아니 된다. 다만, 감항성을 확인받기 곤란한 대한민국 외의 지역에서 항공기등, 장비품 또는 부품에 대하여 정비등을 하는 경우로서 국토교통부령으로 정하는 자격요건을 갖춘 자로부터 그 항공기등, 장비품 또는 부품에 대하여 감항성을 확인받은 경우에는 이를 운항 또는 항공기등에 사용할 수 있다.

② 소유자등은 항공기등, 장비품 또는 부품에 대한 정비등을 위탁하려는 경우에는 정비조직인증을 받은 자 또는 그 항공기등, 장비품 또는 부품을 제작한 자에게 위탁하여야 한다.

➲ 항공안전법 제108조(경량항공기 안전성인증 등)

① 시험비행 등 국토교통부령으로 정하는 경우로서 국토교통부장관의 허가를 받은 경우를 제외하고는 경량항공기를 소유하거나 사용할 수 있는 권리가 있는 자(경량항공기소유자등)는 국토교통부령으로 정하는 기관 또는 단체의 장으로부터 그가 정한 안전성인증의 유효기간 및 절차·방법 등에 따라 그 경량항공기가 국토교통부장관이 정하여 고시하는 비행안전을 위한 기술상의 기준에 적합하다는 안전성인증을 받지 아니하고 비행하여서는 아니 된다. 이 경우 안전성인증의 유효기간 및 절차·방법 등에 대해서는 국토교통부장관의 승인을 받아야 하며, 변경할 때에도 또한 같다.

② 제1항에 따라 국토교통부령으로 정하는 기관 또는 단체의 장이 안전성인증을 할 때에는 국토교통부령으로 정하는 바에 따라 안전성인증 등급을 부여하고, 그 등급에 따른

운용범위를 지정하여야 한다.
③ 경량항공기소유자등 또는 경량항공기를 사용하여 비행하려는 사람은 제2항에 따라 부여된 안전성인증 등급에 따른 운용범위를 준수하여 비행하여야 한다.
④ 경량항공기소유자등 또는 경량항공기를 사용하여 비행하려는 사람은 경량항공기 또는 그 장비품·부품을 정비한 경우에는 항공정비사 자격증명을 가진 사람으로부터 국토교통부령으로 정하는 방법에 따라 안전하게 운용할 수 있다는 확인을 받지 아니하고 비행하여서는 아니 된다. 다만, 국토교통부령으로 정하는 경미한 정비는 그러하지 아니하다.

➲ 항공안전법 제119조(경량항공기 무선설비 등의 설치·운용 의무)

국토교통부령으로 정하는 경량항공기를 항공에 사용하려는 사람 또는 소유자등은 해당 경량항공기에 무선교신용 장비, 항공기 식별용 트랜스폰더 등 국토교통부령으로 정하는 무선설비를 설치·운용하여야 한다.

예상문제

01 감항증명을 받은 항공기의 소유자등은 해당 항공기등, 장비품 또는 부품을 국토교통부령으로 정하는 범위에서 수리하거나 개조하려면 누구의 승인을 얻어야 하는가?

① 국토교통부장관 ② 지방항공청 ③ 정비사업소장 ④ 조종사

02 증명·승인 또는 정비조직인증을 할 때 검사관이 될 수 없는 사람은?

① 항공정비사 자격증명을 받은 사람
② 국가기술자격법에 따른 항공분야의 기사 이상의 자격을 취득한 사람
③ 국가기관등항공기의 설계, 제작, 정비 또는 품질보증 업무에 5년 이상 종사한 경력이 있는 사람
④ 항공기술 관련 분야에서 학사 이상의 학위를 취득한 후 2년 이상 항공기의 설계, 제작, 정비 또는 품질보증 업무에 종사한 경력이 있는 사람

03 경량항공기 안전성인증에 대해서 틀린 사항은?

① 경량항공기소유자등 또는 경량항공기를 사용하여 비행하려는 사람은 부여된 안전성인증 등급에 따른 운용범위를 준수하여 비행해야한다
② 시험비행 및 신제품 개발시에는 안전성 인증을 받지 않아도 된다
③ 경량항공기소유자등 또는 경량항공기를 사용하여 비행하려는 사람은 경량항공기 또는 그 장비품·부품을 정비한 경우에는 항공정비사 자격증명을 가진 사람으로부터 국토교통부령으로 정하는 방법에 따라 안전하게 운용할 수 있다는 확인을 받지 아니하고 비행하여서는 아니 된다. 다만, 국토교통부령으로 정하는 경미한 정비는 그러하지 아니하다
④ 시험비행 등 국토교통부령으로 정하는 경우로서 국토교통부장관의 허가를 받은 경우를 제외하고는 경량항공기를 소유하거나 사용할 수 있는 권리가 있는 자는 국토교통부령으로 정하는 기관 또는 단체의 장으로부터 그가 정한 안전성인증의 유효기간 및 절차·방법 등에 따라 그 경량항공기가 국토교통부장관이 정하여 고시하는 비행안전을 위한 기술상의 기준에 적합하다는 안전성인증을 받지 아니하고 비행하여서는 아니 된다

04 감항증명의 유효기간은?

① 3년 ② 6개월 ③ 1년 ④ 5년

Answer

01. ① 02. ④ 03. ② 04. ③

CHAPTER 23

항공계기

■ **시계비행방식 항공계기** : 시계비행방식에 의한 비행을 하는 항공기가 갖추어야 할 항공계기는 다음과 같다.

- 나침반
- 시계(시, 분, 초의 표시)
- 기압고도계
- 속도계

■ **수상비행기 구급용구** : 수상비행기(수륙 양용 비행기를 포함한다)에 장비하여야할 구급용구는 다음과 같다.

- 구명동의 또는 이에 상당하는 개인부양 장비(탑승자 한 명당 1개)
- 음성신호발생기
- 해상용 닻(해상이동에 필요한 경우만 해당한다)
- 일상용 닻

■ **육상단발비행기의 구명동의** : 육상단발비행기(수륙 양용 비행기를 포함한다)가 해안으로부터 활공거리를 벗어난 해상을 비행하는 경우에는 탑승자 한 명당 1개의 구명동의 또는 이에 상당하는 개인 부양 장비를 갖추어야 한다.

■ **불꽃조난신호장비 등** : 수색구조가 특별히 어려운 산악지역, 외딴 지역 및 국토교통부장관이 정한 해상 등을 횡단 비행하는 비행기(헬리콥터를 포함한다)에는 불꽃조난신호장비 및 구명장비를 갖추어야 한다.

➲ 항공안전법 제51조(무선설비의 설치·운용 의무)

항공기를 운항하려는 자 또는 소유자등은 해당 항공기에 비상위치 무선표지설비, 2차감시레이더용 트랜스폰더 등 국토교통부령으로 정하는 무선설비를 설치·운용하여야 한다.

➲ 항공안전법 제52조(항공계기 등의 설치·탑재 및 운용 등)

① 항공기를 운항하려는 자 또는 소유자등은 해당 항공기에 항공기 안전운항을 위하여 필요한 항공계기(航空計器), 장비, 서류, 구급용구 등(항공계기등)을 설치하거나 탑재하여 운용하여야 한다. 이 경우 최대이륙중량이 600킬로그램 초과 5천700킬로그램 이하인 비행기에는 사고예방 및 안전운항에 필요한 장비를 추가로 설치할 수 있다.

② 제1항에 따라 항공계기등을 설치하거나 탑재하여야 할 항공기, 항공계기등의 종류, 설치·탑재기준 및 그 운용방법 등에 필요한 사항은 국토교통부령으로 정한다.

➲ 항공안전법 시행규칙 제117조(항공계기장치 등)

① 시계비행방식 또는 계기비행방식(계기비행 및 항공교통관제 지시 하에 시계비행방식으로 비행을 하는 경우를 포함한다)에 의한 비행을 하는 항공기에 갖추어야 할 항공계기 등의 기준은 [표 23-1]과 같다.

② 야간에 비행을 하려는 항공기에는 [표 23-1]에 따라 계기비행방식으로 비행할 때 갖추어야 하는 항공계기 등 외에 추가로 다음 각 호의 조명설비를 갖추어야 한다. 다만, 제1호 및 제2호의 조명설비는 주간에 비행을 하려는 항공기에도 갖추어야 한다.

1. 항공운송사업에 사용되는 항공기에는 2기 이상, 그 밖의 항공기에는 1기 이상의 착륙등. 다만, 헬리콥터의 경우 최소한 1기의 착륙등은 수직면으로 방향전환이 가능한 것이어야 한다.
2. 충돌방지등 1기
3. 항공기의 위치를 나타내는 우현등, 좌현등 및 미등
4. 운항승무원이 항공기의 안전운항을 위하여 사용하는 필수적인 항공계기 및 장치를 쉽게 식별할 수 있도록 해주는 조명설비
5. 객실조명설비
6. 운항승무원 및 객실승무원이 각 근무위치에서 사용할 수 있는 손전등(flashlight)

③ 마하 수(Mach number) 단위로 속도제한을 나타내는 항공기에는 마하 수 지시계(Mach number Indicator)를 장착하여야 한다. 다만, 마하 수 환산이 가능한 속도계를 장착한 항공기의 경우에는 그러하지 아니하다.

④ 제2항제1호에도 불구하고 소형항공운송사업에 사용되는 항공기로서 해당 항공기에

착륙등을 추가로 장착하기 위한 기술이 그 항공기 제작자 등에 의해 개발되지 아니한 경우에는 1기의 착륙등을 갖추고 비행할 수 있다.

| 표 23-1 | 항공계기 등의 기준

비행 구분	계기명	수량			
		비행기		헬리콥터	
		항공운송 사업용	항공운송 사업용 외	항공운송 사업용	항공운송 사업용 외
시계 비행 방식	나침반	1	1	1	1
	시계(시, 분, 초의 표시)	1	1	1	1
	정밀기압고도계	1	-	1	1
	기압고도계	-	1	-	-
	속도계	1	1	1	1

➲ 항공안전법 시행규칙 제297조(경량항공기의 의무무선설비)

① "국토교통부령으로 정하는 경량항공기"란 경량항공기의 안전성 인증 등급에 해당하는 경량항공기를 말한다.

② 경량항공기에 설치·운용 하여야 하는 무선설비는 다음 각 호와 같다.

1. 비행 중 항공교통관제기관과 교신할 수 있는 초단파(VHF) 또는 극초단파(UHF) 무선전화 송수신기 1대
2. 기압고도에 관한 정보를 제공하는 2차 감시 항공교통관제 레이더용 트랜스폰더(Mode 3/A 및 Mode C SSR transponder) 1대

③ 제2항제1호에 따른 무선전화 송수신기는 무선설비 기준의 성능을 가져야 한다.

예상문제

01 경량항공기의 의무 무선설비는?

① 비행 중 항공교통관제기관과 교신할 수 있는 초단파(VHF) 또는 극초단파(UHF) 무선전화 송수신기 1대와 트랜스폰더 1대

② 초단파(VHF)와 극초단파(UHF) 무선전화 송수신기 각 1대
③ 초단파(VHF) 또는 극초단파(UHF) 무선전화 송수신기 각 1대
④ 기압고도에 관한 정보를 제공하는 2차 감시 항공교통관제 레이더용 트랜스폰더 2대

02 시계비행을 하는 항공기에 갖추어야 할 항공계기에 속하지 않는 것은?

① 승강계
② 기압고도계
③ 시계
④ 나침반

03 경량항공기에 설치 및 운용하여야 하는 무선설비가 아닌 것은?

① 비행 중 항공교통관제기관과 교신할 수 있는 초단파(VHF) 또는 극초단파(UHF) 무선전화 송수신기 1대
② 기압고도에 관한 정보를 제공하는 2차 감시 항공교통관제 레이더용 트랜스폰더(Mode 3/A 및 Mode C SSR transponder) 1대
③ 설치 및 운용해야 할 무선 전화 송수신기는 규정 성능을 가져야 한다
④ 착륙을 용이하게 하기위한 진입각 계측장비

Answer
01. ① 02. ① 03. ④

CHAPTER 24 고도계의 수정

■ **고도계**(高度計) : 고도를 측정하는 계기이며, 대기압으로 측정하는 기압고도계와 대기중의 물체에서 발사한 전파가 지면까지 갔다 오는데 걸린 시간으로 측정하는 전파고도계가 있다. 전파고도계는 지표면에서 항공기까지의 거리를 측정하는 기기로서 항공기에서 발사된 전파가 땅에서 반사되어 다시 되돌아오는 시간의 1/2에 해당되는 높이가 고도이다.

고도에 따라 변화하는 대기압에 감응하여 움직이는 아네로이드 기압계를 사용하여 어떤 기준면에서의 고도를 측정하는 기압고도계에는 얇은 금속으로 된 통이 압력의 변화에 따라 수축과 팽창하므로 높이 올라갈수록 대기압이 낮아지는 원리에 의하여 압력의 변화로 고도를 측정할 수 있다.

고도계는 항공기의 고도를 표시하는 계기로서 일반적으로 기압 수정치는 29.92inHg가 기준이며, 현재의 기압이 기준값보다 낮은 경우이 고도계는 더 높은 고도를 지시하고, 기준이 되는 값보다 높은 경우에는 더 낮은 고도를 지시한다.

지구를 둘러싸고 있는 대기는 그 자체의 무게만큼 아래로 누르는 압력을 받으므로 지표면 가까이 있는 공기는 상부 공기의 압력으로 상부 공기보다 높은 밀도를 갖는다. 고도에 따른 압력은 고도계에 의하여 측정되며, 기압고도계는 대기압력을 고도 지시값으로 바꿔주는 압력측정 장치이다.

➲ 항공안전법 시행규칙 제165조(기압고도계의 수정)

비행을 하는 항공기의 기압고도계는 다음 각 호의 기준에 따라 수정하여야 한다.

1. 전이고도 이하의 고도로 비행하는 경우에는 비행로를 따라 185킬로미터(100해리) 이내에 있는 항공교통관제기관으로부터 통보받은 QNH[185킬로미터(100해리) 이내에 항공교통관제기관이 없는 경우에는 비행정보기관 등으로부터 받은 최신 QNH를 말한다]로 수정할 것
2. 전이고도를 초과한 고도로 비행하는 경우에는 표준기압치(1,013.2 헥토파스칼)로 수정할 것

※ QNH : 전이고도 이하에서 사용되며, 평균해면으로부터 고도를 표시하도록 출발 비행장 활주로의 표고에 기압고도계를 맞추는 방식이다.

■ **고도계 설정** : 대기압은 시간과 장소에 따라서 다르므로 조종사는 항상 자신이 위치하고 있는 지역의 정확한 고도를 유지하기 위하여 해당 지역의 대기압에 고도계 값을 맞춰야한다. 고도계 수정을 위하여 고도계에는 콜스만 윈도(Kohlsman window)가 설치되어 있으며, 해당 공항의 고도계 수정값을 콜스만 윈도 지침에 맞췄을 때 고도계 지침이 지시하는 고도가 해당 공항의 실고도이다.

해당 공항의 고도계 수정값은 관제사에게 요청하여 얻을 수 있으며, 해당 공항의 고도계 수정값을 모를 때는 해당 공항의 표고(標高)에 고도계를 일치시켜서 운용하고, 고도계의 정확도를 측정하기 위하여 고도계 수정값이 지시하는 지시고도와 공항 표고의 값이 ±75피트 이내이어야 고도계를 신뢰할 수 있다.

높은 고도에서는 공기밀도가 희박하여 고도 변화가 없으므로 전이고도(우리나라 14,000피트, 미국 18,000피트) 이상의 고도에서는 고도계 수정값을 29.92inHg에 맞추고 운항해야한다.

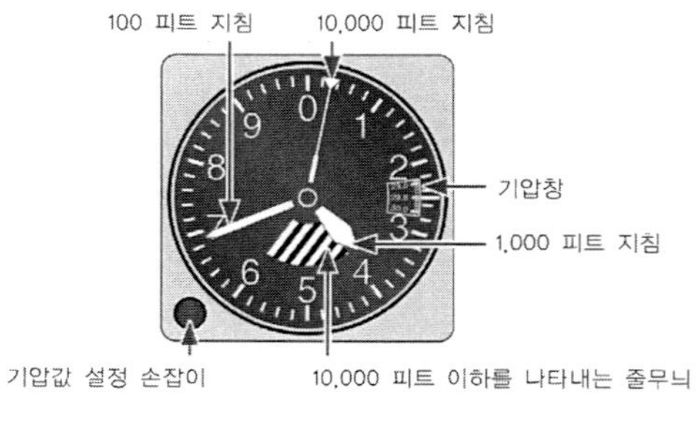

| 그림 24-1 | **고도계**

조종사가 고도계를 수정하지 않고 저기압 지역에서 고기압 지역으로 비행하였을 때 실제 항공기가 비행하는 고도는 고도계의 지시고도보다 높으며, 고기압 지역에서 저기압 지역으로 고도계 수정 없이 비행시 실

제 항공기가 비행하는 고도는 고도계가 지시하는 지시고도보다 낮다.

기압고도계는 온도에 따라 영향을 받으므로 표준기온보다 높은 지역에서의 실제 항공기가 비행하는 고도는 지시고도보다 높고, 표준기은보다 낮은 지역에서의 실제 항공기 고도는 지시고도보다 낮아서 위험할 수 있다.

■ **고도계 판독법** : 고도계는 3개의 지침으로 구성되어 있으며, 가장 짧은 지침은 10,000단위, 중간 지침은 1,000단위이며, 가장 긴 지침은 100단위를 지시하고, 고도계의 한 눈금은 20피트이다.

■ **고도계 오차** : 고도계의 오차는 지시침 관련 부품에 의한 기계적 오차와 공방의 수축과 팽창 및 지시값의 오차인 눈금오차, 정압공 위치의 공기흐름에 의한 장착오차, 요잉운동에 의한 반전오차, 급격한 고도변경에 의한 탄성오차, 온도에 따른 금속의 변화에 의한 온도오차와 실제대기와 표준대기의 차이로 발생하는 기압오차 등이 있다.

대부분의 고도계는 기계적인 탄성과 온도, 장착오차 등의 영향을 받으므로 조종사가 고도계를 수정하지 않고 고기압 지역에서 저기압 지역으로 비행할 때, 항공기는 고도계가 지시하는 고도보다 지표면에 가깝게 있어서 위험할 수 있으므로 비행중에 최신 고도계 수정치를 확보해야한다.

대기의 압력을 기압이라 하며, 공식적인 기압의 단위는 hPa이며, 수은주 760mm의 높이에 해당하는 기압을 표준기압인 1기압이라고 한다.

경량항공기에 사용되는 계기는 비행용 계기와 엔진용 계기로 나누어지며, 비행용 계기에는 항공기의 속도를 지시해 주는 속도계와 고도를 지시해 주는 고도계, 항공기의 상승과 강하를 지시해 주는 승강계가 기본적으로 장착되어있으며, 그밖에 항공기의 자세를 나타내 주는 자세계, 선회를 지시해주는 선회계, 비행방향을 지시해주는 방향지시계 등에 의하여 정확한 비행정보가 제공된다.

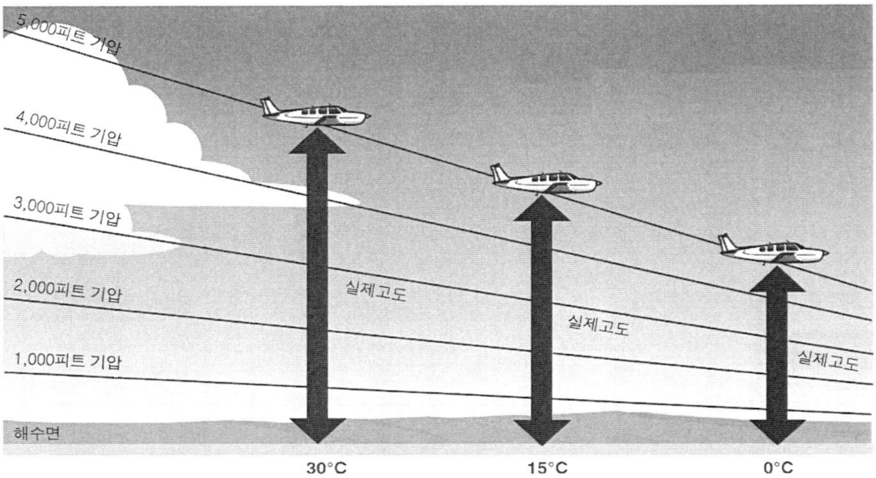

| 그림 24-2 | 기온에 따른 고도의 차이 : 공기가 표준온도보다 더 차가운(더 밀도가 높은) 지역으로 비행할 때 경험하는 고도 손실

■ **고도계 조정** : 기압고도계는 온도에 영향을 받으므로 표준대기조건(15℃, 29.92 inHg, 1013.2mb)에서만 실제고도와 기압고도가 일치하고 비표준대기 조건에서는 온도와 기압에 따라 실제고도와 기압고도계의 지시고도 사이에 차이가 발생한다. 고도계 조정값은 해당 공항의 관제사에 요청하여 얻을 수 있으나 관제시설이 없는 지역에서는 해당 공항의 표고에 고도계를 조정하여 운용한다.

대기압의 표준은 해수면 높이와 표준기온, 중위도에서 대기의 압력을 나타내는 것으로 표준대기압을 수은의 인치 단위로 측정했을 때 29.92inHg이므로 기압고도의 표준은 29.92inHg가 된다.

■ **고도의 종류** : 실제 비행시에 이륙공항과 착륙공항의 기압과 온도가 다를 수 있으므로 항공기가 기압이 다른 지역으로 비행할 때 고도계 보정을 하지 않으면 지상에서의 실제 높이가 지시고도와 달라서 위험해질 수 있다.

| 그림 24-3 | 기압고도계

- 지시고도(indicated altitude) : 현재의 고도계 설정을 한 상태에서 고도계가 지시하는 고도이므로 해당지역의 고

도계 수정치로 조정했을 때 고도계가 지시하는 고도이다.

- 진고도(true altitude) : 평균해수면에서 항공기까지의 수직거리인 항공기의 실제 고도로서 고도계 설정을 해당 비행지역의 기압이 정확히 맞추었을 경우에 지시하는 평균해수면에서의 고도를 의미한다. 항법차트에 기록되어 있는 공항과 지형, 장애물들의 표고는 모두 진고도로 표시된다.
- 절대고도(absolute altitude) : 지형이나 지표면이서 항공기까지의 수직 거리를 말하며 AGL(Above Ground Level)단위를 사용한다. 즉, 현지기압을 의미하는 지면 또는 수면에서의 고도로서 육지에서 표고를 감한 고도인 지구표면 위의 항공기 실제 높이인 AGL을 말하며, 비행중인 항공기가 지표면에서 얼마나 높게 떠있는지에 대한 고도이다.
- 기압고도(pressure altitude) : 고도계를 표준대기압인 29.92inHg로 설정했을 때 지시되는 고도를 말하며, 표준대기 조건하에서 해수면에서의 고도로서 밀도고도와 진고도, 진대기속도와 같은 성능자료를 산출할 때 사용된다.
- 밀도고도(density altitude) : 표준대기 상태일 대 기압고도와 밀도고도는 같고, 기압고도가 표준온도에서 벗어나 있는 편차를 수정한 고도이며 항공기 성능과 밀접한 관련이 있다. 즉, 압력고도에서 비표준온도와 압력을 수정해서 얻은 고도이며, 밀도고도는 항공기 이륙과 상승 성능에 직접적인 영향을 미친다.
- 수정고도(calibrated altitude) : 기계적 오차와 장착오차를 수정한 지시고도이다.

예상문제

01 다음 중 기압고도가 진고도와 일치하는 조건은?

① 표준온도일 때　② 표준 대기조건일 때
③ 대기압이 29.92inHg일 때　④ 지시고도가 기압고도와 일치할 때

02 **전이고도를 초과한 고도로 비행하는 경우에 수정할 표준기압치는?**

① 185 헥토파스칼 ② 1,013.2 헥토파스칼
③ 2,024 헥토파스칼 ④ 1,024 헥토파스칼

03 **표준기온보다 추운 지방에서 기압고도계 지시는?**

① 지시고도보다 실제고도가 높다 ② 지시고도와 실제고도는 같다
③ 온도의 영향을 받지 않는다 ④ 지시고도보다 실제고도가 낮다

04 **다음 중 피토관 정압계기가 아닌 것은?**

① 속도계 ② 선회계
③ 고도계 ④ 승강계

05 **평균해수면에서 항공기가 떨어져 있는 수직거리인 실제고도는?**

① 밀도고도 ② 기압고도
③ 절대고도 ④ 진고도

06 **항공기가 활주로상에 있을 때 표고를 지시하는 고도계 설정은?**

① QNE ② QNH
③ QFE ④ QFF

07 **특정 지역에서 운용되는 모든 항공기는 반드시 고도계 수정치에 맞게 조정하고 운용해야하는 이유는?**

① 상층부의 비표준온도로 인한 고도계 오차 상쇄
② 지표면에서 정확한 실제 고도 제공
③ 항공기 사이에 양호한 수직 분리 제공
④ 산악지형에서 보다 정확한 지형 통과

08 **이륙하고자 하는 공항에 고도계 수정치를 얻을 수 있는 시설이 없을 때 어떻게 해야 하는가?**

① 29.92에 맞추고 이륙한다
② 고도계를 공항 표고에 맞추고 이륙한다

③ 고도계를 75피트에 맞추고 이륙한다
④ 주변지역의 최고 높은 표고에 맞추고 이륙한다

09 전이고도 미만 비행시 기압 고도계 수정 방법은?

① 현재 위치의 표준기압에 맞춘다
② 가까운 공항의 기압에 맞춘다
③ 비행로를 따라 185킬로미터 이내의 항공교통관제기관에서 받은 QNE
④ 비행로를 따라 185킬로미터 이내의 항공교통관제기관에서 받은 QNH

10 고도계를 신뢰할 수 있는 지시고도와 공항 표고값의 허용오차는?

① ± 0　　② ± 30
③ ± 55　　④ ± 75

Answer

01. ② 02. ② 03. ④ 04. ② 05. ④ 06. ② 07. ③ 08. ② 09. ④ 10. ④

CHAPTER 25 순항고도

■ 순항고도

- 경량항공기가 관제구 또는 관제권을 비행하는 경우에는 항공교통관제기관이 지시하는 고도를 따라서 비행하여야 한다.
- 경량항공기에 해당하는 순항고도의 예는 다음 [표 25-1]과 같으며, 일반 순항고도 기준은 [표 25-2]이다.

| 표 25-1 | 비행방향별 경량항공기의 순항고도 예

000° 에서 179° 까지 시계비행		180° 에서 359° 까지 시계비행	
비행고도(Flight Level)	고도(ft) (Altitude)	비행고도(Flight Level)	고도(ft) (Altitude)
035	3,500	045	4,500
015	1,500	025	2,500

| 표 25-2 | 일반 순항고도 기준

비행방향	비행방식	29,000피트 미만	29,000피트 이상
000°-179°	계기비행	1,000피트의 홀수배	29,000 또는 29,000 + 4,000의 배수
	시계비행	1,000피트의 홀수배+500피트	30,000 또는 30,000 + 4,000의 배수
180°-359°	계기비행	1,000피트의 짝수배	31,000 또는 31,000 + 4,000의 배수
	시계비행	1,000피트의 짝수배+500피트	32,000 또는 32,000 + 4,000의 배수

■ **고도·항공로 등의 변경** : 비행계획에 포함된 순항고도, 순항속도 및 항공로에 관한 사항을 변경하려는 경량항공기는 다음의 구분에 따른 정보를 관할 항공교통관제기관에 통보하여야 한다.

- 순항고도의 변경 : 경량항공기의 식별부호, 변경하려는 순항고도 및 순항속도, 다음 보고지점 도착 예정시간

- 순항속도의 변경 : 경량항공기의 식별부호, 변경하려는 속도
- 항공로의 변경
  - 목적비행장(또는 이착륙장) 변경이 없을 경우 : 경량항공기의 식별부호, 비행의 방식, 변경 항공로, 변경 예정시간, 그 밖에 항공로의 변경에 필요한 정보
  - 목적비행장(또는 이착륙장) 변경이 있을 경우 : 경량항공기의 식별부호, 비행의 방식, 목적비행장까지의 변경 항공로, 변경 예정시간, 교체비행장, 그밖에 비행장(또는 이착륙장)과 항공로의 변경에 필요한 정보

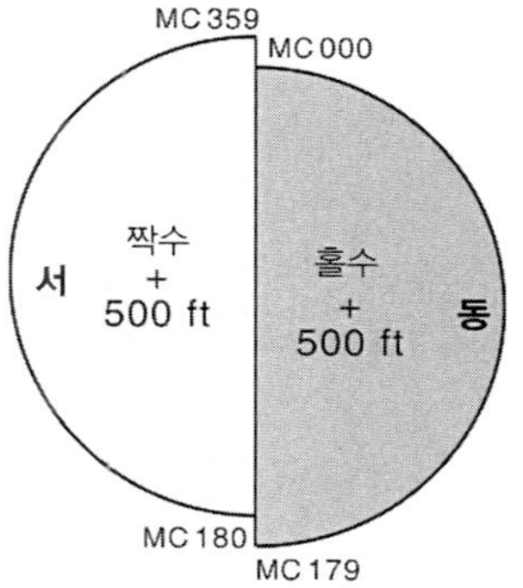

| 그림 25-1 | AGL 3,000피트 이상 VFR 순항고도

> ➲ 항공안전법 시행규칙 제164조(순항고도)
>
> ① 비행을 하는 항공기의 순항고도는 다음 각 호와 같다.
>
> 1. 항공기가 관제구 또는 관제권을 비행하는 경으에는 항공교틍관제기관이 항공교통관제업무 지시의 준수에 따라 지시하는 고도
> 2. 제1호 외의 경우에는 항공안전법 시행규칙(일반적으로 사용되는 순항고도)에서 정한 순항고도
> 3. 제2호에도 불구하고 국토교통부장관이 수직분리축소공역(RVSM)으로 정하여 고시한 공역의 경우에는 항공안전법 시행규칙(수직분리축소공역에서의 순항고도)에서 정한 순항고도
>
> ② 제1항에 따른 항공기의 순항고도는 다음 각 호의 구분에 따라 표현되어야 한다.
>
> 1. 순항고도가 전이고도를 초과하는 경우: 비행고도(Flight Level)
> 2. 순항고도가 전이고도 이하인 경우: 고도(Altitude)

> ➲ 항공안전법 시행규칙 제173조(시계비행방식에 의한 비행)
>
> ① 시계비행방식으로 비행하는 항공기는 지표면 또는 수면상공 900미터(3천피트) 이상을 비행할 경우에는 [표 5-3]에 따른 순항고도에 따라 비행하여야 한다. 다만, 관할 항공교통업무기관의 허가를 받은 경우에는 그러하지 아니하다.
>
> ② 시계비행방식으로 비행하는 항공기는 다음 각 호의 어느 하나에 해당하는 경우에는 항공교통관제기관의 지시에 따라 비행하여야 한다.

1. [표 15-1] 제1호에 따른 B, C 또는 D등급의 공역 내에서 비행하는 경우
2. 관제비행장의 부근 또는 기동지역에서 운항하는 경우
3. 특별시계비행방식에 따라 비행하는 경우

③ 관제권 안에서 시계비행방식으로 비행하는 항공기는 비행정보를 제공하는 관할 항공교통업무기관과 공대지통신(空對地通信)을 유지·경청하고, 필요한 경우에는 위치보고를 하여야 한다.

④ 시계비행방식으로 비행 중인 항공기가 계기비행방식으로 변경하여 비행하려는 경우에는 그 비행계획의 변경 사항을 관할 항공교통관제기관에 통보하여야 한다.

➲ 항공안전법 시행규칙 제174조(특별시계비행)

① 예측할 수 없는 급격한 기상의 악화 등 부득이한 사유로 관할 항공교통관제기관으로부터 특별시계비행허가를 받은 항공기의 조종사는 다음 각 호의 기준에 따라 비행하여야 한다.

1. 허가받은 관제권 안을 비행할 것
2. 구름을 피하여 비행할 것
3. 비행시정을 1,500미터 이상 유지하며 비행할 것
4. 지표 또는 수면을 계속하여 볼 수 있는 상태로 비행할 것
5. 조종사가 계기비행을 할 수 있는 자격이 없거나 항공계기를 갖추지 아니한 항공기로 비행하는 경우에는 주간에만 비행할 것. 다만, 헬리콥터는 야간에도 비행할 수 있다.

② 특별시계비행을 하는 경우에는 다음 각 호의 조건에서만 제1항에 따른 기준에 따라 이륙하거나 착륙할 수 있다.

1. 지상시정이 1,500미터 이상일 것
2. 지상시정이 보고되지 아니한 경우에는 비행시정이 1,500미터 이상일 것

➲ 항공안전법 시행규칙 제175조(비행시정 및 구름으로부터의 거리)

시계비행방식으로 비행하는 항공기는 항공안전법 시행규칙([표 5-4] 시계상의 양호한 기상상태)에 따른 비행시정 및 구름으로부터의 거리 미만인 기상상태에서 비행하여서는 아니 된다. 다만, 특별시계비행방식에 따라 비행하는 항공기는 그러하지 아니하다.

➲ 항공안전법 시행규칙 제185조(고도·항공로 등의 변경)

비행계획에 포함된 순항고도, 순항속도 및 항공로에 관한 사항을 변경하려는 항공기는

다음 각 호의 구분에 따른 정보를 관할 항공교통관제기관에 통보하여야 한다.
1. 순항고도의 변경: 항공기의 식별부호, 변경하려는 순항고도 및 순항속도(마하 수 또는 진대기속도를 말한다. 이하 이 조에서 같다.), 다음 보고지점 또는 비행정보구역 경계 도착 예정시간
2. 순항속도의 변경: 항공기의 식별부호, 변경하려는 속도
3. 항공로의 변경
   가. 목적비행장 변경이 없을 경우: 항공기의 식별부호, 비행의 방식, 변경 항공로, 변경 예정시간, 그 밖에 항공로의 변경에 필요한 정보
   나. 목적비행장 변경이 있을 경우: 항공기의 식별부호, 비행의 방식, 목적비행장까지의 변경 항공로, 변경 예정시간, 교체비행장, 그 밖에 비행장·항공로의 변경에 필요한 정보

예상문제

01 예측할 수 없는 급격한 기상의 악화 등 부득이한 사유로 관할 항공교통관제기관으로부터 특별시계비행허가를 받은 항공기의 조종사는 다음 각 호의 기준에 따라 비행하여야 한다. 틀린 것은?

① 허가받은 관제권 안을 비행할 것
② 구름이 있으면 구름을 직선으로 통과해서 비행할 것
③ 비행시정을 1,500미터 이상 유지하며 비행할 것
④ 지표 또는 수면을 계속하여 볼 수 있는 상태로 비행할 것

02 경량항공기가 기수를 115도로 시계비행시 맞는 순항고도는?

① 3,500피트 ② 4,500피트 ③ 2,500피트 ④ 3,000피트

03 경량항공기가 기수를 270도로 시계비행시 맞는 순항고도는?

① 3,500피트 ② 5,500피트 ③ 2,500피트 ④ 2,000피트

Answer

01. ② 02. ① 03. ③

CHAPTER 26 비행속도의 유지

➲ 항공안전법 시행규칙 제167조(진로와 속도 등)

① 항공기의 비행규칙에 따라 통행의 우선순위를 가진 항공기는 그 진로와 속도를 유지하여야 한다.

② 다른 항공기에 진로를 양보하는 항공기는 그 다른 항공기의 상하 또는 전방을 통과해서는 아니 된다. 다만, 충분한 거리 및 항적난기류(航跡亂氣流)의 영향을 고려하여 통과하는 경우에는 그러하지 아니하다.

③ 두 항공기가 충돌할 위험이 있을 정도로 정면 또는 이와 유사하게 접근하는 경우에는 서로 기수(機首)를 오른쪽으로 돌려야 한다.

④ 다른 항공기의 후방 좌·우 70도 미만의 각도에서 그 항공기를 추월(상승 또는 강하에 의한 추월을 포함한다)하려는 항공기는 추월당하는 항공기의 오른쪽을 통과하여야 한다. 이 경우 추월하는 항공기는 추월당하는 항공기와 간격을 유지하며, 추월당하는 항공기의 진로를 방해해서는 아니 된다.

➲ 항공안전법 시행규칙 제169조(비행속도의 유지 등)

① 항공기는 지표면으로부터 750미터(2,500피트)를 초과하고, 평균해면으로부터 3,050미터(1만피트) 미만인 고도에서는 지시대기속도 250노트 이하로 비행하여야 한다. 다만, 관할 항공교통관제기관의 승인을 받은 경우에는 그러하지 아니하다.

② 항공기는 항공안전법 시행규칙([표 15-1] 공역의 구분) 제1호에 따른 C 또는 D등급 공역에서는 공항으로부터 반지름 7.4킬로미터(4해리) 내의 지표면으로부터 750미터(2,500피트)의 고도 이하에서는 지시대기속도 200노트 이하로 비행하여야 한다. 다만, 관할 항공교통관제기관의 승인을 받은 경우에는 그러하지 아니하다.

③ 항공기는 항공안전법 시행규칙([표 15-1] 공역의 구분) 제1호에 따른 B등급 공역 중 공항별로 국토교통부장관이 고시하는 범위와 고도의 구역 또는 B등급 공역을 통과하는 시계비행로에서는 지시대기속도 200노트 이하로 비행하여야 한다.

> ④ 최저안전속도가 제1항부터 제3항까지의 규정에 따른 최대속도보다 빠른 항공기는 그 항공기의 최저안전속도로 비행하여야 한다.

■ **속도 단위** : 항공기에서 사용하고 있는 속도의 단위는 노트로서 육상마일과 해상마일이 있다. 육상마일은 소형 육상 항공기에 적용하는 항법 거리단위로서 1육상마일(육리, SM)은 1,609미터에 해당되며, 해상마일은 해당 지역의 위도 1分 길이인 1,852미터를 1해상마일(해리, NM)로 사용한다.

■ **속도계 표시** : 항공기 속도계는 운용범위에 따라서 조종사가 쉽게 식별할 수 있도록 색으로 구분하여 표시되어있다.

- 백색 원호 : 플랩의 운용 범위를 나타내며, 시작부분은 착륙외장상태에서의 무동력실속속도인 V_{S0}를 나타내고, 끝부분은 플랩을 펼친 상태에서 비행할 수 있는 최대속도인 V_{FE}를 나타낸다. 착륙접근시 주로 이 백색 원호영역의 속도로 비행한다.
- 백색 원호 하단(V_{S0}) : 착륙 장치와 플랩을 펼치고 동력을 차단시킨 상태에서 최대무게일 때 실속속도(최소 정상비행속도)를 나타낸다.
- 백색 원호 상단(V_{FE}) : 플랩을 펼쳤을 때 운용 가능한 최대 속도를 나타낸다.
- 녹색 원호 : 항공기의 일반적인 정상운용 범위를 나타내며, 시작부분은 순수외장상태에서 최대이륙중량인 특정외장에서의 실속 속도인 V_{S1}을 나타내고, 끝부분은 최대구조적순항속도인 V_{NO}를 나타낸다.

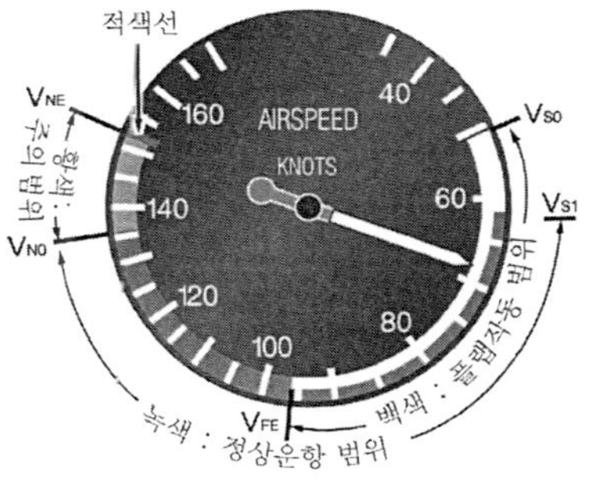

| 그림 26-1 | 속도계의 색깔코드 표식

- 녹색 원호 하단(V_{S1}) : 착륙 장치(접을 수 있는 경우)와 플랩을 올리고, 동력을 차단한 상태의 최대 무게일 때 실속 속도를 나타낸다.
- 녹색 원호 상단(V_{NO}) : 정상 운항 시 최대 구조적 순항 속도를 나타낸다.
- 황색 원호 : 주의 범위이므로 이 영역의 속도로 비행하려면 안정된 대기상태인 경우에 주의하면서 비행하는 것으로 제한된다.

• 적색선(V_{NE}) : 모든 조작에서 최대 속도인 절대 초과금지 속도이다. 이 속도 이상으로 비행하는 것은 금지되며 만일 초과하면 기체손상이나 구조적 결함을 초래할 수 있다.

예상문제

01 겨울에 비행 중 착빙으로 인하여 피토관이 막히면 어느 계기가 영향을 받게 되는가?

① 고도계 ② 속도계
③ 승강계 ④ 고도계와 속도계

02 피토관에서 전달되는 전압과 정압의 차이로 항공기의 공기에 대한 상대속도를 측정하는 장치는?

① 고도계 ② 속도계
③ 승강계 ④ 연료계

03 항공기의 상승과 하강 수직속도를 분당 피트 단위로 나타내는 계기는?

① 고도계 ② 속도계
③ 승강계 ④ 수직속도계

04 모든 조작에서 최대속도인 절대초과금지속도는?

① 적색선 ② 황색선
③ 녹색선 ④ 백색선

05 지표면으로부터 750미터(2,500피트)를 초과하고, 평균해면으로부터 3,050미터(1만피트) 미만인 고도에서의 항공기 지시대기속도는?

① 150노트 이하 ② 250노트 이하
③ 450노트 이하 ④ 5000노트 이상

06 B등급 공역 중 공항별로 국토교통부장관이 고시하는 범위와 고도의 구역 또는 B등급 공역을 통과하는 시계비행로에서의 지시대기속도는?

① 100노트 이하 ② 200노트 이하

③ 450노트 이하 ④ 500노트 이상

07 진로와 속도에서 틀린 것은?

① 통행의 우선순위를 가진 항공기는 그 진로와 속도를 유지하여야 한다

② 두 항공기가 충돌할 위험이 있을 정도로 정면 드는 이와 유사하게 접근하는 경우에는 서로 기수를 왼쪽으로 돌려야 한다

③ 두 항공기가 충돌할 위험이 있을 정도로 정면 또는 이와 유사하게 접근하는 경우에는 서로 기수를 오른쪽으로 돌려야 한다

④ 다른 항공기의 후방 좌·우 70도 미만의 각도에서 그 항공기를 추월하려는 항공기는 추월당하는 항공기의 오른쪽을 통과하여야 한다

Answer

01. ② 02. ② 03. ④ 04. ① 05. ② 06. ② 07. ②

CHAPTER 27 비행계획

■ **경량항공기 비행계획서**

- 경량항공기로 비행정보구역 안에서 비행을 하려는 자는 비행을 시작하기 전에 비행계획을 수립하여 관할 항공교통업무기관에 제출하여야 한다.

  ※ 비행정보구역 : 항공기, 경량항공기 또는 초경량비행장치의 안전하고 효율적인 비행과 수색 또는 구조에 필요한 정보를 제공하기 위한 공역(空域)으로서 국제민간항공협약 및 같은 협약 부속서에 따라 국토교통부장관이 그 명칭, 수직 및 수평 범위를 지정·공고한 공역을 말한다.
- 비행계획은 구술·전화·서류·전문(電文)·팩스 또는 정보통신망을 이용하여 제출할 수 있다.
- 비행계획에는 다음의 사항이 포함되어야 한다.
  - 경량항공기의 식별부호
  - 비행의 방식 및 종류
  - 경량항공기의 대수
  - 탑재장비
  - 출발비행장(또는 이착륙장) 및 출발 예정시간
  - 순항속도, 순항고도 및 예정항공로
  - 최초 착륙예정 비행장(또는 이착륙장) 및 총 예상 소요 비행시간
  - 기장의 성명(편대비행의 경우에는 편대 책임기장의 성명)
  - 그 밖에 항공교통관제와 수색 및 구조에 참고가 될 수 있는 사항

다만, 다음의 사항은 지방항공청장 또는 항공교통본부장이 요청하거나 비행계획

을 제출하는 자가 필요하다고 판단하는 경우에간 해당한다.

- 시간으로 표시한 연료탑재량
- 출발 전에 연료탑재량으로 인하여 비행 중 비행계획의 변경이 예상되는 경우에는 변경될 목적비행장(또는 이착륙장) 및 비행경로에 관한 사항
- 탑승 총 인원
- 비상무선주파수 및 구조장비

• 서류·팩스 또는 정보통신망을 이용하여 비행계획을 제출할 때에는 항공안전법 시행규칙의 비행계획서에 따른다.

➲ 항공안전법 시행규칙 제136조(출발 전의 확인)

① 기장이 확인하여야 할 사항은 다음 각 호와 같다.
1. 해당 항공기의 감항성 및 등록 여부와 감항증명서 및 등록증명서의 탑재
2. 해당 항공기의 운항을 고려한 이륙중량, 착륙중량, 중심위치 및 중량분포
3. 예상되는 비행조건을 고려한 의무무선설비 및 항공계기 등의 장착
4. 해당 항공기의 운항에 필요한 기상정보 및 항공정보
5. 연료 및 오일의 탑재량과 그 품질
6. 위험물을 포함한 적재물의 적절한 분배 여부 및 안정성
7. 해당 항공기와 그 장비품의 정비 및 정비 결과
8. 그 밖에 항공기의 안전 운항을 위하여 국토교통부장관이 필요하다고 인정하여 고시하는 사항

② 기장은 제1항제7호의 사항을 확인하는 경우에는 다음 각 호의 점검을 하여야 한다.
1. 항공일지 및 정비에 관한 기록의 점검
2. 항공기의 외부 점검
3. 발동기의 지상 시운전 점검
4. 그 밖에 항공기의 작동사항 점검

➲ 항공안전법 시행규칙 제182조(비행계획의 제출 등)

① 비행정보구역 안에서 비행을 하려는 자는 비행을 시작하기 전에 비행계획을 수립하여 관할 항공교통업무기관에 제출하여야 한다. 다만, 긴급출동 등 비행 시작 전에 비행계획을 제출하지 못한 경우에는 비행 중에 제출할 수 있다.

② 제1항에 따른 비행계획은 구술·전화·서류·전문(電文)·팩스 또는 정보통신망을 이용하여 제출할 수 있다. 이 경우 서류·팩스 또는 정보통신망을 이용하여 비행계획을 제출할 때에는 규정서식의 비행계획서에 따른다.
③ 제2항에 불구하고 항공운송사업에 사용되는 항공기의 비행계획을 제출하는 경우에는 별지 규정서식의 반복비행계획서를 항공교통본부장에게 제출할 수 있다.
④ 제1항 본문에 따라 비행계획을 제출하여야 하는 자 중 국내에서 유상으로 여객이나 화물을 운송하는 자 또는 두 나라 이상을 운항하는 자는 다음 각 호의 구분에 따른 시기까지 규정서식의 항공기 입출항 신고서(GENERAL DECLARATION)를 지방항공청장에게 제출(정보통신망을 이용할 경우에는 해당 정보통신망에서 사용하는 양식에 따른다)하여야 한다.
1. 국내에서 유상으로 여객이나 화물을 운송하는 자: 출항 준비가 끝나는 즉시
2. 두 나라 이상을 운항하는 자
가. 입항의 경우: 국내 목적공항 도착 예정 시간 2시간 전까지. 다만, 출발국에서 출항 후 국내 목적공항까지의 비행시간이 2시간 미만인 경우에는 출발국에서 출항 후 20분 이내까지 할 수 있다.
나. 출항의 경우: 출항 준비가 끝나는 즉시
⑤ 제2항 후단에 따른 비행계획서는 국토교통부장관이 정하여 고시하는 작성방법에 따라 작성되어야 한다.
⑥ 제4항에 따른 항공기 입출항 신고서를 제출받은 지방항공청장은 신고서 및 첨부서류에 흠이 없고 형식적 요건을 충족하는 경우에는 지체 없이 접수하여야 한다.

■ 경량항공기 비행계획 준수

- 경량항공기는 비행 시 제출된 비행계획을 지켜야 한다. 다만, 비행계획의 변경에 대하여 항공교통관제기관의 허가를 받은 경우 또는 긴급한 조치가 필요한 비상상황이 발생한 경우에는 긴급 조치를 한 즉시 항공교통관제기관에 통보하여야 한다.
- 경량항공기는 항공로의 중심선을 따라 비행하여야 하며, 항공로가 설정되지 아니한 지역에서는 항행안전시설과 그 비행로의 정해진 지점 간을 직선으로 비행하여야 한다. 그러나 이를 지킬 수 없는 경우 관할 항공교통업무기관에 통보하여야 하며, 항공교통관제기관으로부터 달리 지시를 받은 경우에는 지시를 따른다.
- 관제비행을 하는 경량항공기가 부주의로 비행계획의 항공로를 이탈한 경우에는 경량항공기의 기수를 조정하여 즉시 비행계획의 항공로로 복귀해야한다.

• 시계비행방식에 따른 관제비행을 하는 항공기는 시계비행기상상태 미만으로 기상이 악화되어 시계비행방식에 따른 운항을 할 수 없다고 판단되는 경우에는 다음의 조치를 하여야 한다.

- 목적비행장(또는 이착륙장) 또는 교체비행장(또는 이착륙장)으로 시계비행기상상태를 유지하면서 비행할 수 있도록 관제허가의 변경을 요청하거나, 관제공역을 이탈하여 비행할 수 있도록 관제허가의 변경을 요청할 것
- 상기에 따른 관제허가를 받지 못할 경우에는 시계비행기상상태를 유지하여 운항하면서 관제공역을 이탈하거나 가까운 비행장(또는 이착륙장)에 착륙하기 위한 조치를 할 예정임을 관할 항공교통관제기관에 통보할 것
- 관할 항공교통관제기관에 특별시계비행방식에 따른 운항허가를 요구할 것(관제권 안에서 비행하고 있는 경우만 해당한다)

■ 경량항공기 비행계획 종료

• 경량항공기는 도착비행장(또는 이착륙장)에 착륙하는 즉시 관할 항공교통업무기관(관할 항공교통업무기관이 없는 경우에는 가장 가까운 항공교통업무기관)에 다음의 사항을 포함하는 도착보고를 하여야 한다. 다만, 지방항공청장 또는 항공교통본부장이 달리 정한 경우에는 그러하지 아니하다.

- 경량항공기의 식별부호
- 출발비행장(또는 이착륙장)
- 도착비행장(또는 이착륙장)
- 목적비행장(목적비행장 또는 이착륙장이 따로 있는 경우만 해당한다)
- 착륙시간

• 도착비행장(또는 이착륙장)에 착륙한 후 도착보고를 할 수 있는 적절한 통신시설 등이 제공되지 아니하는 경우에는 착륙 직전에 관할 항공교통업무기관에 도착보고를 하여야 한다.

■ 연료 추가량

• 시계비행시 : 최초착륙 비행장까지 비행에 필요한 연료의 양에 순항속도로 30분간

(야간에는 45분간)의 연료량 추가

• 계기비행시 : 최초착륙 비행장까지 비행에 필요한 연료의 양에 순항고도로 비행할 수 있는 45분간의 연료량 추가

| 표 27-1 | 항공기에 실어야 할 연료와 오일의 양

구분		연료 및 오일의 양
항공운송사업용 및 항공기사용사업용 외의 비행기	주간에 시계비행을 할 경우	다음 각 호의 양을 더한 양 1. 최초 착륙예정 비행장까지 비행에 필요한 양 2. 순항고도로 30분간 더 비행할 수 있는 양
	야간에 시계비행을 할 경우	다음 각 호의 양을 더한 양 1. 최초 착륙예정 비행장까지 비행에 필요한 양 2. 순항고도로 45분간 더 비행할 수 있는 양

예상문제

01 경량항공기의 비행계획 종료시 도착보고 사항이 아닌 것은?

① 연료사용량 ② 경량항공기 식별부호
③ 출발비행장(이착륙장) ④ 착륙시간

02 시계비행시 최초착륙 비행장까지 비행에 필요한 연료의 추가량은?

① 필요한 연료량에 30분간 소요량(야간 45분)
② 필요한 연료량에 45분간 소요량(야간 60분)
③ 필요한 연료량에 15분간 소요량
④ 필요한 연료량에 100리터

03 비행계획에 필요하지 않은 사항은?

① 항공기의 식별부호 ② 탑재장비
③ 출발비행장 및 출발 예정시간 ④ 연료 구입처

04 비행계획을 위반했을 때 기장의 조치사항은?

① 사고없이 착륙시는 조치사항이 없다
② 즉시 항공교통업무기관에 통보한다
③ 도착 후 3일 이내에 항공안전처에 통보한다
④ 24시간 내에 소속항공사에 통보한다

05 시계비행방식에 따른 관제비행을 하는 항공기는 시계비행기상상태 미만으로 기상이 악화되어 시계비행방식에 따른 운항을 할 수 없다고 판단되는 경우의 조치가 아닌 것은?

① 목적비행장(또는 이착륙장) 또는 교체비행장(또는 이착륙장)으로 시계비행기상상태를 유지하면서 비행할 수 있도록 관제허가의 변경을 요청하거나, 관제공역을 이탈하여 비행할 수 있도록 관제허가의 변경을 요청할 것
② 상기에 따른 관제허가를 받지 못할 경우에는 시계비행기상상태를 유지하여 운항하면서 관제공역을 이탈하거나 가까운 비행장(또는 이착륙장)에 착륙하기 위한 조치를 할 예정임을 관할 항공교통관제기관에 통보할 것
③ 관할 항공교통관제기관에 특별시계비행방식에 따른 운항허가를 요구할 것(관제권 안에서 비행하고 있는 경우만 해당한다)
④ 신속하게 가까운 비행장에 착륙한 다음에 7일 이내에 관할 항공교통관제기관에 통보할 것

Answer

01. ① 02. ① 03. ④ 04. ② 05. ④

CHAPTER 28 통신두절 및 위치보고, 무선설비

■ 무선통신 두절 시 항공기의 응신

• 비행 중인 경우

- 주간 : 날개를 흔든다. 다만, 최종 선회구간(base leg) 또는 최종 접근구간(final leg)에 있는 항공기의 경우에는 그러하지 아니하다.
- 야간 : 착륙등이 장착된 경우에는 착륙등을 2회 점멸하고, 착륙등이 장착되지 않은 경우에는 항행등을 2회 점멸한다.

• 지상에 있는 경우

- 주간 : 항공기의 보조익 또는 방향타를 움직인다.
- 야간 : 착륙등이 장착된 경우에는 착륙등을 2회 점멸하고, 착륙등이 장착되지 않는 경우에는 항행등을 2회 점멸한다.

| 표 28-1 | 빛총신호

신호의 종류	의미		
	비행 중인 항공기	지상에 있는 항공기	차량·장비 및 사람
연속되는 녹색	착륙을 허가함	이륙을 허가함	통과하거나 진행할 것
연속되는 붉은색	다른 항공기에 진로를 양보하고 계속 선회할 것	정지할 것	정지할 것
깜박이는 녹색	착륙을 준비할 것	지상 이동을 허가함	-
깜박이는 붉은색	비행장이 불안전하니 착륙하지 말 것	사용 중인 착륙지역으로부터 벗어날 것	활주로 또는 유도로에서 벗어날 것
깜박이는 흰색	착륙하여 계류장으로 갈 것	비행장 안의 출발지점으로 돌아 갈 것	비행장 안의 출발지점으로 돌아갈 것

> ➲ 항공안전법 제119조(경량항공기 무선설비 등의 설치·운용 의무)
>
> 국토교통부령으로 정하는 경량항공기를 항공에 사용하려는 사람 또는 소유자등은 해당 경량항공기에 무선교신용 장비, 항공기 식별용 트랜스폰더 등 국토교통부령으로 정하는 무선설비를 설치·운용하여야 한다.

> ➲ 항공안전법 시행규칙 제297조(경량항공기의 의무무선설비)
>
> ① 법 제119조에서 "국토교통부령으로 정하는 경량항공기"란 안전성인정 등급에 해당하는 경량항공기를 말한다.
>
> ② 법 제119조에 따라 경량항공기에 설치·운용 하여야 하는 무선설비는 다음 각 호와 같다.
>
> 1. 비행 중 항공교통관제기관과 교신할 수 있는 초단파(VHF) 또는 극초단파(UHF) 무선전화 송수신기 1대
> 2. 기압고도에 관한 정보를 제공하는 2차 감시 항공교통관제 레이더용 트랜스폰더 (Mode 3/A 및 Mode C SSR transponder) 1대
>
> ③ 제2항제1호에 따른 무선전화 송수신기는 제107조제2항제3호 및 제4호의 성능을 가져야 한다.

■ 경량항공기의 의무무선설비

- 경량항공기를 항공에 사용하려는 사람 또는 소유자등은 해당 경량항공기에 무선교신용 장비, 항공기 식별용 트랜스폰더 등 국토교통부령으로 정하는 무선설비를 설치·운용하여야 한다.
- 경량항공기에 설치·운용하여야 하는 무선설비는 다음과 같다.
  - 비행 중 항공교통관제기관과 교신할 수 있는 초단파(VHF) 또는 극초단파(UHF) 무선전화 송수신기 1대
  - 기압고도에 관한 정보를 제공하는 2차 감시 항공교통관제 레이더용 트랜스폰더 (Mode 3/A 및 Mode CSSR transponder) 1대
- 경량항공기에 설치하는 무선전화 송수신기는 아래와 같은 성능을 가져야 한다.
  - 운항 중 항공기국과 항공국 간 또는 항공국과 항공기국 간 양방향통신이 가능할 것
  - 항공비상주파수(121.5MHz 또는 243.0MHz)를 사용하여 항공교통관제기관과 통신이 가능할 것

■ 경량항공기의 통신

- 관제비행을 하는 경량항공기는 관할 항공교통관제기관과 공대지 양방향 무선통신을 유지하고 그 항공교통관제기관의 음성통신을 경청해야 한다.
- 무선통신을 유지할 수 없는 경량항공기(통신두절항공기)는 국토교통부장관이 고시하는 교신절차에 따라야 하며, 관제비행장의 기동지역 또는 주변을 운항하는 경량항공기는 관제탑의 시각 신호에 따른 지시를 계속 주시해야 한다.
- 통신두절항공기가 시계비행 기상상태인 경우에는 시계비행방식으로 비행을 계속하여 가장 가까운 착륙 가능한 비행장(또는 이착륙장)에 착륙한 후 도착 사실을 지체 없이 관할 항공교통관제기관에 통보하여야 한다.

➲ 항공안전법 시행규칙 제191조(위치보고)

① 관제비행을 하는 항공기는 국토교통부장관이 정하여 고시하는 위치통지점에서 가능한 한 신속히 다음 각 호의 사항을 관할 항공교통업무기관에 보고(위치보고)하여야 한다. 다만, 레이더에 의하여 관제를 받는 경우로서 관할 항공교통관제기관이 별도로 위치보고를 요구하지 아니하는 경우에는 그러하지 아니하다.
1. 항공기의 식별부호
2. 해당 위치통지점의 통과시각과 고도
3. 그 밖에 항공기의 안전항행에 영향을 미칠 수 있는 사항

② 관제비행을 하는 항공기는 비행 중에 관할 항공교통업무기관으로부터 위치보고를 요청받은 경우에는 즉시 위치보고를 하여야 한다.

③ 제1항에 따른 위치통지점이 설정되지 아니한 경우에는 관할 항공교통업무기관이 지정한 시간 또는 거리 간격으로 위치보고를 하여야 한다.

④ 관제비행을 하는 항공기로서 데이터링크통신을 이용하여 위치보고를 하는 항공기는 관할 항공교통관제기관이 요구하는 경우에는 음성통신을 이용하여 위치보고를 하여야 한다.

➲ 항공안전법 시행규칙 제195조(시간)

① 항공기의 운항과 관련된 시간을 전파하거나 보고하려는 자는 국제표준시(UTC: Coordinated Universal Time)를 사용하여야 하며, 시각은 자정을 기준으로 하루 24시간을 시·분으로 표시하되, 필요하면 초 단위까지 표시하여야 한다.

② 관제비행을 하려는 자는 관제비행의 시작 전과 비행 중에 필요하면 시간을 점검하여

야 한다.

③ 데이터링크통신에 따라 시간을 이용하려는 경우에는 국제표준시를 기준으로 1초 이내의 정확도를 유지·관리하여야 한다.

※ 항공안전법 시행규칙 제191조와 제195조에서 항공기는 경량항공기와 준용한다. 즉, 항공기(또는 경량항공기)로 적용한다.

예상문제

01 통신두절 항공기의 비행방법이 아닌 것은?

① 무선통신이 두절되기 전에 관할 항공교통관제기관으로부터 최종적으로 지정받거나 지정 예정을 통보받은 비행로를 따라 목적비행장의 항행안전시설까지 비행한 후 체공해야 한다

② 무선통신이 두절되기 전에 관할 항공교통관제기관으로부터 최종적으로 지정받은 접근예정시간에 목적비행장의 항행안전시설로부터 강하를 시작하거나, 착륙할 비행장의 계기접근절차에 따라 접근을 시작해야 한다

③ 가능한 한 접근 예정시간과 도착 예정시간 중 더 늦은 시간부터 30분 이내에 착륙해야 한다

④ 접근 예정시각까지 출발 공항으로 되돌아간다

02 시계비행 기상상태에서 통신이 두절된 항공기의 비행절차는?

① 시계비행방식으로 비행을 계속하여 가장 가까운 착륙 가능한 비행장에 착륙한 후 지체 없이 항공교통관제기관에 통보한다

② 무선통신이 두절되기 전의 가장 가까운 비행장에 착륙한다

③ 예정된 비행로를 따라 안전상태를 확인하면서 계속 운항한다

④ 긴급 호출신호를 송출한다

03 무선통신 두절시 관제탑의 빛총에 대한 대응 이 아닌 것은?

① 항공기의 응신으로 야간에는 착륙등을 연속으로 점멸한다
② 관제탑의 연속되는 녹색신호시 착륙한다
③ 관제탑의 깜박이는 녹색신호시 착륙을 준비 한다
④ 주간에 비행중일 때는 항공기의 응신으로 날개를 흔든다

04 무선통신이 두절된 경우에 비행중인 항공기에 연락하는 방법 중 연속되는 녹색신호는?

① 착륙을 준비할 것
② 공중선회할 것
③ 착륙을 허가함
④ 출발공항으로 돌아갈 것

05 비행 중 무선통신 두절되었을 때 조종사의 행동 중 틀린 것은?

① 주간에는 날개를 흔든다
② 야간에는 착륙등을 2회 점멸한다
③ 주야간 관계없이 보조날개와 방향타를 흔든다
④ 야간에 착륙등이 없는 경우에는 항행등을 2회 점멸한다

06 경량항공기에 설치·운용 하여야 하는 무선설비는?

① 비행 중 항공교통관제기관과 교신할 수 있는 초단파(VHF) 또는 극초단파(UHF) 무선전화 송수신기 1대와 트랜스폰더 1대
② 자동방향탐지기(ADF) 1대
③ 계기착륙시설(ILS) 수신기 1대
④ 거리측정시설(DME) 수신기 1대

Answer

01. ④ 02. ① 03. ① 04. ③ 05. ③ 06. ①

CHAPTER 29 경보 및 조난사항

➲ 항공안전법 제88조(수색·구조 지원계획의 수립·시행)

국토교통부장관은 항공기가 조난되는 경우 항공기 수색이나 인명구조를 위하여 대통령령으로 정하는 바에 따라 관계 행정기관의 역할 등을 정한 항공기 수색·구조 지원에 관한 계획을 수립·시행하여야 한다.

➲ 항공안전법 시행규칙 제242조(경보업무의 수행)

경보업무는 다음 각 호의 항공기에 대하여 수행한다.
1. 항공교통업무의 대상이 되는 항공기
2. 항공교통업무기관에 비행계획을 제출한 모든 항공기
3. 테러 등 불법간섭을 받는 것으로 인지된 항공기

➲ 항공안전법 시행규칙 제243조(경보업무의 수행절차 등)

① 항공교통업무기관은 항공기가 다음 각 호의 구분에 따른 비상상황에 처한 사실을 알았을 때에는 지체 없이 수색·구조업무를 수행하는 기관에 통보하여야 한다.
1. 불확실상황(Uncertainly phase)
가. 항공기로부터 연락이 있어야 할 시간 또는 그 항공기와의 첫 번째 교신시도에 실패한 시간 중 더 이른 시간부터 30분 이내에 연락이 없을 경우
나. 항공기가 마지막으로 통보한 도착 예정시간 또는 항공교통업무기관이 예상한 도착 예정시간 중 더 늦은 시간부터 30분 이내에 도착하지 아니할 경우. 다만, 항공기 및 탑승객의 안전이 의심되지 아니하는 경우는 제외한다.
2. 경보상황(Alert phase)
가. 불확실상황에서의 항공기와의 교신시도 드는 관계 부서의 조회로도 해당 항공기의 위치를 확인하기 곤란한 경우

나. 항공기가 착륙허가를 받고도 착륙 예정시간부터 5분 이내에 착륙하지 아니한 상태에서 그 항공기와의 무선교신이 되지 아니할 경우

다. 항공기의 비행능력이 상실되었으나 불시착할 가능성이 없음을 나타내는 정보를 입수한 경우. 다만, 항공기 및 탑승자의 안전에 우려가 없다는 명백한 증거가 있는 경우는 제외한다.

라. 항공기가 테러 등 불법간섭을 받는 것으로 인지된 경우

3. 조난상황(Distress phase)

가. 경보상황에서 항공기와의 교신시도를 실패하고, 여러 관계 부서와의 조회 결과 항공기가 조난당하였을 가능성이 있는 경우

나. 항공기 탑재연료가 고갈되어 항공기의 안전을 유지하기가 곤란한 경우

다. 항공기의 비행능력이 상실되어 불시착하였을 가능성이 있음을 나타내는 정보가 입수되는 경우

라. 항공기가 불시착 중이거나 불시착하였다는 정보사항이 정확한 정보로 판단되는 경우. 다만, 항공기 및 탑승자가 중대하고 긴박한 위험에 처하여 있지 아니하며, 긴급한 도움이 필요하지 아니하다는 명백한 증거가 있는 경우는 제외한다.

② 항공교통업무기관은 제1항에 따른 경보업무를 수행할 때에는 가능한 한 다음 각 호의 사항을 수색·구조업무를 수행하는 기관에 통보하여야 한다.

1. 불확실상황(INCERFA/Uncertainly phase), 경보상황(ALERFA/Alert phase) 또는 조난상황(DETRESFA /Distress phase)의 비상상황별 용어
2. 통보하는 기관의 명칭 및 통보자의 성명
3. 비상상황의 내용
4. 비행계획의 중요 사항
5. 최종 교신 관제기관, 시간 및 사용주파수
6. 최종 위치보고 지점
7. 항공기의 색상 및 특징
8. 위험물의 탑재사항
9. 통보기관의 조치사항
10. 그 밖에 수색·구조 활동에 참고가 될 사항

③ 항공교통업무기관은 제2항에 따라 비상상황을 통보한 후에도 비상상황과 관련된 조사를 계속하여야 하며, 비상상황이 악화되면 그에 관한 정보를, 비상상황이 종료되면 그 종료 사실을 수색 및 구조업무를 수행하는 기관에 지체 없이 통보하여야 한다.

④ 항공교통업무기관은 필요한 경우 비상상황에 처한 항공기와 무선교신을 시도하는 등 이용할 수 있는 모든 통신시설을 이용하여 해당 항공기에 대한 정보를 획득하기 위하여 노력하여야 한다.

➲ 항공안전법 시행규칙 제244조(항공기의 소유자등에 대한 통보)

항공교통업무기관은 항공기가 제243조제1항에 따른 불확실상황 또는 경보상황에 처하였다고 판단되는 경우에는 해당 항공기의 소유자등에게 그 사실을 통보하여야 한다. 이 경우 통보사항에는 가능한 한 제243조제2항 각 호의 사항을 포함하여야 한다.

※ 항공안전법 시행규칙 제242조와 제243조, 제244조에서 항공기는 경량항공기와 준용한다. 즉, 항공기(또는 경량항공기)로 적용한다.

➲ 항공안전법 시행규칙 제245조(비상항공기의 주변에서 운항하는 항공기에 대한 통보)

항공교통업무기관은 항공기가 제243조제1항에 따른 비상상황에 처하였다고 판단되는 경우에는 그 항공기의 주변에서 비행하고 있는 다른 항공기에 대하여 가능한 한 신속하게 비상상황이 있다는 사실을 알려 주어야 한다.

➲ 항공안전법 시행규칙 제198조(불법간섭 행위 시의 조치)

① 비행 중 항공기의 피랍·테러 등의 불법적인 행위에 의하여 항공기 또는 탑승객의 안전이 위협받는 상황(불법간섭)에 처한 항공기는 항공교통업무기관에서 다른 항공기와의 충돌 방지 및 우선권 부여 등 필요한 조치를 취할 수 있도록 가능한 범위에서 한 다음 각 호의 사항을 관할 항공교통업무기관에 통보하여야 한다.

1. 불법간섭을 받고 있다는 사실
2. 불법간섭 행위와 관련한 중요한 상황정보
3. 그 밖에 상황에 따른 비행계획의 이탈사항에 관한 사항

② 불법간섭을 받고 있는 항공기의 기장은 가능한 한 해당 항공기가 안전하게 착륙할 수 있는 가장 가까운 공항 또는 관할 항공교통업무기관이 지정한 공항으로 착륙을 시도하여야 한다.

③ 불법간섭을 받고 있는 항공기가 제1항에 따른 사항을 관할 항공교통업무기관에 통보할 수 없는 경우에는 다음 각 호의 조치를 하여야 한다.

1. 기장은 제2항에 따른 공항으로 비행할 수 없는 경우에는 관할 항공교통업무기관에 통보할 수 있을 때까지 또는 레이더나 자동종속감시시설의 포착범위 내에 들어갈 때까지 배정된 항공로 및 순항고도를 유지하며 비행할 것
2. 기장은 관할 항공교통업무기관과 무선통신이 불가능한 상황에서 배정된 항공로 및 순항고도를 이탈할 것을 강요받은 경우에는 가능한 한 다음 각 목의 조치를

할 것

가. 항공기 안의 상황이 허용되는 한도 내에서 현재 사용 중인 초단파(VHF) 주파수, 초단파 비상주파수(121.5Mhz) 또는 사용 가능한 다른 주파수로 경고방송을 시도할 것

나. 2차 감시 항공교통관제 레이더용 트랜스폰더(Mode3/A 및 Mode C SSR transponder) 또는 데이터링크 탑재장비를 사용하여 불법간섭을 받고 있다는 사실을 알릴 것

다. 고도 600미터의 수직분리가 적용되는 지역에서는 계기비행 순항고도와 300미터 분리된 고도로, 고도 300미터의 수직분리가 적용되는 지역에서는 계기비행 순항고도와 150미터 분리된 고도로 각각 변경하여 비행할 것

➲ 항공안전법 시행규칙 제194조(신호)

① 비행하는 항공기는 [표 29-1]에서 정하는 신호를 인지하거나 수신할 경우에는 그 신호에 따라 요구되는 조치를 하여야 한다.

② 누구든지 제1항에 따른 신호로 오인될 수 있는 신호를 사용하여서는 아니 된다.

③ 항공기 유도원(誘導員)은 [표 29-1] 제6호에 따른 유도신호를 명확하게 하여야 한다.

| 표 29-1 | 신호

1. 조난신호

가. 조난에 처한 항공기가 다음의 신호를 복합적 또는 각각 사용할 경우에는 중대하고 절박한 위험에 처해 있고 즉각적인 도움이 필요함을 나타낸다.

1) 무선전신 또는 그 밖의 신호방법에 의한 "SOS" 신호(모스부호는 ··· --- ···)

2) 짧은 간격으로 한 번에 1발씩 발사되는 붉은색불빛을 내는 로켓 또는 대포

3) 붉은색불빛을 내는 낙하산 부착 불빛

나. 조난에 처한 항공기는 가목에도 불구하고 주의를 끌고, 자신의 위치를 알리며, 도움을 얻기 위한 어떠한 방법도 사용할 수 있다.

2. 긴급신호

가. 항공기 조종사가 착륙등 스위치의 개폐를 반복하거나 점멸항행등과는 구분되는 방법으로 항행등 스위치의 개폐를 반복하는 신호를 복합적으로 또는 각각 사용할 경우에는 즉각적인 도움은 필요하지 않으나 불가피하게 착륙해야 할 어려움이 있음을 나타낸다.

나. 다음의 신호가 복합적으로 또는 각각 따로 사용될 경우에는 이는 선박, 항공기 또는 다른 차량, 탑승자 또는 목격된 자의 안전에 관하여 매우 긴급한 통보 사항을 가지고 있음을 나타낸다.

1) 무선전신 또는 그 밖의 신호방법에 의한 "XXX" 신호

2) 무선전화로 송신되는 "PAN PAN"

3. 요격 시 사용되는 신호

가. 요격항공기의 신호 및 피요격항공기의 응신

1) 피요격항공기는 지체 없이 다음 조치를 해야 한다.
가) 나목에 따른 시각 신호를 이해하고 응답하며, 요격항공기의 지시에 따를 것
나) 가능한 경우에는 관할 항공교통업무기관에 피요격 중임을 통보할 것
다) 항공비상주파수 121.5MHZ나 243.0MHZ로 호출하여 요격항공기 또는 요격 관제기관과 연락하도록 노력하고 해당항공기의 식별부호 및 위치와 비행내용을 통보할 것
라) 트랜스폰더 SSR을 장착하였을 경우에는 항공교통관지기관으로부터 다른 지시가 있는 경우를 제외하고는 Mode A Code 7700으로 맞출 것
마) 자동종속감시시설(ADS-B 또는 ADS-C)을 장착하였을 경우에는 항공교통관제기관으로부터 다른 지시가 있는 경우를 제외하고는 적절한 비상기능을 선택할 것
바) 항공교통관제기관으로부터 무선으로 수신한 지시가 요격항공기의 시각신호와 다를 경우 피요격항공기는 요격항공기의 시각신호에 따라 이행하면서 항공교통관제기관에 조속한 확인을 요구해야 한다.
사) 항공교통관제기관으로부터 무선으로 수신한 지시가 요격항공기의 무선지시와 다를 경우 피요격항공기는 요격항공기의 무선지시에 따라 이행하면서 항공교통관제기관에 조속한 확인을 요구해야 한다.
2) 요격절차는 다음과 같이 하여야 한다.
가) 요격항공기와 통신이 이루어졌으나 통상의 언어로 사용할 수 없을 경우에 필요한 정보와 지시는 다음과 같은 발음과 용어를 2회 연속 사용하여 전달할 수 있도록 시도해야 한다.

PHRASE	PRONUNCIATION	MEANING
CALL SIGN (call sign)	KOL SA-IN (call sign)	My call sign is (call sign)
WILCO	VILL-KO	Understood Will comply
CAN NOT	KANN NOTT	Unable to comply
REPEAT	REE-PEET	Repeat your instruction
AM LOST	AM LOSST	Position unknown
MAYDAY	MAYDAY	I am in distress
HIJACK	HI-JACK	I have been hijacked
LAND (place name)	LAAND (place name)	I request to land at (place name)
DESCEND	DEE-SEND	I require descent

나) 요격항공기가 사용해야 하는 용어는 다음과 같다.

Phrase	Pronunciation	Meaning
CALL SIGN	KOL SA-IN	What is your call sign?
FOLLOW	FOL-LO	Follow me
DESCEND	DEE-SEND	Descend for landing
YOU LAND	YOU LAAND	Land at this aerodrome
PROCEED	PRO-SEED	You may proceed

3) 요격항공기로부터 시각신호로 지시를 받았을 경우 피요격항공기도 즉시 시각신호로 요격항공기의 지시에 따라야 한다.
4) 요격항공기로부터 무선을 통하여 지시를 청취하였을 경우 피요격항공기는 즉시 요격항공기의 무선지시에 따라야 한다.

나. 시각 신호
1) 요격항공기의 신호 및 피요격항공기의 응신

번호	요격항공기의 신호	의미	피요격항공기의 응신	의미
1	피요격항공기의 약간 위쪽 전방 좌측(또는 피요격항공기가 헬리콥터인 경우에는 우측)에서 날개를 흔들고 항행	당신은 요격을 당하고 있으니	날개를 흔들고, 항행등을 불규칙적으로 점멸시킨 후 요격항공기의 뒤를 따라간다.	알았다. 지시를 따르겠다.

	등을 불규칙적으로 점멸시킨 후 응답을 확인하고, 통상 좌측(헬리콥터인 경우 우측)으로 완만하게 선회하여 원하는 방향으로 향한다. 주1) 기상조건 또는 지형에 따라 위에서 제시한 요격항공기의 위치 및 선회방향을 반대로 할 수도 있다. 주2) 피요격항공기가 요격항공기의 속도를 따르지 못할 경우 요격항공기는 race track형으로 비행을 반복하며, 피요격항공기의 옆을 통과할 때마다 날개를 흔들어야 한다.	나를 따라 오라.		
2	피요격항공기의 진로를 가로지르지 않고 90° 이상의 상승선회를 하며, 피요격항공기로부터 급속히 이탈한다.	그냥 가도 좋다.	날개를 흔든다.	알았다. 지시를 따르겠다.
3	바퀴다리를 내리고 고정착륙등을 켠 상태로 착륙방향으로 활주로 상공을 통과하며, 피요격항공기가 헬리콥터인 경우에는 헬리콥터착륙구역 상공을 통과한다. 헬리콥터의 경우, 요격헬리콥터는 착륙접근을 하고 착륙장 부근에 공중에서 저고도비행을 한다.	이 비행장에 착륙하라.	바퀴다리를 내리고, 고정착륙등을 켠 상태로 요격항공기를 따라서 활주로나 헬리콥터착륙구역 상공을 통과한 후 안전하게 착륙할 수 있다고 판단되면 착륙한다.	알았다. 지시를 따르겠다.

2) 피요격항공기의 신호 및 요격항공기의 응신

번호	피요격항공기의 신호	의미	요격항공기의 응신	의미
1	비행장 상공 300미터(1,000피트) 이상 600미터(2,000피트) 이하[(헬리콥터의 경우 50미터(170피트) 이상 100미터(330피트) 이하]의 고도로 착륙활주로나 헬리콥터착륙구역 상공을 통과하면서 바퀴다리를 올리고 섬광착륙등을 점멸하면서 착륙활주로나 헬리콥터착륙구역을 계속 선회한다. 착륙등을 점멸할 수 없는 경우에는 사용가능한 다른 등화를 점멸한다.	지정한 비행장이 적절하지 못하다.	피요격항공기를 교체비행장으로 유도하려는 경우에는 바퀴다리를 올린 후 1) 요격항공기의 신호 및 피요격항공기의 응신 1의 요격항공기 신호방법을 사용한다. 피요격항공기를 방면하려는 경우에는 1) 요격항공기의 신호 및 피요격항공기의 응신 2의 요격항공기 신호방법을 사용한다.	알았다. 나를 따라 오라. 알았다. 그냥 가도 좋다.
2	점멸하는 등화와는 명확히 구분할 수 있는 방법으로 사용가능한 모든 등화의 스위치를 규칙적으로 개폐한다.	지시를 따를 수 없다.	1) 요격항공기의 신호 및 피요격항공기의 응신 2의 요격항공기 신호방법을 사용한다.	알았다.
3	사용가능한 모든 등화를 불규칙적으로 점멸한다.	조난상태에 있다.	1) 요격항공기의 신호 및 피요격항공기의 응신 2의 요격항공기 신호방법을 사용한다.	알았다.

4. 비행제한구역, 비행금지구역 또는 위험구역 침범 경고신호

지상에서 10초 간격으로 발사되어 붉은색 및 녹색의 불빛이나 별모양으로 폭발하는 신호탄은 비인가 항공기가 비행제한구역, 비행금지구역 또는 위험구역을 침범하였거나 침범하려고 한 상태임을 나타내

며, 해당 항공기는 이에 필요한 시정조치를 해야 함을 나타난다.
5. 무선통신 두절 시의 연락방법
가. 빛총신호

신호의 종류	의미		
	비행 중인 항공기	지상에 있는 항공기	차량·장비 및 사람
연속되는 녹색	착륙을 허가함	이륙을 허가함	통과하거나 진행할 것
연속되는 붉은색	다른 항공기에 진로를 양보하고 계속 선회할 것	정지할 것	정지할 것
깜박이는 녹색	착륙을 준비할 것	지상 이동을 허가함	-
깜박이는 붉은색	비행장이 불안전하니 착륙하지 말 것	사용 중인 착륙지역으로부터 벗어날 것	활주로 또는 유도로에서 벗어날 것
깜박이는 흰색	착륙하여 계류장으로 갈 것	비행장 안의 출발지점으로 돌아 갈 것	비행장 안의 출발지점으로 돌아갈 것

나. 항공기의 응신
1) 비행 중인 경우
가) 주간: 날개를 흔든다. 다만, 최종 선회구간(base leg) 또는 최종 접근구간(final leg)에 있는 항공기의 경우에는 그러하지 아니하다.
나) 야간: 착륙등이 장착된 경우에는 착륙등을 2회 점멸하고, 착륙등이 장착되지 않은 경우에는 항행등을 2회 점멸한다.
2) 지상에 있는 경우
가) 주간: 항공기의 보조익 또는 방향타를 움직인다.
나) 야간: 착륙등이 장착된 경우에는 착륙등을 2회 점멸하고, 착륙등이 장착되지 않은 경우에는 항행등을 2회 점멸한다.

6. 유도신호
가. 항공기에 대한 유도원의 신호
1) 유도원은 항공기의 조종사가 유도업무 담당자임을 알 수 있는 복장을 해야 한다.
2) 유도원은 주간에는 일광형광색봉, 유도봉 또는 유도장갑을 이용하고, 야간 또는 저시정상태에서는 발광유도봉을 이용하여 신호를 하여야 한다.
3) 유도신호는 조종사가 잘 볼 수 있도록 조명봉을 손에 들고 다음의 위치에서 조종사와 마주보며 실시한다.
가) 비행기의 경우에는 비행기의 왼쪽에서 조종사가 가장 잘 볼 수 있는 위치
나) 헬리콥터의 경우에는 조종사가 유도원을 가장 잘 볼 수 있는 위치
4) 유도원은 다음의 신호를 사용하기 전에 항공기를 유드하려는 지역 내에 항공기와 충돌할 만한 물체가 있는지를 확인해야 한다.

예상문제

01 경보업무 수행 대상 항공기가 아닌 것은?

① 항공교통업무의 대상이 되는 항공기

② 항공교통업무기관에 비행계획을 제출한 모든 항공기
③ 테러 등 불법간섭을 받는 것으로 인지된 항공기
④ 운항중 고장으로 목적 비행장이 아닌 다른 비행장으로 착륙했다는 통보를 받은 항공기

02 경보업무 수행절차가 아닌 것은?

① 불확실상황 ② 경보상황
③ 조난상황 ④ 수색상황

03 다음중 틀린 것은?

① 불확실상황 : 항공기로부터 연락이 있어야 할 시간 또는 그 항공기와의 첫 번째 교신시도에 실패한 시간 중 더 이른 시간부터 15분 이내에 연락이 없을 경우
② 경보상황 : 항공기가 착륙허가를 받고도 착륙 예정시간부터 5분 이내에 착륙하지 아니한 상태에서 그 항공기와의 무선교신이 되지 아니할 경우
③ 조난상황 : 항공기의 비행능력이 상실되어 불시착하였을 가능성이 있음을 나타내는 정보가 입수되는 경우
④ 불확실상황 : 항공기가 마지막으로 통보한 도착 예정시간 또는 항공교통업무기관이 예상한 도착 예정시간 중 더 늦은 시간부터 30분 이내에 도착하지 아니할 경우

04 무선전신 또는 그 밖의 신호방법에 의한 'SOS' 신호는?

① 불확실신호 ② 경보신호
③ 조난신호 ④ 수색신호

05 무선전화로 송신되는 'PAN PAN' 신호는?

① 긴급신호 ② 경보신호
③ 조난신호 ④ 수색신호

06 피요격항공기가 사용할 항공비상주파수는?

① 113Mhz나 119Mhz ② 121.5Mhz나 243.0Mhz
③ 111Mhz나 999Mhz ④ 777Mhz나 333Mhz

07 비행중인 항공기에 보내는 연속되는 붉은색 빛총신호는?

① 다른 항공기에 진로를 양보하고 계속 선회할 것
② 착륙을 준비할 것
③ 착륙하여 계류장으로 갈 것
④ 착륙을 허가함

08 지상에 있는 항공기에 보내는 연속되는 붉은색 빛총신호는?

① 정지할 것
② 이륙을 허가함
③ 지상 이동을 허가함
④ 사용 중인 착륙지역으로부터 벗어날 것

09 착륙허가를 받고도 무선교신이 안된 상태에서 착륙 예정시간으로부터 몇 분이 지나면 경보상황으로 보는가?

① 1분
② 3분
③ 5분
④ 30분

Answer

01. ④ 02. ④ 03. ① 04. ③ 05. ① 06. ② 07. ① 08. ① 09. ③

CHAPTER 30 기타 항공기 운항에 관한 사항, 항공정보 및 간행물 공고수단

■ **경량항공기 안전성인증검사의 종류** : 초도검사, 정기검사, 수시검사, 재검사가 있으며 그에 따른 정의는 다음과 같다.

- 초도검사 : 경량항공기 설계·제작 후 최초로 안전성인증을 받기 위하여 행하는 검사(외국에서 도입 후 최초 검사 시에도 적용한다)
- 정기검사 : 초도검사 이후 안전성 인증서의 유효기간이 도래되어 새로운 안전성인증서를 교부받기 위하여 실시하는 검사
- 수시검사 : 경량항공기의 비행안전에 영향을 미치는 엔진·부품의 교체 또는 대수리·대개조 후 경량항공기 기술상의 기준에 적합한지를 확인하기 위하여 행하는 검사
- 재검사 : 초도검사, 정기검사 또는 수시검사에서 불합격 처분된 항목에 대하여 보완 또는 수정 후 다시 하는 검사

➲ 항공안전법 제118조(경량항공기 이륙·착륙의 장소)

① 누구든지 경량항공기를 비행장(군 비행장은 제외한다) 또는 이착륙장이 아닌 곳에서 이륙하거나 착륙하여서는 아니 된다. 다만, 안전과 관련한 비상상황 등 불가피한 사유가 있는 경우로서 국토교통부장관의 허가를 받은 경우에는 그러하지 아니한다.

② 제1항 단서에 따른 허가에 필요한 세부기준 및 절차와 그 밖에 필요한 사항은 대통령령으로 정한다.

■ **항공정보 :** 항공기 운항의 안전성, 정규성 및 효율성을 확보하기 위하여 항공정보간행물(AIP)과 항공고시보(NOTAM), 항공정보회람(AIC), 비행전·후 정보를 적은 자료 등에 의하여 항공정보를 제공해야한다.

➲ 항공안전법 제89조(항공정보의 제공 등)

① 국토교통부장관은 항공기 운항의 안전성·정규성 및 효율성을 확보하기 위하여 필요한 정보(항공정보)를 비행정보구역에서 비행하는 사람 등에게 제공하여야 한다.

② 국토교통부장관은 항공로, 항행안전시설, 비행장, 공항, 관제권 등 항공기 운항에 필요한 정보가 표시된 지도(항공지도)를 발간(發刊)하여야 한다.

③ 제1항 및 제2항에서 규정한 사항 외에 항공정보 또는 항공지도의 내용, 제공방법, 측정단위 등에 필요한 사항은 국토교통부령으로 정한다.

➲ 항공안전법 시행규칙 제246조(항공교통업무에 필요한 정보 등)

① 항공교통업무기관은 항공기에 대하여 최신의 기상상태 및 기상예보에 관한 정보를 제공할 수 있어야 한다.

② 항공교통업무기관은 비행장 주변에 관한 정보, 항공기의 이륙상승 및 강하지역에 관한 정보, 접근관제지역 내의 돌풍 등 항공기 운항에 지장을 주는 기상현상의 종류, 위치, 수직 범위, 이동방향, 속도 등에 관한 상세한 정보를 항공기에 제공할 수 있도록 관계 기상관측기관·항공운송사업자 등과 긴밀한 협조체제를 유지하여야 한다.

③ 항공교통업무기관은 항공교통의 안전 확보를 위하여 비행장설치자, 항행안전시설관리자, 무인자유기구의 운영자, 방사능·독성 물질의 제조자·사용자와 협의하여 다음 각 호의 소관사항을 지체 없이 통보받을 수 있도록 조치하여야 한다.

1. 비행장 내 기동지역에서의 항공기 이륙·착륙이 지장을 주는 시설물 또는 장애물의 설치·운영 상태에 관한 사항
2. 항공기의 지상이동, 이륙, 접근 및 착륙에 필요한 항공등화 등 항행안전시설의 운영 상태에 관한 사항
3. 무인자유기구의 비행에 관한 사항
4. 관할 구역 내의 비행로에 영향을 줄 수 있는 폭발 전 화산활동, 화산폭발 및 화산재에 관한 사항
5. 관할 공역에 영향을 미치는 방사선물질 또는 독성화학물질의 대기 방출에 관한 사항
6. 그 밖에 항공교통의 안전에 지장을 주는 사항

➲ 항공안전법 시행규칙 제247조(항공안전 관련 정보의 복창)

① 항공기의 조종사는 관할 항공교통관제기관에서 음성으로 전달된 항공안전 관련 항공교통관제의 허가 또는 지시사항을 복창하여야 한다. 이 경우 다음 각 호의 사항은 반드시 복창하여야 한다.

1. 항공로의 허가사항
2. 활주로의 진입, 착륙, 이륙, 대기, 횡단 및 역방향 주행에 대한 허가 또는 지시사항
3. 사용 활주로, 고도계 수정치, 2차 감시 항공교통관제 레이더용 트랜스폰더(Mode 3/A 및 Mode C SSR transponder)의 배정부호, 고도지시, 기수지시, 속도지시 및 전이고도

② 항공기의 조종사는 제1항에 따른 관할 항공교통관제기관의 허가 또는 지시사항을 이해하고 있고 그에 따르겠다는 것을 명확한 방법으로 복창하거나 응답하여야 한다.

③ 항공교통관제사는 제1항에 따른 항공교통관제의 허가 또는 지시사항에 대하여 항공기의 조종사가 정확하게 인지하였는지 여부를 확인하기 위하여 복창을 경청하여야 하며, 그 복창에 틀린 사항이 있을 때에는 즉시 시정조치를 하여야 한다.

④ 제1항을 적용할 때에 관할 항공교통관제기관에서 달리 정하고 있지 아니하면 항공교통관제사와 조종사간 데이터통신(CPDLC)에 의하여 항공교통관제의 허가 또는 지시사항이 전달되는 경우에는 음성으로 복창을 하지 아니할 수 있다.

➲ 항공안전법 시행규칙 제255조(항공정보)

① 비행정보구역에서 제공되는 항공정보의 내용은 다음 각 호와 같다.

1. 비행장과 항행안전시설의 공용의 개시, 휴지, 재개(再開) 및 폐지에 관한 사항
2. 비행장과 항행안전시설의 중요한 변경 및 운용에 관한 사항
3. 비행장을 이용할 때에 있어 항공기의 운항에 장애가 되는 사항
4. 비행의 방법, 결심고도, 최저강하고도, 비행장 이륙·착륙 기상 최저치 등의 설정과 변경에 관한 사항
5. 항공교통업무에 관한 사항
6. 다음 각 목의 공역에서 하는 로켓·불꽃·레이저광선 또는 그 밖의 물건의 발사, 무인기구(기상관측용 및 완구용은 제외한다)의 계류·부양 및 낙하산 강하에 관한 사항
   가. 진입표면·수평표면·원추표면 또는 전이표면을 초과하는 높이의 공역
   나. 항공로 안의 높이 150미터 이상인 공역
   다. 그 밖에 높이 250미터 이상인 공역
7. 그 밖에 항공기의 운항에 도움이 될 수 있는 사항

② 제1항에 따른 항공정보는 다음 각 호의 어느 하나의 방법으로 제공한다.

1. 항공정보간행물(AIP)
2. 항공고시보(NOTAM)
3. 항공정보회람(AIC)
4. 비행 전·후 정보(Pre-Flight and Post-Flight Information)를 적은 자료

③ 발간하는 항공지도에 제공하는 사항은 다음 각 호와 같다.

1. 비행장장애물도(Aerodrome Obstacle Chart)
2. 정밀접근지형도(Precision Approach Terrain)
3. 항공로도(Enroute Chart)
4. 지역도(Area Chart)
5. 표준계기출발도(Standard Departure Chart-Instrument)
6. 표준계기도착도(Standard Arrival Chart-Instrument)
7. 계기접근도(Instrument Approach Chart)
8. 시계접근도(Visual Approach Chart)
9. 비행장 또는 헬기장도(Aerodrome/Heliport Chart)
10. 비행장지상이동도(Aerodrome Ground Movement Chart)
11. 항공기주기도 또는 접현도(Aircraft Parking/Docking Chart)
12. 세계항공도(World Aeronautical Chart)
13. 항공도(Aeronautical Chart)
14. 항법도(Aeronautical Navigation Chart)
15. 항공교통관제감시 최저고도도(ATC Surveillance Minimum Altitude Chart)
16. 그 밖에 국토교통부장관이 고시하는 사항

④ 법 제89조제3항에 따라 항공정보에 사용되는 측정단위는 다음 각 호의 어느 하나의 방법에 따라 사용한다.

1. 고도(Altitude): 미터(m) 또는 피트(ft)
2. 시정(Visibility): 킬로미터(㎞) 또는 마일(SM). 이 경우 5킬로미터 미만의 시정은 미터(m) 단위를 사용한다.
3. 주파수(Frequency): 헤르쯔(㎐)
4. 속도(Velocity Speed): 초당 미터(㎧)
5. 온도(Temperature): 섭씨도(℃)

⑤ 제1항부터 제4항까지에서 규정한 사항 외에 항공정보의 제공 및 항공지도의 발간 등에 관한 세부사항은 국토교통부장관이 정하여 고시한다.

➲ 항공안전법 시행규칙 제256조(통지사항)

제255조제1항제6호의 행위를 하려는 자는 그 행의 예정일 10일 전까지 다음 각 호의 사항을 지방항공청장에게 통지하여야 한다. 다만, 지방항공청장의 승인을 받은 경우에는 그러하지 아니하다.

1. 성명·주소 및 연락장소

2. 해당 행위를 하려는 일시와 장소
3. 해당 행위의 내용
4. 그 밖에 참고가 될 사항

➲ 항공안전법 시행령 제23조(경량항공기의 이륙·착륙 장소 외에서의 이륙·착륙 허가 등)

① 안전과 관련한 비상상황 등 불가피한 사유가 있는 경우는 다음 각 호의 어느 하나에 해당하는 경우로 한다.
  1. 경량항공기의 비행 중 계기 고장, 연료 부족 등의 비상상황이 발생하여 신속하게 착륙하여야 하는 경우
  2. 항공기의 운항 등으로 비행장을 사용할 수 없는 경우
  3. 경량항공기가 이륙·착륙하려는 장소 주변 30킬로미터 이내에 비행장 또는 이착륙장이 없는 경우

② 제1항제1호에 해당하여 착륙의 허가를 받으려는 자는 무선통신 등을 사용하여 국토교통부장관에게 착륙 허가를 신청하여야 한다. 이 경우 국토교통부장관은 특별한 사유가 없으면 허가하여야 한다.

③ 제1항제2호 또는 제3호에 해당하여 이륙 또는 착륙의 허가를 받으려는 자는 국토교통부령으로 정하는 허가신청서를 국토교통부장관에게 제출하여야 한다. 이 경우 국토교통부장관은 그 내용을 검토하여 안전에 지장이 없다고 인정되는 경우에는 6개월 이내의 기간을 정하여 허가하여야 한다.

■ **경량항공기의 비행제한** : 경량항공기의 비행제한에 대하여 항공안전법(항공기의 비행제한 등)을 준용하도록 항공안전법(경량항공기에 대한 준용규정)에서 명시하고 있으며, 경량항공기 운항과 관계되는 비행제한 부분들은 다음과 같다.

- 비관제공역 또는 주의공역에서 경량항공기를 운항하려는 사람은 그 공역에 대하여 국토교통부장관이 정하여 공고하는 비행의 방식 및 절차에 따라야 한다.
  - 비관제공역 : 관제공역 외의 공역으로서 항공기의 조종사에게 비행에 관한 조언·비행정보 등을 제공할 필요가 있는 공역
  - 주의공역 : 항공기의 조종사가 비행 시 특별한 주의·경계·식별 등이 필요한 공역
- 경량항공기를 운항하려는 사람은 통제공역에서 비행해서는 아니 된다. 다만, 국토교통부령으로 정하는 바에 따라 국토교통부장관의 허가를 받아 그 공역에 대하여 국토교통부장관이 정하는 비행의 방식 및 절차에 따라 비행하는 경우에는 그러하

지 아니하다.

- 통제공역 : 항공교통의 안전을 위하여 항공기의 비행을 금지하거나 제한할 필요가 있는 공역

• 통제공역에서의 비행허가 : 통제공역에서 비행하려는 자는 통제공역 비행허가신청서를 지방항공청장에게 제출하여야 한다. 다만, 비행 중인 경우에는 무선통신 등의 방법을 사용하여 지방항공청장에게 제출할 수 있다.

➲ 항공안전법 시행규칙 제222조(통제공역에서의 비행허가)

통제공역에서 비행하려는 자는 통제공역 비행허가 신청서를 지방항공청장에게 제출하여야 한다. 다만, 비행 중인 경우에는 무선통신 등의 방법을 사용하여 지방항공청장에게 제출할 수 있다.

➲ 항공안전법 시행규칙 제68조(경미한 정비의 범위)

"국토교통부령으로 정하는 경미한 정비"란 다음 각 호의 어느 하나에 해당하는 작업을 말한다.

1. 간단한 보수를 하는 예방작업으로서 리깅(Rigging) 또는 간극의 조정작업 등 복잡한 결합작용을 필요로 하지 아니하는 규격장비품 또는 부품의 교환작업
2. 감항성에 미치는 영향이 경미한 범위의 수리작업으로서 그 작업의 완료 상태를 확인하는 데에 동력장치의 작동 점검과 같은 복잡한 점검을 필요로 하지 아니하는 작업
3. 그 밖에 윤활유 보충 등 비행전후에 실시하는 단순하고 간단한 점검 작업

➲ 항공안전법 시행규칙 제285조(경량항공기의 정비 확인)

① 경량항공기소유자등 또는 경량항공기를 사용하여 비행하려는 사람이 경량항공기 또는 그 부품등을 정비한 후 경량항공기 등을 안전하게 운용할 수 있다는 확인을 받기 위해서는 항공정비사 자격증명을 가진 사람으로부터 해당 정비가 다음 각 호의 어느 하나에 충족되게 수행되었음을 확인받은 후 해당 정비 기록문서에 서명을 받아야 한다.

1. 해당 경량항공기 제작자가 제공하는 최신의 정비교범 및 기술문서
2. 해당 경량항공기 제작자가 정비교범 및 기술문서를 제공하지 아니하여 경량항공기 소유자등이 안전성인증 검사를 받을 때 제출한 검사프로그램
3. 그 밖에 국토교통부장관이 정하여 고시하는 기준에 부합하는 기술자료

② "국토교통부령으로 정하는 경미한 정비"란 [표 30-1]에 따른 정비를 말한다.

| 표 30-1 | 경량항공기에 대한 경미한 정비의 범위

경량항공기에 대한 경미한 정비의 범위는 다음과 같으며, 복잡한 조립 조작이 포함되어 있지 않아야 한다.

1. 착륙장치(Landing Gear)의 타이어를 떼어내는 작업(장탈), 원래의 위치에 붙이는 작업(장착)
2. 착륙장치의 탄성충격흡수장치(Elastic Shock Absorber)의 고정용 코드(Cord)의 교환
3. 착륙장치의 유압완충지주(Shock Strut)에 윤활유 또는 공기의 보충
4. 착륙장치 바퀴(Wheel) 베어링에 대한 세척 및 윤활유 주입 등의 서비스
5. 손상된 풀림방지 안전선(Safety Wire) 또는 고정 핀(Cotter Key)의 교환
6. 덮개(Cover plates), 카울링(Cowing) 및 페어링(Fairing)과 같은 비구조부 품목의 장탈(분해하는 경우는 제외한다) 및 윤활
7. 리브 연결(Rib Stitching), 구조부 부품 또는 조종면의 장탈을 필요로 하지 않는 단순한 직물의 기움
8. 유압유 저장탱크에 유압액을 보충하는 것
9. 1차 구조부재 또는 작동 시스템의 장탈 또는 분해가 필요하지 않은 동체(Fuselage), 날개, 꼬리부분의 표면[균형 조종면(Balanced control surfaces)은 제외한다], 페어링, 카울링, 착륙장치, 조종실 내부의 장식을 위한 덧칠(Coating)
10. 장비품(Components)의 보존 또는 보호를 위한 재료의 사용. 다만, 관련된 1차 구조부재 또는 작동 시스템의 분해가 요구되지 않아야 하고, 덧칠이 금지되거나 좋지 않은 영향이 없어야 한다.
11. 객실 또는 조종실의 실내 장식품 또는 장식용 비품의 수리. 다만, 수리를 위해 1차 구조부재나 작동 시스템의 분해가 요구되지 않아야 하고, 작동 시스템에 간섭을 주거나 1차 구조부재에 영향을 주지 않아야 한다.
12. 페어링, 구조물이 아닌 덮개, 카울링, 소형 패치에 대한 작고 간단한 수리작업 및 공기흐름에 영향을 줄 수 있는 외형상의 변화가 없는 보강작업
13. 작업이 조종계통 또는 전기계통 장비품 등과 같은 작동 시스템의 구조에 간섭을 일으키지 않는 측면 창문(Side Windows)의 교환
14. 안전벨트의 교환
15. 1차 구조부과 작동 시스템의 분해가 필요하지 않는 좌석 또는 좌석부품의 교환
16. 고장 난 착륙등(Landing Light)의 배선 회로에 대한 고장탐구 및 수리
17. 위치등(Position Light)과 착륙등(Landing Light)의 전구, 반사면, 렌즈의 교환
18. 중량과 평형(Weight and Balance) 계산이 필요 없는 바퀴와 스키의 교환
19. 프로펠러나 비행조종계통의 장탈이 필요 없는 카울링의 교환
20. 점화플러그의 교환, 세척 또는 간극(Gap)의 조정
21. 호스 연결부위의 교환
22. 미리 제작된 연료 배관의 교환
23. 연료와 오일 여과기 세척
24. 배터리의 교환 및 충전 서비스
25. 작동에 부수적인 역할을 하며 구조부재가 아닌 패스너(Fastener)의 교환 및 조절

➲ 항공안전법 시행규칙 제113조(항공기에 탑재하는 서류)

항공기(활공기 및 법에 따른 특별감항증명을 받은 항공기는 제외한다)에는 다음 각 호의 서류를 탑재하여야 한다.

1. 항공기등록증명서

2. 감항증명서
3. 탑재용 항공일지
4. 운용한계 지정서 및 비행교범
5. 운항규정(교범 중 훈련교범·위험물교범·사고절차고범·보안업무교범·항공기 탑재 및 처리 교범은 제외한다)
6. 항공운송사업의 운항증명서 사본(항공당국의 확인을 받은 것을 말한다) 및 운영기준 사본(국제운송사업에 사용되는 항공기의 경우에는 영문으로 된 것을 포함한다)
7. 소음기준적합증명서
8. 각 운항승무원의 유효한 자격증명서 및 조종사의 비행기록에 관한 자료
9. 무선국 허가증명서(radio station license)
10. 탑승한 여객의 성명, 탑승지 및 목적지가 표시된 명부(passenger manifest)(항공운송사업용 항공기만 해당한다)
11. 해당 항공운송사업자가 발행하는 수송화물의 화물목록(cargo manifest)과 화물 운송장에 명시되어 있는 세부 화물신고서류(detailed declarations of the cargo)(항공운송사업용 항공기만 해당한다)
12. 해당 국가의 항공당국 간에 체결한 항공기 등의 감독 의무에 관한 이전협정서 사본(임대차 항공기의 경우만 해당한다)
13. 비행 전 및 각 비행단계에서 운항승무원이 사용해야 할 점검표
14. 그 밖에 국토교통부장관이 정하여 고시하는 서류

➲ 항공안전법 시행규칙 제136조(출발 전의 확인)

① 기장이 확인하여야 할 사항은 다음 각 호와 같다.

1. 해당 항공기의 감항성 및 등록 여부와 감항증명서 및 등록증명서의 탑재
2. 해당 항공기의 운항을 고려한 이륙중량, 착륙중량, 중심위치 및 중량분포
3. 예상되는 비행조건을 고려한 의무무선설비 및 항공계기 등의 장착
4. 해당 항공기의 운항에 필요한 기상정보 및 항공정보
5. 연료 및 오일의 탑재량과 그 품질
6. 위험물을 포함한 적재물의 적절한 분배 여부 및 안정성
7. 해당 항공기와 그 장비품의 정비 및 정비 결과
8. 그 밖에 항공기의 안전 운항을 위하여 국토교통부장관이 필요하다고 인정하여 고시하는 사항

② 기장은 제1항제7호의 사항을 확인하는 경우에는 다음 각 호의 점검을 하여야 한다.

1. 항공일지 및 정비에 관한 기록의 점검

2. 항공기의 외부 점검
3. 발동기의 지상 시운전 점검
4. 그 밖에 항공기의 작동사항 점검

➲ 항공안전법 시행규칙 제240조(비행정보업무의 수행 등)

① 비행정보업무는 항공교통업무의 대상이 되는 모든 항공기에 대하여 수행한다.
② 같은 항공교통업무기관에서 항공교통관제업무와 비행정보업무를 함께 수행하는 경우에는 항공교통관제업무를 우선 수행하여야 한다.

➲ 항공안전법 시행규칙 제241조(비행정보의 제공)

① 항공교통업무기관에서 항공기에 제공하는 비행정보는 다음 각 호와 같다. 다만, 제8호의 정보는 시계비행방식으로 비행 중인 항공기가 시계비행방식의 비행을 유지할 수 없을 경우에 제공한다.
1. 중요기상정보(SIGMET) 및 저고도항공기상정보(AIRMET)
2. 화산활동·화산폭발·화산재에 관한 정보
3. 방사능물질이나 독성화학물질의 대기 중 유포에 관한 사항
4. 항행안전시설의 운영 변경에 관한 정보
5. 이동지역 내의 눈·결빙·침수에 관한 정보
6. 「공항시설법」에 따른 비행장시설의 변경에 관한 정보
7. 무인자유기구에 관한 정보
8. 해당 비행경로 주변의 교통정보 및 기상상태에 관한 정보
9. 출발·목적·교체비행장의 기상상태 또는 그 예보
10. [표 15-1]에 따른 공역등급 C, D, E, F 및 G 공역 내에서 비행하는 항공기에 대한 충돌위험
11. 수면을 항해 중인 선박의 호출부호, 위치, 진행방향, 속도 등에 관한 정보(정보 입수가 가능한 경우만 해당한다)
12. 그 밖에 항공안전에 영향을 미치는 사항

② 항공교통업무기관은 특별항공기상보고(Special air reports)를 접수한 경우에는 이를 다른 관련 항공기, 기상대 및 다른 항공교통업무기관에 가능한 한 신속하게 전파하여야 한다.
③ 이 규칙에서 정한 것 외에 항공교통업무기관에서 제공하는 비행정보 및 비행정보의 제공방법, 제공절차 등에 관하여 필요한 사항은 국토교통부장관이 정하여 고시한다.

➲ 항공안전법 시행규칙 제219조(자격증명서와 항공신체검사증명서의 소지 등)

자격증명서와 항공신체검사증명서의 소지 등의 대상자 및 그 준수사항은 다음 각 호와 같다.

1. 운항승무원: 해당 자격증명서 및 항공신체검사증명서를 지니거나 항공기 내의 접근하기 쉬운 곳에 보관하여야 한다.
2. 항공교통관제사: 자격증명서 및 항공신체검사증명서를 지니거나 항공업무를 수행하는 장소의 접근하기 쉬운 곳에 보관하여야 한다.
3. 운항승무원 및 항공교통관제사가 아닌 항공정비사 및 운항관리사: 해당 자격증명서를 지니거나 항공업무를 수행하는 장소의 접근하기 쉬운 곳에 보관하여야 한다.

➲ 항공안전법 시행규칙 제214조(전자기기의 사용제한)

운항 중에 전자기기의 사용을 제한할 수 있는 항공기와 사용이 제한되는 전자기기의 품목은 다음 각 호와 같다.

1. 다음 각 목의 어느 하나에 해당하는 항공기
   가. 항공운송사업용으로 비행 중인 항공기
   나. 계기비행방식으로 비행 중인 항공기
2. 다음 각 목 외의 전자기기
   가. 휴대용 음성녹음기
   나. 보청기
   다. 심장박동기
   라. 전기면도기
   마. 그 밖에 항공운송사업자 또는 기장이 항공기 제작회사의 권고 등에 따라 해당항공기에 전자파 영향을 주지 아니한다고 인정한 휴대용 전자기기

➲ 항공안전법 시행규칙 제11조(긴급운항의 범위)

"국토교통부령으로 정하는 공공목적으로 긴급히 운항(훈련을 포함한다)하는 경우"란 소방·산림 또는 자연공원 업무 등에 사용되는 항공기를 이용하여 재해·재난의 예방, 응급환자를 위한 장기(臟器) 이송, 산림 방제(防除)·순찰, 산림보호사업을 위한 화물 수송, 그 밖에 이와 유사한 목적으로 긴급히 운항(훈련을 포함한다)하는 경우를 말한다.

■ 업무범위

- 자격증명을 받은 사람은 그가 받은 자격증명의 종류에 따른 항공업무 외의 항공업무에 종사하여서는 아니 된다.
- 국토교통부령으로 정하는 항공기에 탑승하여 조종(항공기에 탑승하여 그 기체 및 발동기를 다루는 것을 포함한다)하는 경우와 새로운 종류·등급 또는 형식의 항공기에 탑승하여 시험비행 등을 하는 경우로서 국토교통부장관의 허가를 받은 경우에는 적용하지 아니한다.

■ 항공보험 등의 가입의무

- 경량항공기소유자등은 그 경량항공기의 비행으로 다른 사람이 사망하거나 부상한 경우에 피해자(피해자가 사망한 경우에는 손해배상을 받을 권리를 가진 자를 말한다)에 대한 보상을 위하여 안전성인증을 받기 전까지 국토교통부령으로 정하는 보험이나 공제(자동차손해배상 보장법 시행령에 따른 금액 이상을 보장하는 보험 또는 공제를 말하며, 동승한 사람에 대하여 보장하는 보험 또는 공제를 포함한다)에 가입하여야 한다.
- 항공보험 등에 가입한 자는 국토교통부령으로 정하는 바에 따라 보험가입신고서 등 보험가입 등을 확인할 수 있는 자료를 항공보험 등에 가입한 날부터 7일 이내에 다음의 사항을 적은 보험가입신고서 또는 공제가입신고서에 보험증서 또는 공제증서 사본을 첨부하여 국토교통부장관에게 제출하여야 한다. 이를 변경 또는 갱신한 때에도 같다.
  - 가입자의 주소, 성명(법인인 경우에는 그 명칭 및 대표자의 성명)
  - 가입된 보험 또는 공제의 종류, 보험료 또는 공제료 및 보험금액 또는 공제금액
  - 보험 또는 공제의 종류별 발효 및 만료일
  - 보험증서 또는 공제증서의 개요
- 항공기대여업자는 국토교통부령으로 정하는 바에 따라 항공보험에 가입하지 아니하고는 경량항공기를 운항할 수 없다.
- 항공보험 : 여객보험, 기체보험, 화물보험, 전쟁보험, 제3자보험 및 승무원보험과 그 밖에 국토교통부령으로 정하는 보험을 말한다.

■ **영리 목적 사용금지** : 경량항공기를 사용하여 비행하려는 자는 항공기대여업에 사용하는 경우 또는 항공레저스포츠사업에 사용하는 경우를 제외하고는 경량항공기를 영리 목적으로 사용해서는 아니 된다.

■ **항공정보** : 항공기 운항의 안전성과 정규성 및 효율성을 확보하기 위하여 필요한 정보를 비행정보구역 안에서 비행하는자 등에게 제공하는 정보를 말하며, 항공정보업무는 항공항행의 안전과 질서 및 효율을 위하여 필요한 항공정보와 자료를 제공할 책임이 있는 기관의 지정 관할구역 내에서 수행되는 업무이다.

- 항공정보업무의 목적 : 항행의 안전과 질서 및 효율을 위하여 필요한 정보를 제공하는데 있으며, 제공된 정보는 적절성과 품질의 확보 및 적시성 등이 요구된다.
- 우리나라의 항공정보 관리 : ICAO의 결정으로 1953년부터 우리나라는 국토교통부 항공안전본부에서 대한민국 전 영토와 인천비행정보구역을 포함한 해상공역에 대하여 정보수집과 전파에 책임을 지고 항공기의 안전과 규칙, 국내·외 항공비행을 위하여 필요한 정보교류업무를 수행하고 있다.
- 항공정보간행물(AIP, Aeronautical Information Publication) : 우리나라 항공정보간행물은 한글과 영어로 된 단행본으로 발간되며 국내에서 운항되는 모든 민간항공기의 능률적이고 안전한 운항을 위하여 영구적인 항공정보를 수록하고 있다. 대한민국 항공정보간행물은 3권으로 발간되며, 국제 및 국내 사업용 또는 자가용 항공기 운항에 사용하기 위하여 영문과 국문을 병용하여 발간된다.
- 항공정보간행물 수정판(AIP Amendment) : 항공정보간행물에 수록된 정보의 영구적인 변경사항을 수록한 공고문이다.
- 항공정보간행물 보충판(AIP Supplement) : 3개월 또는 그 이상 장기간의 일시변경과 내용이 광범위하고 도표 등이 포함되어 운항에 중대한 영향을 끼칠 수 있는 정보를 항공정보간행물 황색용지를 사용하여 보충판으로 발간한다.
- 항공정보회람(AIC, Aeronautical Information Circular) : 항공정보회람은 AIP나 NOTAM으로 전파될 수 없는 행정사항에 관한 항공정보를 제공한다.
- 항공정보규정과 관리(AIRAC, Aeronautical Information Regulation and Control) : 운영방식에 대한 변경을 필요로 하는 사항을 공통된 발효일자를 기준으로 사전통

보하기 위한 체제 및 관련 항공고시보를 의미한다.

- 항공고시보(NOTAM) : 항공기의 항행에 중대한 영향을 미치는 항공시설과 업무, 절차 또는 장애요소의 신설과 상태, 변경에 관한 정보를 수록하는 공고문이며, 비행에 관련 있는 직접적인 항공정보를 전달하고자 할 때 발행한다. 각 항공고시보는 매년 새로운 일련번호로 발행하며, 현재 유효한 항공고시보의 확인을 위한 항공고시보 대조표는 매월 1일에 발행하고, 평문으로 작성된 월간 항공고시보 개요서는 매월 초순에 발행한다.
- 공항정보자동방송업무(ATIS, Automatic Terminal Information Service) : 비행활동이 많은 특정 공항지역에서 계속적으로 공항정보를 제공하기 위하여 지정된 주파수나 항법보조시설에 연결하여 음성 녹음된 비관제 정보를 계속 방송하는 것이며, 통상적인 정보이나 필수적인 것을 자동반복 송신함으로써 관제사의 업무효율을 증진시키고 주파수 혼잡을 덜어주기 위한 것이다.
- ATIS 정보 : 최신기상정보와 운고, 시정, 시정장애물, 기온, 풍향, 풍속, 기압수정치, 계기접근절차, 사용활주로 등이다.
- 비행전 정보회보(PIB) : 발효중인 NOTAM의 요약 및 기타 긴급한 정보를 비행승무원에게 평문의 게시 형태로 제공하는 것이다.
- 유효 항공고시보 대조표와 목록 : 항공고시보와 월간 유효 항공고시보 대조표는 항공고정통신망을 사용하여 발행되며 비행전 정보게시는 각 공항 항공정보실 또는 웹사이트에서 이용할 수 있다. 그 외의 발간물들은 우편(유효 항공고시보 목록의 경우에 우편 또는 전자우편)으로 발송된다.
- 낙하산 장비 : 시험비행 또는 곡예비행 항공기(회전익 항공기 제외)는 모든 탑승자의 낙하산을 장비해야 한다.
- 항공기대여업 : 타인의 수요에 맞추어 유상으로 항공기, 경량항공기 또는 초경량비행장치를 대여(貸與)하는 사업(항공레저스포츠를 위하여 대여하는 사업은 제외한다)을 말한다.
- 항공레저스포츠 : 취미·오락·체험·교육·경기 등을 목적으로 하는 비행(공중에서 낙하하여 낙하산류를 이용하는 비행을 포함한다)활동을 말한다.
- 항공레저스포츠사업 : 타인의 수요에 맞추어 유상으로 다음의 어느 하나에 해당하

는 서비스를 제공하는 사업을 말한다.

- 항공기(비행선과 활공기에 한정한다), 경량항공기 또는 국토교통부령으로 정하는 초경량비행장치를 사용하여 조종교육, 체험 및 경관조망을 목적으로 사람을 태워 비행하는 서비스
- 활공기 등 국토교통부령으로 정하는 항공기 드는 경량항공기, 초경량비행장치 중 어느 하나를 항공레저스포츠를 위하여 대여하여 주는 서비스
- 경량항공기 또는 초경량비행장치에 대한 정비, 수리 또는 개조서비스

예상문제

01 항공고시보(NOTAM)는 항공기 비행에 중대한 영향을 미치는 항공정보를 항공종사자에게 신속히 전파할 필요가 있을 경우에 발행한다. 다음 중 발행기준에 부합되지 않는 것은?

① NOTAM으로 총칭하고 있으나, 'NOTAM', 'SNCTAM' 등으로 구분된다
② 일시변경 내용이 3개월 이상 장기간 지속되는 경우 발행한다
③ 직접 비행에 관련있는 항공정보를 전달하고자 할 때 발행한다
④ 각 항공고시보는 매년 새로운 일련번호로 발행하며, 현재 유효한 항공고시보의 확인을 위한 항공고시보 대조표는 매월 1일에 발행한다

02 항공정보간행물에 수록된 정보의 영구적인 변경사항을 수록한 공고문은?

① 항공정보간행물 ② 항공정보회람
③ NOTAM ④ 항공정보간행물 수정판

03 3개월 또는 그 이상 장기간의 일시변경과 내용이 광범위하고 도표 등이 포함된 운항에 중대한 영향을 끼칠 수 있는 정보를 항공정보간행물 황색용지를 사용하여 발간하는 것은?

① 항공정보간행물 ② 항공정보회람
③ NOTAM ④ 항공정보간행물 보충판

04 항공기의 항행에 중대한 영향을 미치는 항공시설과 업무, 절차 또는 장애요소의 신설과 상태, 변경에 관한 정보를 수록하는 공고문은?

① AIP ② AIP 보충판
③ NOTAM ④ AIRAC

05 항공기 내에 탑재해야하는 서류가 아닌 것은?

① 감항증명서 ② 탑재용 항공일지
③ 운용한계 지정서 및 비행교범 ④ 정비규정

06 운항중인 항공기내에서 사용 할 수 없는 전자기기는?

① 승객 휴대용 무전기 ② 보청기
③ 심장박동기 ④ 전기면도기

07 위험물 운송허가를 받아야하는 물품이 아닌 것은?

① 인화물질 ② 화약류
③ 기밀서류 ④ 방사성 및 독극물

08 국제항공업무에 종사는 체약국의 항공기가 공해상공에 있어서 준수하여야 할 항공규칙은?

① 항공기 등록국의 규칙을 준수하여야 한다
② 당해 항공기가 출발한 이륙국의 규칙을 준수하여야 한다
③ 당해 항공기가 도착할 착륙국의 규칙을 준수하여야 한다
④ 시카고 조약에 의해 설정된 규칙을 준수하여야 한다

09 감항증명을 받은 항공기를 수리 및 개조하는 경우에 국토교통부장관의 승인을 받지 않아도 되는 경우는?

① 정비조직 인증을 받은 범위를 초과하여 항공기를 수리, 개조하는 경우
② 형식승인을 얻지 않은 자가 제작한 기술표준품을 사용하여 항공기를 수리, 개조하는 경우
③ 제작자증명을 받지 않는 자가 제작한 경비품을 사용하여 항공기를 수리, 개조하는 경우
④ 성능검사 및 품질검사를 받는 장비품을 사용하여 항공기를 수리, 개조하는 경우

10 대한민국국적을 가진 항공기가 감항증명을 받지 않고 항공기를 사용할 수 있는 경우는?

① 국빈대접을 위한 비행

② 소유자가 부품의 수리 개조를 위해 시험비행을 하는 경우
③ 국토교통부장관의 허가를 받아 시험비행을 하는 경우
④ 외국에서 제작한 항공기의 시험비행을 하는 경으

11 항공에 사용할 수 있는 항공기는?

① 감항증명을 받지 않았으나 수리, 개조검사에 합격한 항공기
② 형식증명을 받지 않았으나 감항증명을 받은 항공기
③ 항공우주산업 개발촉진법의 규정에 의해 성능 및 품질검사를 받은 항공기
④ 외국으로부터 형식증명을 받은 후 수입한 항공기

12 항공기를 사용하기 위하여 반드시 표시하여야 할 사항이 아닌 것은?

① 국적기호
② 등록기호
③ 당해국의 국기
④ 소유자의 성명

13 항공기 진로권의 우선순위 중 맞는 것은?

A. 지상에서 운행 중인 항공기 B. 착륙을 위하여 최종접근 중인 항공기 C. 착륙 조작을 행하고 있는 항공기 D. 비행중인 항공기

① D-C-A-B
② B-A-C-D
③ C-B-A-D
④ B-C-A-D

14 감항증명의 유효기간 내에 항공기를 수리 및 개조하였을 경우는?

① 국토교통부 장관 승인을 얻어야 한다
② 항공정비사의 확인을 받아야 한다
③ 지방항공청장의 승인을 받아야 한다
④ 항공안전본부장의 승인을 받아야 한다

15 경량항공기에 대한 경미한 정비의 범위가 아닌 것은?

① 착륙장치의 타이어를 떼어내는 작업, 원래의 위치에 붙이는 작업
② 착륙장치의 유압완충지주에 윤활유 또는 공기의 보충

③ 엔진의 분해수리 및 조립

④ 덮개, 카울링 및 페어링과 같은 비구조부 품목의 장탈(분해하는 경우는 제외) 및 윤활

16 항공기 상호간에 통행의 우선순위 중 가장 빠른 것은?

① 활공기　　② 비행선

③ 동력항공기　　④ 회전익항공기

Answer

01. ②	02. ④	03. ④	04. ③	05. ④	06. ①	07. ③	08. ④	09. ④	10. ③
11. ②	12. ③	13. ③	14. ①	15. ③	16. ①				

CHAPTER 31 항공사고 조사 및 벌칙, 주류

➲ 항공안전법 제60조(사실조사)

① 국토교통부장관은 항공안전 의무보고를 받은 경우 이에 대한 사실 여부와 이 법의 위반사항 등을 파악하기 위한 조사를 할 수 있다.

➲ 항공안전법 시행규칙 제6조(사망·중상 등의 적용기준)

① 항공기사고에서 사람의 사망 또는 중상에 대한 적용기준은 다음 각 호와 같다.

1. 항공기에 탑승한 사람이 사망하거나 중상을 입은 경우. 다만, 자연적인 원인 또는 자기 자신이나 타인에 의하여 발생된 경우와 승객 및 승무원이 정상적으로 접근할 수 없는 장소에 숨어있는 밀항자 등에게 발생한 경우는 제외한다.
2. 항공기로부터 이탈된 부품이나 그 항공기와의 직접적인 접촉 등으로 인하여 사망하거나 중상을 입은 경우
3. 항공기 발동기의 흡입 또는 후류(後流)로 인하여 사망하거나 중상을 입은 경우

② 행방불명은 항공기, 경량항공기 또는 초경량비행장치 안에 있던 사람이 항공기사고, 경량항공기사고 또는 초경량비행장치사고로 1년간 생사가 분명하지 아니한 경우에 적용한다.

③ 사람의 사망 또는 중상에 대한 적용기준은 다음 각 호와 같다.

1. 경량항공기 및 초경량비행장치에 탑승한 사람이 사망하거나 중상을 입은 경우. 다만, 자연적인 원인 또는 자기 자신이나 타인에 의하여 발생된 경우는 제외한다.
2. 비행 중이거나 비행을 준비 중인 경량항공기 또는 초경량비행장치로부터 이탈된 부품이나 그 경량항공기 또는 초경량비행장치와의 직접적인 접촉 등으로 인하여 사망하거나 중상을 입은 경우

➲ 항공안전법 시행규칙 제7조(사망·중상의 범위)

① 항공기사고에서 사람의 사망은 항공기사고, 경량항공기사고 또는 초경량비행장치사

고가 발생한 날부터 30일 이내에 그 사고로 사망한 경우를 포함한다.

② 중상의 범위는 다음 각 호와 같다.

1. 항공기사고, 경량항공기사고 또는 초경량비행장치사고로 부상을 입은 날부터 7일 이내에 48시간을 초과하는 입원치료가 필요한 부상
2. 골절(코뼈, 손가락, 발가락 등의 간단한 골절은 제외한다)
3. 열상(찢어진 상처)으로 인한 심한 출혈, 신경·근육 또는 힘줄의 손상
4. 2도나 3도의 화상 또는 신체표면의 5퍼센트를 초과하는 화상(화상을 입은 날부터 7일 이내에 48시간을 초과하는 입원치료가 필요한 경우만 해당한다)
5. 내장의 손상
6. 전염물질이나 유해방사선에 노출된 사실이 확인된 경우

➲ 항공안전법 시행규칙 제299조(경량항공기사고의 보고 등)

경량항공기사고를 일으킨 조종사 또는 그 경량항공기의 소유자등은 다음 각 호의 사항을 지방항공청장에게 보고하여야 한다.

1. 조종사 및 그 경량항공기의 소유자등의 성명 또는 명칭
2. 사고가 발생한 일시 및 장소
3. 경량항공기의 종류 및 등록부호
4. 사고의 경위
5. 사람의 사상 또는 물건의 파손 개요
6. 사상자의 성명 등 사상자의 인적사항 파악을 위하여 참고가 될 사항

➲ 항공안전법 제138조(항행 중 항공기 위험 발생의 죄)

① 사람이 현존하는 항공기, 경량항공기 또는 초경량비행장치를 항행 중에 추락 또는 전복(顚覆)시키거나 파괴한 사람은 사형, 무기징역 또는 5년 이상의 징역에 처한다.

② 제140조의 죄를 지어 사람이 현존하는 항공기, 경량항공기 또는 초경량비행장치를 항행 중에 추락 또는 전복시키거나 파괴한 사람은 사형, 무기징역 또는 5년 이상의 징역에 처한다.

➲ 항공안전법 제139조(항행 중 항공기 위험 발생으로 인한 치사·치상의 죄)

제138조의 죄를 지어 사람을 사상(死傷)에 이르게 한 사람은 사형, 무기징역 또는 7년 이상의 징역에 처한다.

➲ 항공안전법 제140조(항공상 위험 발생 등의 죄)

비행장, 이착륙장, 공항시설 또는 항행안전시설을 파손하거나 그 밖의 방법으로 항공상의 위험을 발생시킨 사람은 10년 이하의 징역에 처한다.

➲ 항공안전법 제141조(미수범)

제138조제1항 및 제140조의 미수범은 처벌한다.

➲ 항공안전법 제142조(기장 등의 탑승자 권리행사 방해의 죄)

① 직권을 남용하여 항공기에 있는 사람에게 그의 의무가 아닌 일을 시키거나 그의 권리행사를 방해한 기장 또는 조종사는 1년 이상 10년 이하의 징역에 처한다.
② 폭력을 행사하여 제1항의 죄를 지은 기장 또는 조종사는 3년 이상 15년 이하의 징역에 처한다.

➲ 항공안전법 제143조(기장의 항공기 이탈의 죄)

운항중 위난 발생시 기장의 권한과 의무를 위반하여 항공기를 떠난 기장(기장의 임무를 수행할 사람을 포함한다)은 5년 이하의 징역에 처한다.

➲ 항공안전법 제144조(감항증명을 받지 아니한 항공기 사용 등의 죄)

다음 각 호의 어느 하나에 해당하는 자는 3년 이하의 징역 또는 5천만원 이하의 벌금에 처한다.

1. 감항증명 또는 소음기준적합증명을 받지 아니하거나 감항증명 또는 소음기준적합증명이 취소 또는 정지된 항공기를 운항한 자
2. 기술표준품형식승인을 받지 아니한 기술표준품을 제작·판매하거나 항공기등에 사용한 자
3. 부품등제작자증명을 받지 아니한 장비품 또는 부품을 제작·판매하거나 항공기등 또는 장비품에 사용한 자
4. 수리·개조승인을 받지 아니한 항공기등, 장비품 또는 부품을 운항 또는 항공기등에 사용한 자
5. 정비 등을 한 항공기등, 장비품 또는 부품에 대하여 감항성을 확인받지 아니하고 운항 또는 항공기등에 사용한 자

➲ 항공안전법 제146조(주류 등의 섭취·사용 등의 죄)

다음 각 호의 어느 하나에 해당하는 사람은 3년 이하의 징역 또는 3천만원 이하의 벌금에 처한다.

1. 주류 등의 영향으로 항공업무(항공기 조종연습 및 항공교통관제연습을 포함한다) 또는 객실승무원의 업무를 정상적으로 수행할 수 없는 상태에서 그 업무에 종사한 항공종사자(항공기 조종연습 및 항공교통관제연습을 하는 사람을 포함한다. 이하 이 조에서 같다) 또는 객실승무원
2. 업무에 종사하는 동안에 주류 등을 섭취하거나 사용한 항공종사자 또는 객실승무원
3. 국토교통부장관의 측정에 응하지 아니한 항공종사자 또는 객실승무원

➲ 항공안전법 제148조(무자격자의 항공업무 종사 등의 죄)

다음 각 호의 어느 하나에 해당하는 사람은 2년 이하의 징역 또는 2천만원 이하의 벌금에 처한다.

1. 자격증명을 받지 아니하고 항공업무에 종사한 사람
2. 그가 받은 자격증명의 종류에 따른 업무범위 외의 업무에 종사한 사람
3. 효력정지명령을 위반한 사람
4. 항공영어구술능력증명을 받지 아니하고 두 나라 이상을 운항에 해당하는 업무에 종사한 사람

➲ 항공안전법 제149조(과실에 따른 항공상 위험 발생 등의 죄)

① 과실로 항공기·경량항공기·초경량비행장치·비행장·이착륙장·공항시설 또는 항행안전시설을 파손하거나, 그 밖의 방법으로 항공상의 위험을 발생시키거나 항행 중인 항공기를 추락 또는 전복시키거나 파괴한 사람은 1년 이하의 징역 또는 1천만원 이하의 벌금에 처한다.

② 업무상 과실 또는 중대한 과실로 제1항의 죄를 지은 경우에는 3년 이하의 징역 또는 5천만원 이하의 벌금에 처한다.

➲ 항공안전법 제150조(무표시 등의 죄)

항공기 국적등의 표시를 하지 아니하거나 거짓 표시를 한 항공기를 운항한 소유자등은 1년 이하의 징역 또는 1천만원 이하의 벌금에 처한다.

➲ 항공안전법 제151조(승무원을 승무시키지 아니한 죄)

항공종사자의 자격증명이 없는 사람을 항공기에 승무(乘務)시키거나 이 법에 따라 항공기에 승무시켜야 할 승무원을 승무시키지 아니한 소유자등은 1년 이하의 징역 또는 1천만원 이하의 벌금에 처한다.

➲ 항공안전법 제153조(무선설비 등의 미설치·운용의 죄)

위반한 자는 2천만원 이하의 벌금에 처한다.

➲ 항공안전법 제154조(무허가 위험물 운송의 죄)

위반한 자는 2천만원이하의 벌금에 처한다.

➲ 항공안전법 제155조(수직분리축소공역 등에서 승인 없이 운항한 죄)

국토교통부장관의 승인을 받지 아니하고 공역에서 항공기를 운항한 소유자등은 1천만원 이하의 벌금에 처한다.

➲ 항공안전법 제158조(기장 등의 보고의무 등의 위반에 관한 죄)

다음 각 호의 어느 하나에 해당하는 자는 500만원 이하의 벌금에 처한다.

1. 항공기사고·항공기준사고 또는 항공안전장애에 관한 보고를 하지 아니하거나 거짓으로 한 자
2. 승인을 받지 아니하고 항공기를 출발시키거나 비행계획을 변경한 자

➲ 항공안전법 제160조(경량항공기 불법 사용 등의 죄)

① 다음 각 호의 어느 하나에 해당하는 자는 3년 이하의 징역 또는 3천만원 이하의 벌금에 처한다.

1. 주류 등의 영향으로 경량항공기를 사용하여 비행을 정상적으로 수행할 수 없는 상태에서 경량항공기를 사용하여 비행을 한 사람
2. 경량항공기를 사용하여 비행하는 동안에 주류 등을 섭취하거나 사용한 사람
3. 국토교통부장관의 주류등의 섭취 및 사용 여부 측정 요구에 따르지 아니한 사람

② 경량항공기 조종업무 외의 업무를 한 사람은 2년 이하의 징역 또는 2천만원 이하의 벌금에 처한다.

③ 안전성인증을 받지 아니한 경량항공기를 사용하여 비행을 한 자 또는 비행을 하게 한 자는 1년 이하의 징역 또는 1천만원 이하의 벌금에 처한다.

④ 다음 각 호의 어느 하나에 해당하는 자는 6개월 이하의 징역 또는 500만원 이하의 벌금에 처한다.

1. 경량항공기 조종사 자격증명을 받지 아니하고 경량항공기를 사용하여 비행을 한 사람
2. 등록을 하지 아니한 경량항공기를 사용하여 비행을 한 자
3. 국적 및 등록기호를 표시하지 아니하거나 거짓으로 표시한 경량항공기를 사용하여 비행을 한 사람

⑤ 경량항공기 조종교육증명을 받지 아니하고 조종교육을 한 사람은 2천만원 이하의 벌금에 처한다.

⑥ 무선설비를 설치·운용하지 아니한 자는 500만원 이하의 벌금에 처한다.

⑦ 다음 각 호의 어느 하나에 해당하는 사람은 300만원 이하의 벌금에 처한다.

1. 경량항공기를 사용하여 이륙·착륙 장소가 아닌 곳 또는 「공항시설법」에 따라 사용이 중지된 이착륙장에서 이륙하거나 착륙한 사람
2. 통제공역에서 비행한 사람

➲ 항공안전법 제163조(검사 거부 등의 죄)

검사 또는 출입을 거부·방해하거나 기피한 자는 500만원 이하의 벌금에 처한다.

➲ 항공안전법 제164조(양벌규정)

법인의 대표자나 법인 또는 개인의 대리인, 사용인, 그 밖의 종업원이 그 법인 또는 개인의 업무에 관하여 위반행위를 하면 그 행위자를 벌하는 외에 그 법인 또는 개인에게도 해당 조문의 벌금형을 과(科)한다. 다만, 법인 또는 개인이 그 위반행위를 방지하기 위하여 해당 업무에 관하여 상당한 주의와 감독을 게을리 하지 아니한 경우에는 그러하지 아니하다.

➲ 항공안전법 제165조(벌칙 적용의 특례)

과징금을 부과할 수 있는 행위에 대해서는 국토교통부장관의 고발이 있어야 공소를 제기할 수 있으며, 과징금을 부과한 행위에 대해서는 과태료를 부과할 수 없다.

➲ 항공안전법 제166조(과태료)

① 다음 각 호의 어느 하나에 해당하는 자에게는 500만원 이하의 과태료를 부과한다.
1. 소속 승무원의 피로를 관리하지 아니한 자(항공운송사업자 및 항공기사용사업자는 제외한다)
2. 국토교통부장관의 승인을 받지 아니하고 피로위험관리시스템을 운용하거나 중요사항을 변경한 자(항공운송사업자 및 항공기사용사업자는 제외한다)
3. 다음 각 목의 어느 하나에 해당하는 자(항공운송사업자 및 항공기사용사업자 외의 자만 해당한다)
 가. 제작 또는 운항 등을 시작하기 전까지 항공안전관리시스템을 마련하지 아니한 자
 나. 국토교통부장관의 승인을 받지 아니하고 항공안전관리시스템을 운용한 자
 다. 항공안전관리시스템을 승인받은 내용과 다르게 운용한 자
 라. 국토교통부장관의 승인을 받지 아니하고 국토교통부령으로 정하는 중요사항을 변경한 자
4. 운항관리사를 두지 아니하고 항공기를 운항한 항공운송사업자 외의 자
5. 운항관리사가 해당 업무를 수행하는 데 필요한 교육훈련을 하지 아니하고 업무에 종사하게 한 항공운송사업자 외의 자
6. 위험물취급의 절차와 방법에 따르지 아니하고 위험물취급을 한 자
7. 검사를 받지 아니한 포장 및 용기를 판매한 자
8. 위험물취급에 필요한 교육을 받지 아니하고 위험물취급을 한 자
9. 국토교통부장관이 정하는 바에 따라 교육을 받지 아니하고 경량항공기 조종교육을 한 자
10. 초경량비행장치의 비행안전을 위한 기술상의 기준에 적합하다는 안전성인증을 받지 아니하고 비행한 사람
11. 항공안전 활동 보고 등을 하지 아니하거나 거짓 보고 등을 한 사람
12. 질문에 대하여 거짓 진술을 한 사람
13. 운항정지, 운용정지 또는 업무정지를 따르지 아니한 자
14. 시정조치 등의 명령에 따르지 아니한 자

② 다음 각 호의 어느 하나에 해당하는 자에게는 300만원 이하의 과태료를 부과한다.
1. 국토교통부령으로 정하는 방법에 따라 안전하게 운용할 수 있다는 확인을 받지 아니하고 경량항공기를 사용하여 비행한 사람
2. 국토교통부령으로 정하는 준수사항을 따르지 아니하고 경량항공기를 사용하여 비행한 사람

③ 다음 각 호의 어느 하나에 해당하는 자에게는 200만원 이하의 과태료를 부과한다.

1. 변경등록 또는 말소등록의 신청을 하지 아니한 자
2. 항공기 등록기호표를 부착하지 아니하고 항공기를 사용한 자
3. 변경된 항공기기술기준을 따르도록 한 요구에 따르지 아니한 자
4. 항공종사자가 아닌 사람으로서 고의 또는 중대한 과실로 항공안전위해요인을 발생시킨 사람
5. 항공교통의 안전을 위한 국토교통부장관 또는 항공교통업무증명을 받은 자의 지시에 따르지 아니한 자
6. 운항규정 또는 정비규정을 준수하지 아니하고 항공기의 운항 또는 정비에 관한 업무를 수행한 종사자
7. 부여된 안전성인증 등급에 따른 운용범위를 준수하지 아니하고 경량항공기를 사용하여 비행한 사람
8. 국토교통부령으로 정하는 준수사항을 따르지 아니하고 초경량비행장치를 이용하여 비행한 사람
9. 국토교통부장관의 승인을 받지 아니하고 초경량비행장치를 이용하여 비행한 사람
10. 국토교통부장관이 승인한 범위 외에서 비행한 사람

④ 다음 각 호의 어느 하나에 해당하는 자에게는 100만원 이하의 과태료를 부과한다.
1. 항공기 고장, 결함의 보고를 하지 아니하거나 거짓으로 보고한 자
2. 항공기사고, 항공기준사고 또는 항공안전장애를 보고하지 아니하거나 거짓으로 보고한 자
3. 경량항공기 등록기호표를 부착하지 아니한 경량항공기소유자등
4. 신고번호를 해당 초경량비행장치에 표시하지 아니하거나 거짓으로 표시한 초경량비행장치소유자등
5. 국토교통부령으로 정하는 장비를 장착하거나 휴대하지 아니하고 초경량비행장치를 사용하여 비행을 한 자

⑤ 다음 각 호의 어느 하나에 해당하는 자에게는 50만원 이하의 과태료를 부과한다.
1. 경량항공기사고에 관한 보고를 하지 아니하거나 거짓으로 보고한 경량항공기 조종사 또는 그 경량항공기소유자등
2. 경량항공기의 변경등록 또는 말소등록을 신청하지 아니한 경량항공기소유자등

⑥ 다음 각 호의 어느 하나에 해당하는 자에게는 30만원 이하의 과태료를 부과한다.
1. 초경량비행장치의 말소신고를 하지 아니한 초경량비행장치소유자등
2. 초경량비행장치사고에 관한 보고를 하지 아니하거나 거짓으로 보고한 초경량비행장치 조종자 또는 그 초경량비행장치소유자등

➲ 항공안전법 제167조(과태료의 부과·징수절차)

과태료는 대통령령으로 정하는 바에 따라 국토교통부장관이 부과·징수한다.

➲ 항공안전법 제57조(주류 등의 섭취·사용 제한)

① 항공종사자(항공기 조종연습 및 항공교통관제연습을 하는 사람을 포함한다. 이하 이 조에서 같다) 및 객실승무원은 「주세법」에 따른 주류, 「마약류 관리에 관한 법률」에 따른 마약류 또는 「화학물질관리법」에 따른 환각물질 등(주류 등)의 영향으로 항공업무(항공기 조종연습 및 항공교통관제연습을 포함한다. 이하 이 조에서 같다) 또는 객실승무원의 업무를 정상적으로 수행할 수 없는 상태에서는 항공업무 또는 객실승무원의 업무에 종사해서는 아니 된다.

② 항공종사자 및 객실승무원은 항공업무 또는 객실승무원의 업무에 종사하는 동안에는 주류 등을 섭취하거나 사용해서는 아니 된다.

③ 국토교통부장관은 항공안전과 위험 방지를 위하여 필요하다고 인정하거나 항공종사자 및 객실승무원이 제1항 또는 제2항을 위반하여 항공업무 또는 객실승무원의 업무를 하였다고 인정할 만한 상당한 이유가 있을 때에는 주류 등의 섭취 및 사용 여부를 호흡측정기 검사 등의 방법으로 측정할 수 있으며, 항공종사자 및 객실승무원은 이러한 측정에 응하여야 한다.

④ 국토교통부장관은 항공종사자 또는 객실승무원이 제3항에 따른 측정 결과에 불복하면 그 항공종사자 또는 객실승무원의 동의를 받아 혈액 채취 또는 소변 검사 등의 방법으로 주류 등의 섭취 및 사용 여부를 다시 측정할 수 있다.

⑤ 주류 등의 영향으로 항공업무 또는 객실승무원의 업무를 정상적으로 수행할 수 없는 상태의 기준은 다음 각 호와 같다.

1. 주정성분이 있는 음료의 섭취로 혈중알코올농도가 0.02퍼센트 이상인 경우
2. 「마약류 관리에 관한 법률」에 따른 마약류를 사용한 경우
3. 「화학물질관리법」에 따른 환각물질을 사용한 경우

⑥ 제1항부터 제5항까지의 규정에 따라 주류 등의 종류 및 그 측정에 필요한 세부 절차 및 측정기록의 관리 등에 필요한 사항은 국토교통부령으로 정한다.

➲ 항공안전법 시행규칙 제134조(항공안전 의무보고의 절차 등)

① 다음 각 호의 어느 하나에 해당하는 사람은 항공안전 의무보고서 또는 국토교통부장관이 정하여 고시하는 전자적인 보고방법에 따라 국토교통부장관 또는 지방항공청장에게 보고하여야 한다.

1. 항공기사고를 발생시켰거나 항공기사고가 발생한 것을 알게 된 항공종사자 등 관계인
2. 항공기준사고를 발생시켰거나 항공기준사고가 발생한 것을 알게 된 항공종사자 등 관계인
3. 항공안전장애를 발생시켰거나 항공안전장애가 발생한 것을 알게 된 항공종사자 등 관계인(법에 따른 보고 의무자는 제외한다)

② 항공종사자 등 관계인의 범위는 다음 각 호와 같다.

1. 항공기 기장(항공기 기장이 보고할 수 없는 경우에는 그 항공기의 소유자등을 말한다)
2. 항공정비사(항공정비사가 보고할 수 없는 경우에는 그 항공정비사가 소속된 기관·법인 등의 대표자를 말한다)
3. 항공교통관제사(항공교통관제사가 보고할 수 없는 경우 그 관제사가 소속된 항공교통관제기관의 장을 말한다)
4. 「공항시설법」에 따라 공항시설을 관리·유지하는 자
5. 「공항시설법」에 따라 항행안전시설을 설치·관리하는 자
6. 위험물취급자

③ 제1항에 따른 보고서의 제출 시기는 다음 각 호와 같다.

1. 항공기사고 및 항공기준사고: 즉시
2. 항공안전장애
   가. 항공안전법 시행규칙(항공안전장애의 범위)[표 7-1] 제1호부터 제4호까지, 제6호 및 제7호에 해당하는 항공안전장애를 발생시켰거나 항공안전장애가 발생한 것을 알게 된 자: 인지한 시점으로부터 72시간 이내(해당 기간에 포함된 토요일 및 법정공휴일에 해당하는 시간은 제외한다). 다만, 제6호가목, 나목 및 마목에 해당하는 사항은 즉시 보고하여야 한다.
   나. 항공안전법 시행규칙(항공안전장애의 범위)[표 7-1] 제5호에 해당하는 항공안전장애를 발생시켰거나 항공안전장애가 발생한 것을 알게 된 자: 인지한 시점으로부터 96시간 이내. 다만, 해당 기간에 포함된 토요일 및 법정공휴일에 해당하는 시간은 제외한다.

➲ 항공안전법 시행규칙 제135조(항공안전 자율보고의 절차 등)

① 항공안전 자율보고를 하려는 사람은 항공안전 자율보고서 또는 국토교통부장관이 정하여 고시하는 전자적인 보고방법에 따라 한국교통안전공단의 이사장에게 보고할 수 있다.

② 제1항에 따른 항공안전 자율보고의 접수·분석 및 전파 등에 관하여 필요한 사항은 국토교통부장관이 정하여 고시한다.

➲ 항공안전법 제68조(항공기의 비행 중 금지행위 등)

항공기를 운항하려는 사람은 생명과 재산을 보호하기 위하여 다음 각 호의 어느 하나에 해당하는 비행 또는 행위를 해서는 아니 된다. 다만, 국토교통부령으로 정하는 바에 따라 국토교통부장관의 허가를 받은 경우에는 그러하지 아니하다.

1. 국토교통부령으로 정하는 최저비행고도(最低飛行高度) 아래에서의 비행
2. 물건의 투하(投下) 또는 살포
3. 낙하산 강하(降下)
4. 국토교통부령으로 정하는 구역에서 뒤집어서 비행하거나 옆으로 세워서 비행하는 등의 곡예비행
5. 무인항공기의 비행
6. 그 밖에 생명과 재산에 위해를 끼치거나 위해를 끼칠 우려가 있는 비행 또는 행위로서 국토교통부령으로 정하는 비행 또는 행위

➲ 공항시설법 제66조(명령 등의 위반 죄)

다음 각 호의 어느 하나에 해당하는 자는 1년 이하의 징역 또는 1천만원 이하의 벌금에 처한다.

1. 허가 또는 변경허가를 받아야 할 사항을 허가 또는 변경허가를 받지 아니하고 건축물의 건축 등의 행위를 하거나 거짓 또는 부정한 방법으로 허가를 받은 자
2. 정당한 사유 없이 토지에 출입 및 사용 등에 따른 행위를 방해하거나 거부한 자
3. 이착륙장 사용의 중지에 따른 명령을 위반한 자
4. 정당한 사유 없이 시정명령과 허가 등의 취소 등 국토교통부장관의 명령 또는 처분을 위반한 자

➲ 항공사업법 제80조(경량항공기 등의 영리 목적 사용에 관한 죄)

① 경량항공기 등의 영리 목적 사용금지를 위반하여 경량항공기를 영리 목적으로 사용한 자는 1년 이하의 징역 또는 1천만원 이하의 벌금에 처한다.

② 영리 목적 사용금지를 위반하여 초경량비행장치를 영리 목적으로 사용한 자는 6개월 이하의 징역 또는 500만원 이하의 벌금에 처한다.

➲ 항공안전법 시행규칙 제171조(활공기 등의 예항)

① 항공기가 활공기를 예항하는 경우에는 다음 각 호의 기준에 따라야 한다.

1. 항공기에 연락원을 탑승시킬 것(조종자를 포함하여 2명 이상이 탈 수 있는 항공기의 경우만 해당하며, 그 항공기와 활공기 간에 무선통신으로 연락이 가능한 경우는 제외한다)
2. 예항하기 전에 항공기와 활공기의 탑승자 사이에 다음 각 목에 관하여 상의할 것
   가. 출발 및 예항의 방법
   나. 예항줄 이탈의 시기·장소 및 방법
   다. 연락신호 및 그 의미
   라. 그 밖에 안전을 위하여 필요한 사항
3. 예항줄의 길이는 40미터 이상 80미터 이하로 할 것
4. 지상연락원을 배치할 것
5. 예항줄 길이의 80퍼센트에 상당하는 고도 이상의 고도에서 예항줄을 이탈시킬 것
6. 구름 속에서나 야간에는 예항을 하지 말 것(지방항공청장의 허가를 받은 경우는 제외한다)

② 항공기가 활공기 외의 물건을 예항하는 경우에는 다음 각 호의 기준에 따라야 한다.
1. 예항줄에는 20미터 간격으로 붉은색과 흰색의 표지를 번갈아 붙일 것
2. 지상연락원을 배치할 것

■ **자격취소 등** : 경량항공기 조종사 자격증명·항공신체검사증명의 취소 등에 대한 행정처분기준은 다음과 같다.

| 표 31-1 | 경량항공기 조종사 등에 대한 행정처분기준

위반행위 또는 사유	처분내용
1. 거짓이나 그 밖의 부정한 방법으로 자격증명등을 받은 경우	자격증명 취소
2. 자격증명등의 정지기간에 경량항공기 조종업무에 종사한 경우	자격증명 취소
3. 이 법을 위반하여 벌금 이상의 형을 선고받은 경우	효력 정지 30일 이상 또는 자격증명 취소
4. 경량항공기 조종업무를 수행할 때 고의 또는 중대한 과실로 경량항공기사고를 일으켜 다음 각 목의 인명피해를 발생시킨 경우	
가. 사망자가 발생한 경우	효력 정지 180일 이상 또는 자격증명 취소
나. 중상자가 발생한 경우	효력 정지 90일 이상 또는 자격증명 취소
다. 중상자 외의 부상자가 발생한 경우	효력 정지 30일 이상 또는 자격증명 취소
5. 경량항공기 조종업무를 수행할 때 고의 또는 중대한 과실로 경량항공기사고를 일으켜 다음 각 목의 재산피해를 발생시킨 경우	

가. 경량항공기 또는 제3자의 재산피해가 100억원 이상인 경우	효력 정지 180일 이상 또는 자격증명 취소
나. 경량항공기 또는 제3자의 재산피해가 10억원 이상 100억원 미만인 경우	효력 정지 90일 이상 또는 자격증명 취소
다. 경량항공기 또는 제3자의 재산피해가 10억원 미만인 경우	효력 정지 30일 이상 또는 자격증명 취소
6. 경량항공기 조종업무 외의 업무에 종사한 경우	1차 위반: 효력 정지 150일 2차 위반: 효력 정지 1년 또는 자격증명 취소
7. 경량항공기 조종사 자격증명의 한정을 받은 사람이 한정된 경량항공기 종류 외의 경량항공기를 조종한 경우	1차 위반: 효력 정지 30일 2차 위반: 효력 정지 60일 3차 위반: 효력 정지 180일
8. 항공신체검사증명을 받지 아니하고 경량항공기 조종업무를 하거나 경량항공기 조종연습을 한 경우	1차 위반: 효력 정지 30일 2차 위반: 효력 정지 60일 3차 위반: 효력 정지 150일
9. 조종교육증명을 받지 아니하고 조종교육을 한 경우	1차 위반: 효력 정지 30일 2차 위반: 효력 정지 60일 3차 위반: 효력 정지 180일
10. 국토교통부장관이 정하는 교육을 받지 아니한 경우	1차 위반: 효력 정지 30일 2차 위반: 효력 정지 60일 3차 위반: 효력 정지 180일
11. 이륙·착륙 장소가 아닌 곳 또는 「공항시설법」에 따라 사용이 중지된 장에서 경량항공기를 이륙하거나 착륙하게 한 경우	1차 위반: 효력 정지 30일 2차 위반: 효력 정지 150일 3차 위반: 효력 정지 1년 또는 자격증명 취소
12. 주류 등의 영향으로 경량항공기 조종업무(법 제116조에 따른 경량항공기 조종연습을 포함한다)를 정상적으로 수행할 수 없는 상태에서 경량항공기를 사용하여 비행한 경우	가. 주류의 경우 - 혈중알콜농도 0.02퍼센트 이상 0.06퍼센트 미만: 효력 정지 60일 - 혈중알콜농도 0.06퍼센트 이상 0.09퍼센트 미만: 효력 정지 120일 - 혈중알콜농도 0.09퍼센트 이상: 효력 정지 180일 또는 자격증명 취소 나. 마약류 또는 환각물질의 경우 - 1차 위반: 효력 정지 60일 - 2차 위반: 효력 정지 120일 - 3차 위반: 효력 정지 180일 또는 자격증명 취소
13. 경량항공기 조종업무(경량항공기 조종연습을 포함한다)에 종사하는 동안에 주류 등을 섭취하거나 사용한 경우	가. 주류의 경우 - 혈중알콜농도 0.02퍼센트 이상 0.06퍼센트 미만: 효력 정지 60일 - 혈중알콜농도 0.06퍼센트 이상 0.09퍼센트 미만: 효력 정지 120일 - 혈중알콜농도 0.09퍼센트 이상: 효력 정지 180일 또는 자격증명 취소 나. 마약류 또는 환각물질의 경우

	- 1차 위반: 효력 정지 60일 - 2차 위반: 효력 정지 120일 - 3차 위반: 효력 정지 180일 또는 자격증명 취소
14. 주류 등의 섭취 및 사용 여부의 측정 요구에 따르지 아니한 경우	1차 위반: 효력 정지 60일 2차 위반: 효력 정지 120일 3차 위반: 효력 정지 180일 또는 자격증명 취소
15. 비행규칙을 따르지 아니하고 비행한 경우	1차 위반: 효력 정지 30일 2차 위반: 효력 정지 60일 3차 위반: 효력 정지 180일
16. 국토교통부장관이 정하여 공고하는 비행의 방식 및 절차에 따르지 아니하고 비관제공역 또는 주의공역에서 비행한 경우	1차 위반: 효력 정지 30일 2차 위반: 효력 정지 60일 3차 위반: 효력 정지 150일
17. 허가를 받지 아니하거나 국토교통부장관이 정하는 비행의 방식 및 절차에 따르지 아니하고 통제공역에서 비행한 경우	1차 위반: 효력 정지 30일 2차 위반: 효력 정지 90일 3차 위반: 효력 정지 1년 또는 자격증명 취소
18. 국토교통부장관 또는 항공교통업무증명을 받은 자가 지시하는 이동·이륙·착륙의 순서 및 시기와 비행의 방법에 따르지 아니한 경우	1차 위반: 효력 정지 30일 2차 위반: 효력 정지 90일 3차 위반: 효력 정지 1년 또는 자격증명 취소

비고

1. 처분의 구분
   가. 자격증명의 취소: 경량항공기 조종사 자격증명, 자격증명의 한정, 계기비행증명, 경량항공기 조종교육증명, 경량항공기조종연습허가 또는 항공영어구술능력증명을 취소하는 것을 말한다.
   나. 효력의 정지: 일정기간 경량항공기 조종연습 및 경량항공기를 조종할 수 있는 자격을 정지하는 것을 말한다.
2. 1개의 위반행위나 사유가 2개 이상의 처분기준에 해당되는 경우와 고의 또는 중대한 과실로 인명 및 재산피해가 동시에 발생한 경우에는 그 중 무거운 처분기준을 적용한다.
3. 위반행위가 기장을 보조하는 기장 외의 승무원의 잘못으로 발생한 경우에는 기장에 대한 처분 외에 그 승무원에 대해서도 처분할 수 있다. 이 경우 그 승무원에 대한 처분은 처분기준의 2분의 1의 범위에서 줄여 처분할 수 있다.
4. 위반행위의 차수에 따른 행정처분의 기준은 최근 1년간 같은 위반행위로 행정처분을 받은 경우에 적용한다. 이 경우 행정처분 기준의 적용은 같은 위반행위에 대하여 최초로 행정처분을 한 날을 기준으로 한다.
5. 위반행위의 정도 및 횟수 등을 고려하여 행정처분의 2분의 1의 범위에서 늘리거나 줄일 수 있다.

■ **청문** : 국토교통부장관은 다음의 어느 하나에 해당하는 처분을 하려면 청문을 하여야 한다.

- 자격증명등 또는 항공신체검사증명의 취소
- 조종교육증명의 취소

- 경량항공기 전문교육기관 지정의 취소
- 항공기대여업 등록의 취소
- 항공레저스포츠사업 등록의 취소
- 이착륙장 설치 및 관리에 관한 허가·승인의 취소

■ 과태료의 부과기준(항공안전법 시행령)

1. 일반기준

가. 위반행위의 횟수에 따른 과태료의 가중된 부과기준은 최근 1년간 같은 위반행위로 과태료 부과처분을 받은 경우에 적용한다. 이 경우 기간의 계산은 위반행위에 대하여 과태료 부과처분을 받은 날과 그 처분 후 다시 같은 위반행위를 하여 적발된 날을 기준으로 한다.

나. 가목에 따라 가중된 부과처분을 하는 경우 가중처분의 적용 차수는 그 위반행위 전 부과처분 차수(가목에 따른 기간 내에 과태료 부과처분이 둘 이상 있었던 경우에는 높은 차수를 말한다)의 다음 차수로 한다.

다. 부과권자는 다음의 어느 하나에 해당하는 경우에는 제2호에 따른 과태료 금액의 2분의 1 범위에서 그 금액을 줄일 수 있다. 다만, 과태료를 체납하고 있는 위반행위자의 경우에는 그렇지 않다.

1) 위반행위자가 「질서위반행위규제법 시행령」 제2조의2제1항 각 호의 어느 하나에 해당하는 경우
2) 위반행위가 사소한 부주의나 오류로 인한 것으로 인정되는 경우
3) 위반행위자가 법 위반상태를 시정하거나 해소하기 위하여 노력한 사실이 인정되는 경우
4) 그 밖에 위반행위의 정도, 위반행위의 동기와 그 결과 등을 고려하여 감경할 필요가 있다고 인정되는 경우

라. 부과권자는 다음의 어느 하나에 해당하는 경우에는 제2호에 따른 과태료 금액의 2분의 1 범위에서 그 금액을 늘릴 수 있다. 다만, 법 제166조에 따른 과태료 금액의 상한을 넘을 수 없다.

1) 위반의 내용·정도가 중대하여 공중에 미치는 영향이 크다고 인정되는 경우
2) 법 위반상태의 기간이 6개월 이상인 경우
3) 그 밖에 위반행위의 정도, 위반행위의 동기와 그 결과 등을 고려하여 가중할 필요가 있다고 인정되는 경우

2. 개별기준

(단위: 만원)

위반행위	과태료 금액		
	1차 위반	2차 위반	3차 이상 위반
가. 변경등록 또는 말소등록의 신청을 하지 않은 경우	20	100	200
나. 항공기 등록기호표를 부착하지 않고 항공기를 사용한 경우	20	100	200
다. 변경된 항공기기술기준을 따르도록 한 요구에 따르지 않은 경우	20	100	200
라. 보고를 하지 않거나 거짓으로 보고한 경우	30	50	100
마. 소속 승무원의 피로를 관리하지 않은 경우(항공운송사업자 및 항공기사용사업자는 제외한다)	50	250	500

바. 국토교통부장관의 승인을 받지 않고 피로위험관리시스템을 운용하거나 중요사항을 변경한 경우(항공운송사업자 및 항공기사용사업자는 제외한다)	50	250	500
사. 다음의 어느 하나에 해당하는 경우(법 제58조제2항제1호 및 제4호에 해당하는 자 중 항공운송사업자 및 항공기사용사업자 외의 자만 해당한다)			
1) 제작 또는 운항 등을 시작하기 전까지 항공안전관리시스템을 마련하지 않은 경우	50	250	500
2) 국토교통부장관의 승인을 받지 않고 항공안전관리시스템을 운용한 경우	50	250	500
3) 항공안전관리시스템을 승인받은 내용과 다르게 운용한 경우	50	250	500
4) 국토교통부장관의 승인을 받지 않고 국토교통부령으로 정하는 중요사항을 변경한 경우	50	250	500
아. 항공기사고, 항공기준사고 또는 항공안전장애를 보고하지 않거나 거짓으로 보고한 경우	30	50	100
자. 항공종사자가 아닌 사람으로서 고의 또는 중대한 과실로 항공안전위해요인을 발생시킨 경우	20	100	200
차. 항공운송사업자 외의 자가 운항관리사를 두지 않고 항공기를 운항한 경우	50	250	500
카. 항공운송사업자 외의 자가 운항관리사가 해당 업무를 수행하는 데 필요한 교육훈련을 하지 않고 업무에 종사하게 한 경우	50	250	500
타. 위험물취급의 절차와 방법에 따르지 않고 위험물취급을 한 경우			
1) 위험물을 일반화물로 신고하는 경우	250	400	500
2) 운송서류에 표기한 위험물과 다른 위험물을 운송하려는 경우	250	400	500
3) 유엔기준을 충족하지 않은 포장용기를 사용하였거나 위험물 포장지침을 따르지 않았을 경우	100	250	500
4) 휴대 가능한 위험물의 종류 또는 수량기준을 위반한 경우	100	250	500
5) 위험물 운송서류상의 표기가 오기되었거나 서명이 누락된 경우	50	250	500
6) 위험물 라벨을 부착하지 않았거나 위험물 분류와 다른 라벨을 부착한 경우	50	250	500
파. 검사를 받지 않은 포장 및 용기를 판매한 경우	100	250	500
하. 위험물취급에 필요한 교육을 받지 않고 위험물취급을 한 경우	100	250	500
거. 항공교통의 안전을 위한 국토교통부장관 또는 항공교통업무증명을 받은 자의 지시에 따르지 않은 경우	20	100	200
너. 운항규정 또는 정비규정을 준수하지 않고 항공기의 운항 또는 정비에 관한 업무를 수행한 경우	50	100	200
더. 부여된 안전성인증 등급에 따른 운용범위를 준수하지 않고 경량항공기를 사용하여 비행한 경우	20	100	200
러. 국토교통부령으로 정하는 방법에 따라 안전하게 운용할 수 있다는 확인을 받지 않고 경량항공기를 사용하여 비행한 경우	30	150	300
머. 국토교통부장관이 정하는 바에 따라 교육을 받지 않고 경량항공기 조종교육을 한 경우	50	250	500
버. 국토교통부령으로 정하는 준수사항을 따르지 않고 경량항공기를 사용하여 비행한 경우	30	150	300
서. 경량항공기 조종사 또는 그 경량항공기소유자등이 경량항공기사고에 관한 보고를 하지 않거나 거짓으로 보고한 경우	5	25	50

어. 경량항공기소유자등이 경량항공기의 변경등록 또는 말소등록을 신청하지 않은 경우	5	25	50
저. 경량항공기소유자등이 경량항공기 등록기호표를 부착하지 않은 경우	10	50	100
처. 초경량비행장치소유자등이 신고번호를 해당 초경량비행장치에 표시하지 않거나 거짓으로 표시한 경우	10	50	100
커. 초경량비행장치소유자등이 초경량비행장치의 말소신고를 하지 않은 경우	5	15	30
터. 초경량비행장치의 비행안전을 위한 기술상의 기준에 적합하다는 안전성인증을 받지 않고 비행한 경우(법 제161조제2항이 적용되는 경우는 제외한다)	50	250	500
퍼. 초경량비행장치 조종자 증명을 받지 않고 초경량비행장치를 사용하여 비행을 한 경우(법 제161조제2항이 적용되는 경우는 제외한다)	30	150	300
허. 국토교통부장관의 승인을 받지 않고 초경량비행장치를 이용하여 비행한 경우	20	100	200
고. 국토교통부령으로 정하는 장비를 장착하거나 휴대하지 않고 초경량비행장치를 사용하여 비행을 한 경우	10	50	100
노. 국토교통부령으로 정하는 준수사항을 따르지 않고 초경량비행장치를 이용하여 비행한 경우	20	100	200
도. 초경량비행장치 조종자 또는 그 초경량비행장치소유자등이 초경량비행장치사고에 관한 보고를 하지 않거나 거짓으로 보고한 경우	5	15	30
로. 국토교통부장관이 승인한 범위 외에서 비행한 경우	20	100	200
모. 보고 등을 하지 않거나 거짓 보고 등을 한 경우			
1) 보고 등을 하지 않은 경우	50	250	500
2) 거짓 보고 등을 한 경우	100	250	500
보. 질문에 대하여 거짓 진술을 한 경우	100	250	500
소. 운항정지, 운용정지 또는 업무정지를 따르지 아니한 경우	100	250	500
오. 시정조치 등의 명령에 따르지 아니한 경우	100	250	500

■ 국제민간항공조약 부속서(Annex)의 종류

- 제1부속서 : 항공종사자의 자격증명
- 제2부속서 : 항공규칙
- 제3부속서 : 항공기상업무
- 제4부속서 : 항공지도
- 제5부속서 : 항공에 사용되는 측정단위
- 제6부속서 : 항공기의 운항
- 제7부속서 : 항공기의 국적 및 등록기호
- 제8부속서 : 항공기의 감항성

- 제9부속서 : 출입국의 간소화
- 제10부속서 : 항공통신
- 제11부속서 : 항공교통업무
- 제12부속서 : 수색구조
- 제13부속서 : 항공기 사고조사
- 제14부속서 : 비행장
- 제15부속서 : 항공정보업무
- 제16부속서 : 환경보호
- 제17부속서 : 보안
- 제18부속서 : 위험물의 안전운송
- 제19부속서 : 안전관리

※ 부속서(Annex)는 주로 기술적인 사항에 관한 통일을 용이하게 하기 위한 것이며, 그 자체가 직접 법적인 구속력이 있는 것은 아니다.

예상문제

01 인적사고가 가장 많이 발생되는 경우는?

① 이륙 중　　② 착륙 중
③ 택시　　④ 비행 중

02 주정성분이 있는 음료섭취 처벌 기준은?

① 혈중알코올 농도 0.03% 이하　　② 혈중알코올 농도 0.02% 이상
③ 혈중알코올 농도 0.4% 이하　　④ 혈중알코올 농도 0.4% 이상

03 경량항공기 자격증명을 받지 않고 비행한 사람의 처벌은?

① 6개월 이하 징역 또는 500만원 이하 벌금

② 1개월 이하 징역 또는 100만원 이하 벌금
③ 1년 이하 징역 또는 5000만원 이하 벌금
④ 1회는 경고처분

04 항공기 사고조사에 관한 기준을 정하고 있는 부속서는?

① 제8부속서 ② 제10부속서
③ 제13부속서 ④ 제16부속서

05 항행중인 항공기를 추락 또는 전복시키거나 파괴한 자에 대한 처벌은?

① 15년 이상의 징역에 처한다
② 사형, 무기 또는 5년 이상의 징역에 처한다
③ 면허를 취소한다
④ 5년 이상의 면허정지에 처한다

06 항공조사위원회의 소관업무가 아닌 것은?

① 항공사고의 조사
② 항공사고조사서의 작성 및 의결
③ 항공사고조사에 필요한 조사, 연구
④ 항공사고관련자 행정 처분

07 항공기 사고 발생시 사고 조사를 해야 할 책임이 있는 국가는?

① 항공기 운영 국가 ② 항공기 제조 국가
③ 항공기 등록 국가 ④ 항공기 사고 발생 국가

08 항공기 사고 조사의 기본 취지는?

① 사고 항공기의 잔해를 수거하기 위하여
② 유사사고의 재발 방지를 위하여
③ 항공시설의 설치와 관리를 효율적으로 하기 위하여
④ 항공기 항행의 안전을 도모하기 위하여

09 항공기 준사고 발생시 국토교통부장관에게 그 사실을 보고하여야 하는 시기는?

① 즉시 ② 10일 이내
③ 15일 이내 ④ 20일 이내

10 **활공기 예항에 관한 사항이 아닌 것은?**

① 예항줄의 길이는 40미터 내지 80미터로 한다
② 항공기와 활공기의 연락원을 배치한다
③ 예항줄 길이의 75%의 고도에서 예항줄을 이탈시킨다
④ 예항줄에 20m 간격으로 적색과 백색 표지를 번갈아 붙인다

Answer

01. ① 02. ② 03. ① 04. ③ 05. ② 06. ④ 07. ④ 08. ② 09. ① 10. ③

CHAPTER 32 항공안전 및 보안에 관한 법률

➲ 항공안전법 제59조(항공안전 의무보고)

① 항공기사고, 항공기준사고 또는 항공안전장애를 발생시켰거나 항공기사고, 항공기준사고 또는 항공안전장애가 발생한 것을 알게 된 항공종사자 등 관계인은 국토교통부장관에게 그 사실을 보고하여야 한다.

② 제1항에 따른 항공종사자 등 관계인의 범위, 보고에 포함되어야 할 사항, 시기, 보고 방법 및 절차 등은 국토교통부령으로 정한다.

➲ 항공안전법 제61조(항공안전 자율보고)

① 항공안전을 해치거나 해칠 우려가 있는 사건·상황·상태 등(항공안전위해요인)을 발생시켰거나 항공안전위해요인이 발생한 것을 안 사람 또는 항공안전위해요인이 발생될 것이 예상된다고 판단하는 사람은 국토교통부장관에게 그 사실을 보고할 수 있다.

② 국토교통부장관은 제1항에 따른 보고(항공안전 자율보고)를 한 사람의 의사에 반하여 보고자의 신분을 공개해서는 아니 되며, 항공안전 자율보고를 사고예방 및 항공안전 확보 목적 외의 다른 목적으로 사용해서는 아니 된다.

③ 누구든지 항공안전 자율보고를 한 사람에 대하여 이를 이유로 해고·전보·징계·부당한 대우 또는 그 밖에 신분이나 처우와 관련하여 불이익한 조치를 해서는 아니 된다.

④ 국토교통부장관은 항공안전위해요인을 발생시킨 사람이 그 항공안전위해요인이 발생한 날부터 10일 이내에 항공안전 자율보고를 한 경우에는 처분을 하지 아니할 수 있다. 다만, 고의 또는 중대한 과실로 항공안전의해요인을 발생시킨 경우와 항공기사고 및 항공기준사고에 해당하는 경우에는 그러하지 아니하다.

⑤ 제1항부터 제4항까지에서 규정한 사항 외에 항공안전 자율보고에 포함되어야 할 사항, 보고 방법 및 절차 등은 국토교통부령으르 정한다.

➲ 항공안전법 제62조(기장의 권한 등)

① 항공기의 운항 안전에 대하여 책임을 지는 사람(기장)은 그 항공기의 승무원을 지휘·감독한다.

② 기장은 국토교통부령으로 정하는 바에 따라 항공기의 운항에 필요한 준비가 끝난 것을 확인한 후가 아니면 항공기를 출발시켜서는 아니 된다.

③ 기장은 항공기나 여객에 위난(危難)이 발생하였거나 발생할 우려가 있다고 인정될 때에는 항공기에 있는 여객에게 피난방법과 그 밖에 안전에 관하여 필요한 사항을 명할 수 있다.

④ 기장은 운항 중 그 항공기에 위난이 발생하였을 때에는 여객을 구조하고, 지상 또는 수상(水上)에 있는 사람이나 물건에 대한 위난 방지에 필요한 수단을 마련하여야 하며, 여객과 그 밖에 항공기에 있는 사람을 그 항공기에서 나가게 한 후가 아니면 항공기를 떠나서는 아니 된다.

⑤ 기장은 항공기사고, 항공기준사고 또는 항공안전장애가 발생하였을 때에는 국토교통부령으로 정하는 바에 따라 국토교통부장관에게 그 사실을 보고하여야 한다. 다만, 기장이 보고할 수 없는 경우에는 그 항공기의 소유자 등이 보고를 하여야 한다.

⑥ 기장은 다른 항공기에서 항공기사고, 항공기준사고 또는 항공안전장애가 발생한 것을 알았을 때에는 국토교통부령으로 정하는 바에 따라 국토교통부장관에게 그 사실을 보고하여야 한다. 다만, 무선설비를 통하여 그 사실을 안 경우에는 그러하지 아니하다.

⑦ 항공종사자 등 이해관계인이 보고한 경우에는 제5항 본문 및 제6항 본문은 적용하지 아니한다.

➲ 항공안전법 제132조(항공안전 활동)

① 국토교통부장관은 항공안전의 확보를 위하여 다음 각 호의 어느 하나에 해당하는 자에게 그 업무에 관한 보고를 하게 하거나 서류를 제출하게 할 수 있다.

1. 항공기등, 장비품 또는 부품의 제작 또는 정비 등을 하는 자
2. 비행장, 이착륙장, 공항, 공항시설 또는 항행안전시설의 설치자 및 관리자
3. 항공종사자 및 초경량비행장치 조종자
4. 항공교통업무증명을 받은 자
5. 항공운송사업자(외국인국제항공운송사업자 및 외국항공기로 유상운송을 하는 자를 포함한다), 항공기사용사업자, 항공기정비업자, 초경량비행장치사용사업자, 「항공사업법」에 따른 항공기대여업자 및 「항공사업법」에 따른 항공레저스포츠사업자
6. 그 밖에 항공기, 경량항공기 또는 초경량비행장치를 계속하여 사용하는 자

② 국토교통부장관은 이 법을 시행하기 위하여 특히 필요한 경우에는 소속 공무원으로

하여금 제1항 각 호의 어느 하나에 해당하는 자의 다음 각 호의 어느 하나의 장소에 출입하여 항공기, 경량항공기 또는 초경량비행장치, 항행안전시설, 장부, 서류, 그 밖의 물건을 검사하거나 관계인에게 질문하게 할 수 있다. 이 경우 국토교통부장관은 검사 등의 업무를 효율적으로 수행하기 위하여 특히 필요하다고 인정하면 국토교통부령으로 정하는 자격을 갖춘 항공안전에 관한 전문가를 위촉하여 검사 등의 업무에 관한 자문에 응하게 할 수 있다.

1. 사무소, 공장이나 그 밖의 사업장
2. 비행장, 이착륙장, 공항, 공항시설, 항행안전시설 또는 그 시설의 공사장
3. 항공기 또는 경량항공기의 정치장
4. 항공기, 경량항공기 또는 초경량비행장치

③ 국토교통부장관은 항공운송사업자가 취항하는 공항에 대하여 국토교통부령으로 정하는 바에 따라 정기적인 안전성검사를 하여야 한다.

④ 제2항 및 제3항에 따른 검사 또는 질문을 하려면 검사 또는 질문을 하기 7일 전까지 검사 또는 질문의 일시, 사유 및 내용 등의 계획을 피검사자 또는 피질문자에게 알려야 한다. 다만, 긴급한 경우이거나 사전에 알리면 증거인멸 등으로 검사 또는 질문의 목적을 달성할 수 없다고 인정하는 경우에는 그러하지 아니하다.

⑤ 제2항 및 제3항에 따른 검사 또는 질문을 하는 공무원은 그 권한을 표시하는 증표를 지니고, 이를 관계인에게 보여주어야 한다.

⑥ 제5항에 따른 증표에 관하여 필요한 사항은 국토교통부령으로 정한다.

⑦ 제2항 및 제3항에 따른 검사 또는 질문을 한 경우에는 그 결과를 피검사자 또는 피질문자에게 서면으로 알려야 한다.

⑧ 국토교통부장관은 제2항 또는 제3항에 따른 검사를 하는 중에 긴급히 조치하지 아니할 경우 항공기, 경량항공기 또는 초경량비행장치의 안전운항에 중대한 위험을 초래할 수 있는 사항이 발견되었을 때에는 국토교통부령으로 정하는 바에 따라 항공기, 경량항공기 또는 초경량비행장치의 운항 또는 항행안전시설의 운용을 일시 정지하게 하거나 항공종사자, 초경량비행장치 조종자 또는 항행안전시설을 관리하는 자의 업무를 일시 정지하게 할 수 있다.

⑨ 국토교통부장관은 제2항 또는 제3항에 따른 검사 결과 항공기, 경량항공기 또는 초경량비행장치의 안전운항에 위험을 초래할 수 있는 사항을 발견한 경우에는 그 검사를 받은 자에게 시정조치 등을 명할 수 있다.

➲ 공항시설법 제56조(금지행위)

① 누구든지 국토교통부장관, 사업시행자등 또는 항행안전시설설치자등의 허가 없이 착

륙대, 유도로(誘導路), 계류장(繫留場), 격납고(格納庫) 또는 항행안전시설이 설치된 지역에 출입해서는 아니 된다.

② 누구든지 활주로, 유도로 등 그 밖에 국토교통부령으로 정하는 공항시설·비행장시설 또는 항행안전시설을 파손하거나 이들의 기능을 해칠 우려가 있는 행위를 해서는 아니 된다.

③ 누구든지 항공기, 경량항공기 또는 초경량비행장치를 향하여 물건을 던지거나 그 밖에 항행에 위험을 일으킬 우려가 있는 행위를 해서는 아니 된다.

④ 누구든지 항행안전시설과 유사한 기능을 가진 시설을 항공기 항행을 지원할 목적으로 설치·운영해서는 아니 된다.

⑤ 항공기와 조류의 충돌을 예방하기 위하여 누구든지 항공기가 이륙·착륙하는 방향의 공항 또는 비행장 주변지역 등 국토교통부령으로 정하는 범위에서 공항 주변에 새들을 유인할 가능성이 있는 오물처리장 등 국토교통부령으로 정하는 환경을 만들거나 시설을 설치해서는 아니 된다.

⑥ 누구든지 국토교통부장관, 사업시행자등, 항행안전시설설치자등 또는 이착륙장을 설치·관리하는 자의 승인 없이 해당 시설에서 다음 각 호의 어느 하나에 해당하는 행위를 해서는 아니 된다.

1. 영업행위
2. 시설을 무단으로 점유하는 행위
3. 상품 및 서비스의 구매를 강요하거나 영업을 목적으로 손님을 부르는 행위
4. 그 밖에 제1호부터 제3호까지의 행위에 준하는 행위로서 해당 시설의 이용이나 운영에 현저하게 지장을 주는 대통령령으로 정하는 [표 32-1]의 행위

⑦ 국토교통부장관, 사업시행자등, 항행안전시설설치자등, 이착륙장을 설치·관리하는 자, 국가경찰공무원(의무경찰을 포함한다) 또는 자치경찰공무원은 제6항을 위반하는 자의 행위를 제지(制止)하거나 퇴거(退去)를 명할 수 있다.

| 표 32-1 | 해당시설의 이용이나 운영에 현저하게 지장을 주는 금지행위

- 노숙(露宿)하는 행위
- 폭언 또는 고성방가 등 소란을 피우는 행위
- 광고물을 설치·부착하거나 배포하는 행위
- 기부를 요청하거나 물품을 배부 또는 권유하는 행위
- 공항의 시설이나 주차장의 차량을 훼손하거나 더럽히는 행위
- 공항운영자가 지정한 장소 외의 장소에 쓰레기 등의 물건을 버리는 행위
- 무기, 폭발물 또는 가연성 물질을 휴대하거나 운반하는 행위(공항 내의 사업자 또는 영업자 등이 그 업무 또는 영업을 위하여 하는 경우는 제외한다)
- 불을 피우는 행위

- 내화구조와 소화설비를 갖춘 장소 또는 야외 외의 장소에서 가연성 또는 휘발성 액체를 사용하여 항공기, 발동기, 프로펠러 등을 청소하는 행위
- 공항운영자가 정한 구역 외의 장소에 가연성 액체가스 등을 보관하거나 저장하는 행위
- 흡연구역 외의 장소에서 담배를 피우는 행위
- 기름을 넣거나 배출하는 작업 중인 항공기로부터 30미터 이내의 장소에서 담배를 피우는 행위
- 기름을 넣거나 배출하는 작업, 정비 또는 시운전 중인 항공기로부터 30미터 이내의 장소에 들어가는 행위(그 작업에 종사하는 사람은 제외한다)
- 내화구조와 통풍설비를 갖춘 장소 외의 장소에서 기계칠을 하는 행위
- 휘발성·가연성 물질을 사용하여 격납고 또는 건물 바닥을 청소하는 행위
- 기름이 묻은 걸레 등의 폐기물을 해당 폐기물에 의하여 부식되거나 훼손될 수 있는 보관용기에 담거나 버리는 행위

➲ 항공안전법 제56조(승무원 피로관리)

① 항공운송사업자, 항공기사용사업자 또는 국외운항항공기 소유자등은 다음 각 호의 어느 하나 이상의 방법으로 소속 운항승무원 및 객실승무원(승무원)의 피로를 관리하여야 한다.

1. 국토교통부령으로 정하는 승무원의 승무시간, 비행근무시간, 근무시간 등(승무시간 등)의 제한기준을 따르는 방법
2. 피로위험관리시스템을 마련하여 운용하는 방법

② 항공운송사업자, 항공기사용사업자 또는 국외운항항공기 소유자등이 피로위험관리시스템을 마련하여 운용하려는 경우에는 국토교통부령으로 정하는 바에 따라 국토교통부장관의 승인을 받아 운용하여야 한다. 승인 받은 사항 중 국토교통부령으로 정하는 중요사항을 변경하는 경우에도 또한 같다.

③ 항공운송사업자, 항공기사용사업자 또는 국외운항항공기 소유자등은 제1항제1호에 따라 승무원의 피로를 관리하는 경우에는 승무원의 승무시간등에 대한 기록을 15개월 이상 보관하여야 한다.

➲ 항공안전법 제70조(위험물 운송 등)

① 항공기를 이용하여 폭발성이나 연소성이 높은 물건 등 국토교통부령으로 정하는 위험물을 운송하려는 자는 국토교통부령으로 정하는 바에 따라 국토교통부장관의 허가를 받아야 한다.

② 항공운송사업자의 운항증명에 따른 운항증명을 받은 자가 위험물 탑재 정보의 전달방법 등 국토교통부령으로 정하는 기준을 충족하는 경우에는 제1항에 따른 허가를 받은 것으로 본다.

③ 항공기를 이용하여 운송되는 위험물을 포장·적재(積載)·저장·운송 또는 처리(위험물

취급)하는 자(위험물취급자)는 항공상의 위험 방지 및 인명의 안전을 위하여 국토교통부장관이 정하여 고시하는 위험물취급의 절차 및 방법에 따라야 한다.

➲ 항공안전법 제77조(항공기의 안전운항을 위한 운항기술기준)

① 국토교통부장관은 항공기 안전운항을 확보하기 위하여 이 법과 「국제민간항공협약」 및 같은 협약 부속서에서 정한 범위에서 다음 각 호의 사항이 포함된 운항기술기준을 정하여 고시할 수 있다.

1. 자격증명
2. 항공훈련기관
3. 항공기 등록 및 등록부호 표시
4. 항공기 감항성
5. 정비조직인증기준
6. 항공기 계기 및 장비
7. 항공기 운항
8. 항공운송사업의 운항증명 및 관리
9. 그 밖에 안전운항을 위하여 필요한 사항으로서 국토교통부령으로 정하는 사항

② 소유자등 및 항공종사자는 제1항에 따른 운항기술기준을 준수하여야 한다.

- 국제항공법 : 각국 항공기의 운항 및 항공기의 운항 등으로 발생하는 법률관계를 규제하는 특수한 법의 영역으로 민법, 상법 등의 일반 법규가 아닌 특수법이다. 국제 항공법은 평화시의 항공에 대해서만 적용되므로 전시에는 적용되지 않으며, 민간 항공기에만 적용되고 국가 항공기에는 적용하지 않는다.
- 국제민간항공조약 제1조 : 체약국은 각국이 자국 영역상의 영공에 있어 완전하고 배타적인 주권을 보유한다는 것을 인정하고, 시카고 조약의 체약국은 ICAO회원국이며 군용기는 조약의 적용에서 제외한다.

예상문제

01 민간항공기의 요격에 대한 조치 이 아닌 것은?

① 항공비상주파수(121.5MHz) 또는 그 밖의 가능한 주파수를 사용하여 피요격항공기와의 양방향 통신을 시도해야 한다.
② 요격항공기와 통신을 유지하고 있는 요격통제기관에 피요격항공기에 관한 정보를 제공해야 한다.
③ 피요격항공기의 조종사에게 요격 사실을 통보해야 한다.
④ 승객의 안전과 보안을 위하여 모든 통신장치의 전원을 끈다.

02 국제 민간 항공기구(ICAO)의 기본이 되는 조약은?

① 시카고조약 ② 카이로조약
③ FTA ④ 국제무역조약

03 국제 민간 항공기구(ICAO) 사무국의 소재지는?

① 캐나다 몬트리올 ② 뉴욕
③ 런던 ④ 카이로

04 항공기의 안전성을 확보하기 위한 기본적인 절차는?

① 기능증명 ② 여비품증명
③ 감항증명 ④ 형식증명

05 항공안전 의무보고사항이 아닌 것은?

① 항공기 수리 ② 항공기 준사고
③ 항공기 사고 ④ 항공 안전장애

Answer

01. ④ 02. ① 03. ① 04. ③ 05. ①

REFERENCE

참고문헌

항공안전법, 국토교통부 항공안전정책과, 2020. 2.

공항시설법, 국토교통부 항공안전정책과, 2019. 1.

항공사업법, 국토교통부 항공안전정책과, 2020. 2.

항공법규, 국토교통부 항공안전정책과, 2018. 4.

항공법, 정병열, 퍼플, 2016. 3.

국가법령정보센터, www.law.go.kr

찾아보기

INDEX

[ㄴ]

[ㅊ]

지은이 정병열

공학박사

現 성보기술자문 대표
대한민국기술사업화자문단 위원
한국과학기술기획평가원 국가중점기술수준평가위원
한국건설교통기술평가원 신기술심사위원
한국부품소재산업진흥원 평가위원
한국산업기술평가원 기술개발기획평가위원
한국철도시설공단 기술심의위원
서울기술연구원 기술평가위원
국가과학기술위원회 회원
한국정보과학회 종신회원

前 한국구조물진단연구원 연구소장
환경관리공단 설계자문위원회 기술위원

免許 경량항공기조종사면허, 항공무선통신사면허, 해기사면허, 요트면허

(최신개정) **항공법규** 경량항공기조종사 학과시험 시리즈 1

초판 발행 2020년 4월 29일
초판2쇄발행 2022년 11월 25일

지은이 정병열 / **펴낸이** 오상훈
펴낸곳 교우미디어
주 소 서울시 동대문구 약령시로 8 교우빌딩 ▮층 교우미디어
전 화 02-925-2861, 02-925-2866 / **팩 스** 02-925-2860, **편집부** 02-925-2825
홈페이지&북스토어 www.kyowoo.co.kr / **이메일** kyowoo@kyowoo.co.kr

등 록 2011년 2월 7일 제305-2011-000007호
ISBN 979-11-85417-34-9 (14550) / 979-11-85417-31-8 (세트)

Published by Kyowoomedia Printed in Korea

교우미디어는 보다 혁신적이고 참신한 도서를 다양하게 기획하고 있습니다.
책으로 펴내고자 하는 아이디어나 원고는 메일로 보내주세요.
교우미디어는 전과정을 책임지고 최선을 다하겠습니다.

값 23,000원

교우미디어는 (주) 교우의 Imprint 사입니다
수학정원·과학정원은 (주) 교우의 새로운 브랜드명입니다.

잘못된 책은 구입하신 서점에서 교환해 드립니다.